幼儿教师资格证面试通关教程

主　编　张　俊　毛玉蕊　李小毅
副主编　杜　宇　宋小芳　王雪珩
　　　　姜　飞

- ◆微课视频
- ◆在线测试
- ◆考试题库
- ◆名师解读

扫一扫
学习资源库

首都师范大学出版社
CAPITAL NORMAL UNIVERSITY PRESS

图书在版编目（CIP）数据

幼儿教师资格证面试通关教程/张俊，毛玉蕊，李小毅主编.—北京：首都师范大学出版社，2022.1
ISBN 978-7-5656-6827-2

Ⅰ.①幼… Ⅱ.①张…②毛…③李… Ⅲ.①学前教育—幼教人员—资格考试—自学参考资料 Ⅳ.①G615

中国版本图书馆CIP数据核字（2022）第017741号

YOU'ER JIAOSHI ZIGEZHENG MIANSHI TONGGUAN JIAOCHENG
幼儿教师资格证面试通关教程
张　俊　毛玉蕊　李小毅　主编

责任编辑　钱　浩　孟海江
首都师范大学出版社出版发行
地　　址　北京西三环北路105号
邮　　编　100048
电　　话　68418523（总编室）　68982468（发行部）
网　　址　http://cnupn.cnu.edu.cn
印　　刷　北京荣玉印刷有限公司
经　　销　全国新华书店
版　　次　2022年1月第1版
印　　次　2022年1月第1次印刷
开　　本　889mm×1194mm　1/16
印　　张　17.5
字　　数　468千
定　　价　65.00元

版权所有　违者必究
如有质量问题　请与出版社联系退换

前言
FOREWORD

  自 2015 年起，全国开始推行教师资格证统一考试，由教育部考试中心统一制定考试标准和考试大纲。教师资格证考试分为笔试和面试两个部分，其中笔试包括《综合素质》和《保教知识与能力》两门，通过笔试后方能报名参加面试，笔试和面试均合格的考生则取得教师资格。自统考以来，题目逐渐追求专业化的深度和广度，更加具有灵活性和应用性。全国统考的政策提高了幼儿教师的就职标准，同时也为有教育情怀的社会人士提供了就业渠道。

  在教师资格证考试三门科目中，面试科目具有难度大、灵活性高、备考时间短的特点，对考生的应变能力、表达能力、思维能力、教学能力的考查比较全面，因此，面试相对于笔试来说，考生往往承受着更大的压力。为了能够帮助考生顺利取得幼儿教师资格证书，特编写此书。

  本书紧密联系考试大纲，全面呈现面试的环节和内容，大量呈现考试真题，能让考生备考更加有的放矢。在题目讲解中，把握了考试重点和难点，题目分析全面。另外，本书为广大考生提供了大量的试讲教案示范，教案贴近幼儿园实际教学工作，与考试真题吻合度较高，同时具有一定的前瞻性。

  本书共分四章，包括幼儿教师资格证面试概述、结构化提问、教育活动试讲及答辩、幼儿教师资格面试礼仪。

  感谢北京市西城区曙光幼儿园和北京市海淀区立新幼儿园的老师们撰写了大量教案，也感谢北京城市学院教育学部提供了大力支持。

  由于时间仓促、水平有限，书中疏漏和不足之处在所难免，恳请广大读者批评指正。最后祝广大考生能够顺利取得教师资格证，早日成为一名合格的幼儿教师。

  此外，本书作者还为广大一线教师提供了服务于本书的教学资源库，有需要者可致电 13810412048 或发邮件至 2393867076@qq.com。

张 俊
2021 年 11 月于北京

目录

第一章 幼儿教师资格证面试概述

第一节 幼儿教师资格证面试简介 ... 1

一、幼儿教师资格证面试的时间安排 ... 1

二、幼儿教师资格证面试的考试内容 ... 1

第二节 幼儿教师资格证面试流程 ... 1

第三节 幼儿教师资格证面试评分标准与解读 ... 2

一、职业认知 ... 3

二、心理素质 ... 3

三、仪态仪表 ... 3

四、交流沟通 ... 3

五、思维品质 ... 3

六、了解幼儿 ... 3

七、技能技巧 ... 4

八、评价与反思 ... 4

第二章 结构化提问

第一节 结构化提问的考试内容与答题思路 ... 5

一、关于儿童观和教育观的提问 ... 5

二、关于教育策略的提问 ... 6

三、关于教师发展的提问 ... 8

四、关于应对突发情况的提问 ... 11

五、关于人际沟通的提问 ·· 13
　　六、关于组织管理的提问 ·· 24
　　七、关于政策法规的提问 ·· 29

第二节　结构化提问的模拟练习 ·· 43
　　一、关于儿童观和教育观的提问 ··· 43
　　二、关于教育策略的提问 ·· 48
　　三、关于教师发展的提问 ·· 51
　　四、关于应对突发情况的提问 ··· 54
　　五、关于人际沟通的提问 ·· 55
　　六、关于组织管理的提问 ·· 58

第三章　教学活动试讲及答辩

第一节　教学活动试讲概述 ·· 61
　　一、教学活动试讲的考试形式 ··· 61
　　二、教学活动试讲的考试题型 ··· 61
　　三、教学活动设计的基本过程 ··· 62
　　四、教学活动试讲的备考策略 ··· 64

第二节　教学活动试讲的真题解析 ·· 67
　　一、健康领域 ·· 67
　　二、语言领域 ·· 77
　　三、社会领域 ·· 90
　　四、科学领域 ·· 99
　　五、艺术领域 ··· 108

第三节　教学活动试讲的答辩 ··· 124
　　一、试讲答辩概述 ·· 124
　　二、试讲答辩考情分析 ·· 125
　　三、试讲答辩真题示例 ·· 126

第四节　教学活动试讲的教案示例 ·· 128
　　一、健康领域活动的试讲教案 ·· 128
　　二、语言领域活动的试讲教案 ·· 152
　　三、社会领域活动的试讲教案 ·· 169
　　四、科学领域活动的试讲教案 ·· 179
　　五、艺术领域活动的试讲教案 ·· 201

第四章　幼儿教师资格面试礼仪

第一节　仪态仪表 ·· 226
　　一、着装礼仪 ·· 227
　　二、仪容仪表 ·· 228
　　三、举止行为 ·· 229
第二节　交流沟通 ·· 232
　　一、面试沟通礼仪 ··· 232
　　二、面试沟通语言 ··· 233
　　三、面试沟通的要点 ·· 235
第三节　心理素质 ·· 236
　　一、面试前的心理准备 ··· 236
　　二、考场上的心理调整 ··· 238

附录1　幼儿园教育指导纲要（试行）

第一部分　总则 ·· 240
第二部分　教育内容与要求 ··· 240
　　一、健康 ·· 240
　　二、语言 ·· 241
　　三、社会 ·· 242
　　四、科学 ·· 243
　　五、艺术 ·· 244

第三部分　组织与实施……………………………………………………………… 244

第四部分　教育评价………………………………………………………………… 246

附录2　3~6岁儿童学习与发展指南

一、健康……………………………………………………………………………… 248

二、语言……………………………………………………………………………… 253

三、社会……………………………………………………………………………… 257

四、科学……………………………………………………………………………… 261

五、艺术……………………………………………………………………………… 266

参考文献……………………………………………………………………………… 270

第一章 幼儿教师资格证面试概述

学习目标

1. 明确幼儿教师资格证面试的内容及时间分配。
2. 熟悉幼儿教师资格证面试的流程。
3. 知晓幼儿教师资格证面试的评分标准。

第一节 幼儿教师资格证面试简介

一、幼儿教师资格证面试的时间安排

幼儿教师资格证面试（以下简称"面试"）与幼儿教师资格证笔试（以下简称"笔试"）是幼儿教师资格证考试不可分割的两个部分，已经通过笔试的考生才具有报考面试的资格。面试的考试时间一般为每年的1月和5月的周末，均是在笔试成绩公布一个月后开始，具体时间请详见报名官方网站。

二、幼儿教师资格证面试的考试内容

面试着重考查考生是否具备担任幼儿教师的基本素养和基本能力。考试内容分为三个部分：第一部分是结构化提问，通过提问考查考生对职业的基本认识、仪态仪表、表达能力和沟通能力，大约占时5分钟；第二部分是教育活动试讲，也是整个面试的重头戏，着重考查考生幼儿园五大领域课程的理论与实践，大约占时10分钟；第三部分是答辩环节，考官根据试讲情况提问考生两个问题，注重考查考生的心理素质、思维品质等能力，大约占时5分钟。

第二节 幼儿教师资格证面试流程

面试流程大致分为四个部分：核验身份、抽题、备考和面试，具体内容与要求如表1-1所示。

表 1-1　幼儿教师资格证面试流程

流程	具体内容与要求
核验身份	1. 根据考生报考科目进行现场分组，抽面试顺序（注意：这里的抽签是面试顺序，不是题目） 2. 点名 3. 核验考生身份信息和报考科目 4. 进入抽题室，准备抽考试试题
抽题	1. 在考生清单上签字 2. 考生在系统中抽题，每位考生可抽取两道考题，选择一道考题备考 3. 准备进入备考室
备考	1. 在备课纸的指定位置上写明考生的基本信息 2. 在 20 分钟内准备面试内容。20 分钟内必须准备好教育活动教案和技能（美术、钢琴等考核内容）
面试	1. 考官核验身份证、准考证 2. 倾听考官宣读"面试导语提示" 3. 回答两道结构化提问 4. 试讲 5. 试讲答辩 6. 上交所有材料，领取准考证、身份证离场

第三节　幼儿教师资格证面试评分标准与解读

幼儿教师资格证面试的项目及其权重、分值、评分标准如表 1-2 所示。

表 1-2　幼儿教师资格证面试评分标准

项目	权重	分值	评分标准
职业认知	10	5	爱幼儿，尊重幼儿
		5	有热情，有责任心
心理素质	10	5	能较好地控制情绪情感
		5	开朗、乐观、善良
仪态仪表	10	6	五官端正，行为举止自然大方，有礼貌
		4	服饰得体，符合幼儿教师职业特点
交流沟通	15	8	有较好的言语表达能力。普通话标准，口齿清楚，表达流畅，语速适当，有感染力
		7	善于倾听、交流，有亲和力
思维品质	15	8	能条理清晰地分析思考问题
		7	有一定的应变能力，在活动设计与实施、环境创设上表现出一定的新意

续表

项目	权重	分值	评分标准
了解幼儿	10	5	有了解幼儿兴趣、需要、已有经验和个体差异的意识
		5	能通过观察来了解幼儿
技能技巧	20	10	熟悉一些幼儿喜欢的游戏和故事
		10	具有弹、唱、画、跳、讲故事、手工制作等基本技能
评价与反思	10	5	能对教育活动和教育行为进行较客观的评价
		5	能根据评价结果提出改进意见

一、职业认知

重点考查考生对幼儿园教师的职业认知，评估对职业道德内涵的理解，明确幼儿园教师既具有教师的普遍特征，又具有特殊的职业特点。

二、心理素质

重点考查考生是否具备健全的人格、坚强的意志力、敏锐的观察力、快速的反应力、情绪的控制力、环境的适应力等。

三、仪态仪表

重点考查考生的外貌、气质、举止、精神状态、服装是否能够符合幼儿园教师的身份。

四、交流沟通

通过朗读、问答、试讲环节，重点考查考生口齿是否清晰，回答内容是否具有逻辑性，能否有效倾听和表达。

五、思维品质

通过问答、试讲、答辩环节，重点考查考生思维的深刻性、灵活性、独创性、批判性和敏捷性。

六、了解幼儿

通过试讲、结构化提问环节，重点考查考生的儿童观认知、对各个年龄班儿童年龄特点的了解，能否做到既照顾全体又兼顾个别。

七、技能技巧

通过试讲环节，重点考查考生讲故事、弹唱、舞蹈、手工、绘画的技能技巧。

八、评价与反思

重点考查考生是否具有正确的评价理念，掌握科学的评价方法；是否具有反思的意识，能否根据教育行为收集、分析相关信息，反思教育行为，提高教学水平。

总体来说，"心理素质"、"仪态仪表"、"交流沟通"和"思维品质"四个项目是对考生整个面试过程的综合评判；"职业认知"和"了解幼儿"两个项目是对结构化提问的评判；"技能技巧"和"评价与反思"是对试讲的评判，但也不能说这些评价项目是一一对应于考试环节的。评价项目对三个面试环节无定向性，可以理解为八个评价项目是对面试全过程的综合评判。

思考题

1. 教师资格证面试有哪几部分内容？每部分内容的时间是如何分配的？
2. 教师资格证面试的流程是怎样的？
3. 教师资格证面试的评分标准有哪几个项目？分值是如何分配的？每一项的具体标准是什么？

第二章 结构化提问

学习目标

1. 了解结构化提问的考试方式。
2. 熟悉结构化提问的考试内容及回答方法。

第一节 结构化提问的考试内容与答题思路

结构化提问的内容大致可以分为七类：儿童观和教育观、教育策略、教师发展、应对突发情况、人际沟通、组织管理、政策法规。考官所提出来的问题均是在幼儿园实际工作中经常遇到的、棘手的问题，真正考查考生是否具备幼儿教师的职业能力。

考试的方式为每人在 5 分钟之内回答两道结构化提问，考官依次提出两个问题，考生根据问题进行回答，没有额外的准备时间，这对于考生的表达能力、临场应对能力是极大的考验。

结构化提问只占面试时间的四分之一，虽然仅仅 5 分钟，但可以充分考查考生对学前教育学、教育管理学、教育心理学等内容的掌握情况。在回答问题时应该把握以下三个原则。

第一，观点正确。本原则在三个原则中最为重要，只有观点正确才能得到相应的分数。如何能够做到观点正确呢？这就依赖于考生对学前教育专业知识的掌握和灵活运用的能力。在准备面试前，应该全面复习本专业的理论知识，方可应对考试。

第二，语言简洁。回答结构化提问时间有限，分配在每个问题上只有 2 分钟的有效回答时间，因此考生应该凝练语言，使语言既具有专业性，又通俗易懂。切忌有过多的口头语，或者是模棱两可的语言，如"嗯……啊……，那个……这个……，我想想……"，这些都是不可取的。

第三，思路清晰。在结构化提问时，往往是考官提出问题，考生直接回答，没有过多的思考时间，因此考生最容易因为紧张而思路混乱，不知所云。建议考生可以在听到题目后思考 2 秒的时间，在这 2 秒钟内，舒缓紧张的情绪，同时简单梳理回答问题的思路。

下面就以真题为例，一一讲解回答方法与技巧。

一、关于儿童观和教育观的提问

关于儿童观和教育观的提问，考试题目主要是结合当代教育实际情况而提出的，重点考查考生是否具有正确的儿童观和教育观。在回答这类提问时，要重点把握"素质教育观"和"育人为本的儿童观"。素质教育观主要包括全面发展、关注个别、保教结合、游戏为本、教育生活化、教育游戏化、教育活动性、活动多样性、发挥一日生活的教育功能等九个内容。育人为本的儿童观主要包括全面发展、发展具有连续性和阶段性、个体差异性、幼儿是学习的主体、全人教育理念等五个方面。在回答这类问题时，务必紧密联系素质教育观和育人为本的儿童观，以不变应万变。

真题实战

真题1：如何看待幼儿教育小学化的问题？

问题分析：

这个问题注重考查考生对教育观的理解，考点可定位于"游戏为本"和"教育游戏化"。在回答问题时，首先应该迅速判断这一问题正确与否，然后明确说出对小学化这一现象的看法，最后阐述自己的观点。

参考答案：

坚决反对幼儿教育小学化，不能过早地学习小学的知识，也不能在幼儿园采取小学的教学方式，一味地追求知识的积累是短视而又有害的。在学前教育阶段应该珍视游戏的价值，以游戏为儿童活动之基本形式，应该通过直接感知、实际操作和亲身体验获取经验，严禁小学化的强化训练。小学化的学习方式不符合学前儿童的年龄特点，它会降低学前儿童的学习兴趣，不利于学前儿童的发展。

真题2：如何看待班中教师偏爱某个幼儿的情况？

问题分析：

这个问题注重考查考生对儿童观的掌握情况，本题考点为对"教育公平"的理解。在回答问题时，应先判断这位教师的做法是否正确，然后阐述理由，最后说出正确的解决方法。

参考答案：

这位教师的做法是错误的。教师不能因为幼儿之间存在差异，就违背"教育公平"的教育理念。作为一名教师，无论儿童有什么样的民族、性别、地域、经济状况、家庭背景、身心发展状况，教师都应该给予每个儿童均等的教育机会。教师应该正视每一位儿童的发展情况，发现每一位儿童的优点，用平等的态度对待儿童，给予每一位儿童同等的关心与照顾。

二、关于教育策略的提问

教育策略的提问，其主要目的是让考生能够针对不同的教育情境，根据幼儿的年龄特点，提出适宜的指导策略。这类问题是考题中难度较大的一类，因为教育情境多种多样，每一位儿童虽具有该年龄班的共性特征，但也具有不同的个性特点。因此，这类问题的内容多、难度大、角度广。例如，独霸玩具怎么办？注意力不集中怎么办？不遵守规则怎么办？不参加集体活动怎么办？不分享玩具怎么办？不吃饭、不睡觉怎么办？

在备考时，首先，应该熟知、熟背各个年龄班儿童的年龄特点（参看本节人际沟通的提问部分），参考《幼儿园教育指导纲要（试行）》（以下简称《纲要》）和《3~6岁儿童学习与发展指南》（以下简称《指南》）；其次，在实习实践过程中，积极观察儿童的行为，分析儿童的特点，设计教育策略，认真撰写观察记录，以增加自身的专业素养；再次，在备考时间充足的情况下，多阅读骨干教师总结撰写的教育随笔和观察笔记，以积累自身的教育策略，提高教学水平，建议阅读《学前教育》《幼儿教育

(教师版)》等专业杂志。在考试时，应仔细分析教育情境，结合年龄特点，提出有效的教育策略。

拓展阅读

冲动的浩浩

班级：大班

吃过早饭，浩浩飞快地来到活动室，一把拿起书架上的一本很厚的硬皮书。这时，他看到天天小朋友走到棋类区，就放下手里的书，和天天一起下起了跳棋。下了一会，浩浩又喊了起来："哎！不许走两步！"边说边用手推了天天一下。

分析：

浩浩不会克制自己，做事情比较着急，遇事不会商量，易冲动，缺少解决问题的策略；虽然知道班级的游戏规则，但是经常违反规则。

教育策略：

1. 帮助浩浩知晓班级的规则，知道什么是可以做的，什么是不可以做的。
2. 帮助浩浩建立解决问题的策略。当遇到问题时，引导幼儿先自己想一想"可以怎么办"。
3. 帮助浩浩学习如何控制情绪。例如，当有激烈情绪产生时，默数5个数，听一听舒缓的音乐，或是找同伴或老师倾诉。
4. 提高浩浩的游戏水平。浩浩之所以经常更换区域是因为他的游戏水平较低，不能支持其长时间地探索游戏。因此，教师在指导游戏时，应该提供辅助材料以帮助其提高游戏水平。

真题实战

真题3：儿童独霸玩具怎么办？

问题分析：

首先判断出本题重点考查的是教育策略技巧，建议根据题目先分析独霸行为是哪个年龄班儿童的，因为对不同年龄班的儿童有不同的策略方法。比如，对于小班儿童来说，独霸玩具是正常的年龄特点，因为小班儿童仍然具有"自我中心"的年龄特点，不愿意和同伴分享玩具，不具有分享玩具的能力。另外，小班儿童正处于平行游戏阶段，游戏特点是幼儿在伙伴旁边玩与之相同的玩具，因此所谓的独霸玩具正是年龄特点的体现。但对于大班儿童来说，独霸玩具却不是该年龄特点的体现。大班儿童逐渐"去自我中心"，亲社会行为逐渐增多，喜欢合作与分享。另外，大班儿童处于从协同游戏阶段向合作游戏阶段的过渡时期，他们逐步开始围绕一个共同的游戏主题，采取分工合作的方式进行游戏。如果出现独霸游戏的现象，教师需要进行干预与指导。从以上分析可以看出，同一种行为对于不同儿童来说，解决的策略肯定有所不同。

参考答案：

针对独霸玩具这一现象，对于不同年龄的儿童应该有不同的认识。如果是小班儿童，独霸玩具是该年龄特点的体现。如果是大班儿童，教师需要进行干预与指导。指导策略如下：首先，探究儿童独霸玩具的意图，教师可以通过观察儿童的行为和与其谈话的方式了解他为什么独霸玩具；也许这个玩具是他从家里带来的；有可能是他第一次玩这个玩具；有可能刚刚和同伴发生冲突，正在和小伙伴生气等。其次，教师根据不同的原因给予不同的指导策略。如果玩具是小朋友从家里带来的，那么教师应该理解这个玩具对这个小朋友来说是与众不同的，他可能不希望其他的小朋友弄脏或者弄坏自己的玩具。教师可以这样引导："如果是你最心爱的玩具，可以不必带到幼儿园来，你可以把你愿意和小朋友一起分享的玩具带过来，你觉得这样好吗？"如果是第一次玩这个玩具，小朋友不想和他人分享，教师可以这样引导："老师非常理解你想要仔细探索这个玩具的心情，不过你看其他的小朋友也想玩呢，这怎么办呢？"教师应鼓励儿童能够站在他人角度想问题，自主提出解决方案。如果是因为刚刚和其他小朋友发生冲突，教师应该着重引导儿童使用积极的策略解决冲突（冲突解决策略详见第三章第二节之"社会领域"部分）。

总之，对于独霸玩具这一现象应该做到具体问题具体分析，根据不同情境使用不同解决策略。

真题 4：当幼儿哭闹不止的时候你应该怎么办？

问题分析：

首先判断出本题重点考查的是教育策略技巧，在回答问题前要考虑这个行为是发生在哪个年龄班的幼儿身上，以及幼儿哭闹不止的原因，然后才能给予适宜的教育策略。先从哭闹原因进行分析，幼儿哭闹不止的原因可分为两类：生病和情绪变化（幼儿情绪变化一般是被某些事件引发，如矛盾冲突、初入幼儿园等）。如果是因为生病，不管是哪个年龄班的幼儿都应该及时就医；如果是因为情绪的变化，教师则需要进行介入与指导（冲突解决策略详见第三章"教育活动试讲及答辩"）。再从年龄段进行分析，小班幼儿因为情绪不稳定，常因一件小事而哭，也不听讲道理，而且哭起来越哭越大声；大班幼儿的情绪比较稳定，个性也初步形成。因此，不同年龄班的幼儿有不同的解决策略。

参考答案：

当幼儿哭闹不止时，教师应该迅速判断幼儿哭闹不止的原因。如果是因为生病，应及时送医；如果是因为情绪变化，教师应该给予适宜的指导。对于小班幼儿来说，入园焦虑是导致幼儿哭闹的主要原因之一，缓解幼儿的入园焦虑有以下三个策略。

策略 1：创设适宜的环境。进入陌生环境是幼儿初次入园产生哭闹的主要原因，教师应把教室布置得温馨舒适，像家一样，帮助幼儿尽快适应。

策略 2：采用渐进式入园。渐进式入园是指通过逐渐延长幼儿在园时间，帮助幼儿适应幼儿园的生活，如从入园半天开始，再过渡到整日入园。

策略 3：建立新的依恋对象。幼儿来园初期苦恼的原因是长时间离开了照顾自己的人，感到心理上焦躁不安，因此教师应该尽早地获得幼儿的信赖，让教师成为幼儿新的依恋对象。

如果是因为某些事件导致的幼儿情绪波动，教师应先安抚幼儿的情绪，安抚情绪有以下两个策略。

策略 1：共情。共情又被称为同理心，是体验别人内心世界的能力。教师通过和幼儿谈话，深入幼儿内心去体验他的情感、思维。教师的语言可以使用诸如"我知道你很伤心""你很难过，一定有什么事情让你难过""我曾经也像你一样"这样的语句构建同理心。

策略 2：情绪表达。教师引导幼儿把自己的情绪说出来，目的在于让幼儿能够清晰识别自己的情绪。教师可以使用"你生气了，把情绪说出来"这样的语句引导幼儿表达情绪。

三、关于教师发展的提问

教师发展的提问主要是考查考生对教师职业认知和态度等方面的理解与观念。提问一般分为四种类型：第一，青年教师的问题；第二，终身学习的问题；第三，编制的问题；第四，职业偏见的问题。

（一）关于青年教师的问题

关于青年教师，考官一般会提出什么问题呢？例如，你如何看待青年教师工作多、工资少、机会少、受排挤等现象？

回答参考思路如下。

首先，正确认识青年教师的角色定位。青年教师是每个教师成长的必经之路，必然会经历"工作多""工资少"的阶段，"工作多"是因为学校为青年教师发展搭建平台，锻炼业务能力，这也是十分正常的现象。"工资少"是因为青年教师刚刚入职，工作经验少，仍处于学习阶段，工资少也是情理之中。

其次，明确青年教师的发展方向。青年教师初入职场，渴求更多的发展机会，对于"机会少"的感受可能源于学校领导和老师对青年教师的优势特长不了解，不能为青年教师提供更多的发展机会。作为青年教师，应该多在学校搭建的平台历练自己，不断锻炼、不断提高，从而获得更多的发展资源。

再次，对工作树立正确的价值观。幼儿园并不存在真正"排挤"的情况，因为同事、领导对青年教师仍不了解，所以可能存在机会少、被误解的情况。青年教师要加强自身修养，提高教学能力，以诚待人，就会得到同事和领导的认可。

（二）关于终身学习的问题

回答参考思路如下。

首先，树立终身学习的意识。终身学习是适应社会发展和实现个体发展的需要，是教师专业发展的必要途径。20世纪60年代中期以来，在联合国教科文组织等国际机构的大力提倡、推广和普及下，1994年，首届世界终身学习会议在罗马隆重举行，终身学习在世界范围内形成共识。终身教育已经作为一个极其重要的教育概念而在全世界广泛传播。

其次，认识终身学习的意义。古人云："吾生也有涯，而知也无涯。"当今时代，世界在飞速变化，新情况、新问题层出不穷，知识更新的速度大大加快。人们要适应不断发展变化的客观世界，就必须把学习从单纯的求知变为生活的方式，努力做到活到老、学到老，终身学习。终身学习能使我们克服工作中的困难，解决工作中的新问题；能满足我们生存和发展的需要；能使我们得到更大的发展空间，更好地实现自身价值；能充实我们的精神生活，不断提高生活品质。

再次，掌握终身学习的途径。进入教育行业，终身学习的途径有两种：学历学习和非学历学习。学历学习是指教师通过非全日制的学校学习获得学历和学位的学习方式。非学历学习是指通过参加培训、研修等进行学习的方式。非学历学习既有面授学习形式也有网络学习形式。总之，不管通过哪类学习方式，教师均要在其岗位上获得新理念、新知识、新方法，并将其运用到实际工作中。

（三）关于编制的问题

在编制的问题中，考官会提出哪些问题呢？例如，你如何看待编制问题？你觉得编制重要吗？如果你没有获得编制，你会怎么办呢？

回答此类问题的思路如下。

首先，编制不能决定终身发展，决定自身发展的是教师的专业素质，应坚信"打铁还需自身硬"

的道理。

其次，有编制也不能认为工作可以一劳永逸，仍然要努力学习各种知识和提升各种能力。

再次，没有编制也没有什么遗憾，有能力哪里都是"铁饭碗"。不管有没有编制都要在工作上不断追求进步与提升，只有自己素质过硬，那就是终身的"铁饭碗"。

（四）关于职业偏见的问题

社会上存在许多对幼儿教师的偏见。例如，幼儿教师不属于教师，只是"阿姨"；幼儿教师就是高级保姆；幼儿教师没有专业性，谁都可以做。在面试中，考官会针对这类问题进行提问，请考生说出自己的看法。在回答这类问题时，可以重点从"教师专业性"的角度展开。

首先，幼儿教师的工作性质。幼儿教师的工作性质不同于中小学教师，首要工作是幼儿保育，照顾幼儿的一日生活，包括进食、睡眠、盥洗、如厕等，正是因为这样的工作内容让很多人误解幼儿教师就是保姆，这样的认识是十分错误的。《纲要》中明确规定幼儿园教育要做到保教结合、保教并重，寓教育于生活及各项活动之中。

其次，幼儿教师的专业性。幼儿教师是素质教育的主要实施者，是教育过程中的主体，需要具有教学能力、管理能力、沟通能力、观察和评价能力、强烈的职业责任感等，没有受过专业培训的人是难以胜任的。

下面，通过真题进行具体的分析。

真题实战

真题5：有人认为幼儿教师没发展，每天就是孩子的"吃喝拉撒睡"，你怎么看待这一问题？

问题分析：

这个问题看起来和职业发展没什么关系，似乎问的是"教育观"的问题，但是再仔细思考一下，这个问题是通过回答对幼儿教育工作的看法，从而映射出对幼儿教师发展的看法。在回答时，应首先表明态度，然后阐述原因。

参考答案：

首先，这种观点是错误的。幼儿教师的工作不仅仅是照顾孩子的"吃喝拉撒睡"，在照顾幼儿的一日生活时，还要教会幼儿生活的技能，寓教育于生活之中。诺贝尔物理学奖获得者卡皮察曾被记者问道："您在哪所大学的哪个实验室里学到了您认为最主要的东西？"卡皮察说："是在幼儿园。"记者感到十分不解，又问："您在幼儿园学到了些什么呢？"老人如数家珍地说道："把自己的东西分一半给小伙伴们，不是自己的东西不要拿，东西要放整齐，吃饭前要洗手，做了错事要表示歉意，午饭后要休息，学习要多思考，要仔细观察大自然。从根本上说，我学到的全部东西就是这些。"诺贝尔奖获得者在幼儿园获得的是影响其终生的学习和生活。

其次，正确认识"发展"二字。发展是指一种连续不断的变化过程，这种过程是积极的、有次序的变化，不是所有的变化都是发展。何为幼儿教师发展？就是指幼儿教师在专业知识、专业技术、专业能力等方面积极的变化。因此，不能狭隘理解"发展"二字，"发展"不是高回报、高地位、高阶层，而是专业知识、专业技术、专业能力方面的积累与进步。幼儿教师在日复一日的工作中，通过学习、反思、实践而逐渐成为有经验的骨干教师，这正是"发展"所在。

四、关于应对突发情况的提问

应对突发情况是幼儿园教师的必备技能之一,因此也是高频次考点。一般来说,需要幼儿教师紧急处理的有以下五类事件:幼儿磕碰伤、烫伤和火灾、地震、不明人员闯入幼儿园。处理幼儿园的紧急突发事件一般应遵循幼儿园的应急预案,因为每一类事件都有固定的处理流程。

(一)幼儿磕碰伤的紧急处理

幼儿磕碰伤是幼儿园常见的紧急事件。磕碰伤分为意外伤害和故意伤害。意外伤害是指幼儿因缺乏自我保护意识或自我保护能力,在一日活动中发生的磕碰事故;故意伤害是指幼儿在一日生活中,被他人故意伤害身体的事故。一般来说,幼儿园磕碰伤事故多属于意外伤害。处理幼儿磕碰伤可分为以下三步。

第一步,通知相关人员。班级发生磕碰伤要先通知保健医,然后报告保教主任或园长。

第二步,初步处理伤患部位。幼儿在园一般会出现出血、淤青红肿、骨折的伤害。

(1)出血。出血就是"擦破皮",应先对患者进行创面消毒,后可根据伤情敷止血药品,也可直接用无菌纱布进行包扎。

(2)淤青红肿。在磕碰之后,没有出现出血的情况,就是"磕了个包",教师可以使用冰毛巾进行冰敷,缓解红肿热痛的症状。

(3)骨折。在磕碰之后,也可能发生骨折,因此不能小看"磕了个包",保健医要判断是否有骨折的风险,不要擅自帮助复位,避免二次创伤。

第三步:联系家长后,和保健医一起及时送患儿去医院进行处理。

(二)幼儿烫伤的紧急处理

幼儿烫伤属于幼儿园的非意外事故,因为烫伤是可以避免的。幼儿教师应妥善安置热水、热汤,以防幼儿不慎打翻或掉入。处理幼儿烫伤可分为以下四个步骤。

第一步,通知相关人员。派班级其他教师通知保健医,然后报告保教主任或园长。

第二步,保持镇定,初步处理现场。处理烫伤的顺序是"冲—脱—泡—盖—送":冲——用流动的凉水持续冲洗患处;脱——脱去患处的衣物,如遇衣物已与皮肤粘连,则使用剪刀轻轻地剪开衣物,不要损伤皮肤;泡——使用凉水浸泡患处;盖——使用无菌纱布盖住患处;送——送患儿去医院继续救治。

第三步,在处理患儿的同时,让其他幼儿远离热源。

(三)火灾的紧急处理

在各种灾害中,火灾是最经常、最普遍地威胁公众安全和社会发展的主要灾害之一。火灾在防不在救,在幼儿园的工作和生活中,要注意用电、用火安全。万一在园所发生火灾,应该同时做好灭火和逃生的措施。

第一步,班中一位教师通知相关人员,拨打119火警电话,通知园长、后勤保卫人员。

第二步,班中第二位教师保证幼儿安全,尽快疏散,撤离火场。在撤离火场时,使用湿毛巾捂住口鼻,采取低姿势行进,按规定路线撤离到安全地点。

第三步,班中第三位教师立即对起火部位进行初步扑救。正确使用灭火器的方式为"提—拔—

瞄—压"：提——提起灭火器把手；拔——拔出保险销；瞄——瞄准起火点根部；压——下压开启压把。需要注意的是，第一步、第二步、第三步要同时进行，确保人员的安全。

第四步，与消防人员配合，减少人员伤亡和财产损失。

（四）地震的紧急处理

地震是非常可怕的自然灾害，地震来临的时候造成的破坏相当大，甚至会出现人命伤亡，所以我们在平日里一定要注意做好地震的预防工作。预防和处置幼儿园突发性的地震事件要抓好三个环节：一是地震发生前，要立足防范，掌握主动，加强宣传，从细节抓起，适时演练，提高防范措施和自救技能，增强应急预案的针对性和操作性，提高应急反应水平；二是地震发生后，要迅速反应，紧急疏散，迅速判断性质，并报告当地抗震救灾指挥部和上级主管部门，同时，依法办事，注意方法，及时果断处置；三是地震平息后，要全面排查，妥善安置，加强协调，形成合力，积极做好灾后重建和教学秩序恢复工作。

在地震来临时，作为幼儿园的领导和教师，一定不能惊慌失措，要有序地组织孩子撤离、防震，身处不同的地点需要不同的应急方式。

第一步，如果地震时孩子们在一层教学楼，应立即组织幼儿紧急撤离到空旷的室外，撤离时注意避开高大建筑物及大型玩具，如果来不及跑出去，应迅速躲避在课桌下、讲台旁。

第二步，如地震时孩子们在教学楼上，应立即组织幼儿躲到课桌下、讲台旁，并注意避开吊灯、电扇等悬挂物，避开玻璃门窗，或组织幼儿到有管道的卫生间等小空间，绝不可让幼儿乱跑或跳楼。地震后，利用两次地震之间的间隙沉着地组织幼儿迅速撤离到楼下空旷地带。

第三步，如地震时孩子们在楼梯上，应立即组织幼儿快速下楼，不要停留，尽可能迅速逃离建筑物，转移到空旷地带。来不及逃出时，应尽量躲在楼梯间墙角或支撑结构较多的空间部位。如地震时孩子们在操场和室外，则可让幼儿原地不动蹲下或趴下，双手保护头部，并避开高大建筑物或危险物，不要乱跑，不要返回室内。

第四步，如地震时孩子们在睡觉，应立即叫醒幼儿起床，就地避险，躲到床下，也可叫幼儿用枕头护头蹲下，蜷缩身体，并利用两次地震之间的间隙迅速组织幼儿到室外空旷地带。

（五）不明人员闯入的紧急处理

不明人员闯入属于幼儿园非常紧急且危险的事故，需要教职工尽快做出反应并控制事态发展。虽说该情况不常见，但幼儿园应该做好应急预案。处理此类事件分为以下四步。

第一步，迅速控制不明人员，将其稳住，保护现场幼儿，不要激怒不明人员。

第二步，迅速通知相关人员，包括园长、主任、后勤人员等，而且要报警。

第三步，远离不明人员，教师站在前方保护幼儿。

第四步，协助公安机关控制不明人员。

需要注意的是，前三步要尽可能同时进行，做到人员分工明确，处理妥当。

> **真题实战**

真题 6：当班级中发生电器起火，你应该怎么办?

问题分析：

本题重点考查考生对火灾的应急处理能力，本题的题眼是"电器起火"，在灭火时应禁止使用水基器材。

参考答案：

当班级中发生电器起火时，首先应立即关闭电源，班中一位教师用窒息灭火法灭火，即用不导电的灭火剂，如二氧化碳灭火器或干粉灭火器直接喷射在燃烧着的电器设备上，阻止与空气接触，中断燃烧，达到灭火效果。第二位教师迅速带班级幼儿进行疏散。第三位教师立即报告校领导、后勤部门和拨打 119 火警电话。

五、关于人际沟通的提问

人际沟通能力是幼儿教师必不可少的能力之一，包括与幼儿、与家长、与同事、与领导的沟通能力。本类型考题灵活度大、难度高。因为在校考生还未入职场，经验少、涉世浅，因此在处理人际关系方面还略显生疏。

（一）与幼儿沟通的技巧

教师能够做到与幼儿顺畅沟通，源于对幼儿年龄特点的把握。掌握幼儿年龄特点，走进童心，方可成为孩子们心中的好老师、好玩伴。下面一一解析各年龄班幼儿的年龄特点及沟通方法。

1. 小班（3~4 岁）幼儿的特点及沟通方法

小班幼儿具有认识靠行动、情绪作用大、爱模仿、泛灵化的特点。

3~4 岁幼儿的认知活动往往依靠动作和行动进行。思维是认知活动的核心。3~4 岁幼儿思维的特点是先做后想，不会"三思而后行"。3~4 岁幼儿在听大人讲述的时候，往往也离不开动作，如当别人说到小白兔时，幼儿会将手指放在头上模仿兔子的耳朵，并站起来蹦蹦跳跳。因此，在与小班幼儿沟通时，教师的语言要与动作相结合，便于幼儿理解。比如，教师说"大大的"，就随着语言用手比画一个"大"的动作。

情绪在 3~4 岁幼儿心理活动中的作用很大，他们常常因为一件微不足道的小事而哭起来，并且越哭越大声，越哭越激动，甚至全身抖动。但是在哭得厉害的时候，对他讲道理，也是无效的。如果用有趣的事情吸引他，可以使他转移注意力，哭声渐渐就小了。当他安静下来后，用亲切的语调与其说话，才能对他进行说服教育。因此，当幼儿情绪波动较大时，教师应先安抚幼儿情绪（安抚情绪的方法详见本章第二节之"关于教育策略的提问"真题 4），然后再进行教育。

3~4 岁幼儿的模仿性非常强，同时模仿也是这个年龄阶段幼儿的主要学习方式，即通过模仿掌握别人的经验。因此，在与幼儿沟通的时候应该注意自身的行为习惯，身体力行，语言规范。

泛灵化也是 3~4 岁幼儿典型的特点，他们会认为没有生命的物体也会说话、会动、会思考、有情感。教师在与幼儿沟通的时候，应该多使用拟人化的口吻，比空洞的说教更加有效。例如，教师在引导幼儿要认真洗手时可以说："你的小毛巾悄悄告诉我，它很不高兴，因为它的身体都被你弄得脏脏的，很不舒服。"

2. 中班（4~5岁）幼儿的特点及沟通方法

中班幼儿在心理发展上出现了较大的飞跃，比小班的发展迅速得多。中班幼儿具有活泼好动、思维具体形象、有意性水平提高和坚持性增强的特点。

活泼好动这一特点在4~5岁阶段体现得极为明显，他们的动作比小班时更加灵活，思维也更加活跃，教师经常会感觉中班幼儿"不好带""淘气"。为什么中班幼儿更加活泼好动呢？第一，中班幼儿已经经过一年的集体生活，对幼儿园的生活比较熟悉了，也积累了许多和他人交往的经验；第二，生理上的进一步成熟，兴奋和抑制过程都有较大提高，集中精力从事活动的时间能够延长到20分钟左右。因此，教师与幼儿互动时应正确认知活泼好动的行为特点，能够接受幼儿看似"淘气"的行为，不能一味地批评教育。

虽然整个学前期幼儿的思维都具有具体形象的特点，但是在中班时期更为明显。4~5岁幼儿对事物的认识主要依靠表象，即在大脑中形成具体形象。从数学的角度来说，他们还不能理解"3+2=5"，而是在大脑中形成"3个苹果，又有2个苹果，一共有5个苹果"的过程。中班幼儿因为思维具有具体形象的特点，所以在理解成人的语言时依靠自己的生活经验。成人以为听懂了，孩子也以为自己听懂了，结果双方对某一词汇的理解却大相径庭。例如，教师说"不起眼"这个词语，孩子们就会误以为"肚脐眼"。在与幼儿沟通时，教师应尽量使用简单、易懂且具体形象的词汇描述事物。例如，教师教育小朋友时说"注意安全，以防发生危险"，这句话中的"以防"二字就是难以理解的词语，小朋友可能会理解为"某种房子"，所以教师应把语言转化为"小朋友要手扶栏杆下楼梯，要不然就容易摔倒"。

4~5岁幼儿的有意注意、有意记忆、有意想象等有意性水平较之小班有了较大的提高。有意注意水平的提高依赖于大脑额叶的成熟，使幼儿能够把注意力指向必要的刺激物和有关动作，主动寻找所需要的信息，同时抑制不必要刺激的反应，抑制分心。有意记忆并不是自发产生的，而是在生活的要求下，在成人的教育下逐渐产生的。有意想象是指有目的、有主题的想象，中班幼儿想象的主题逐渐稳定，为了实现主题，能够克服一定的困难。有意性水平的提高使幼儿能够更加投入到游戏和活动中。教师在与幼儿沟通的时候，可以与幼儿针对某一主题进行讨论，给予他们更多的活动空间与游戏自主的权利。

4~5岁幼儿的坚持性行为发展迅速，但是这种坚持性往往体现在他们喜欢的游戏和操作活动中。因此，教师在与幼儿沟通的时候可以利用幼儿这一年龄特点，寓教于游戏，潜移默化地影响幼儿的发展。

3. 大班（5~6岁）幼儿的特点及沟通方法

大班幼儿具有好学好问、同伴间互相学习、自我控制能力提高和有计划性的年龄特点。

5~6岁幼儿不仅仅会问"是什么"，还会问"为什么"，不再满足于了解事物的表面现象，在智力活动上更为积极，表现出强烈的求知欲。大班幼儿的"淘气"有时是求知欲的表现。例如，教师发现班中的植物被小朋友浇了许多温开水，结果植物都死了，当教师经过询问后发现，小朋友之所以给植物浇温开水是因为教师经常说"喝温水健康，不生病"，所以孩子就会认为温开水对植物也是有益的，结果好心办了坏事，这正是大班幼儿求知欲的表现。教师与幼儿沟通时，要在充分了解幼儿的行为意图后再与幼儿进行沟通交流。值得注意的是，眼见不一定为实，教师在沟通时应注意自身的态度与方法，不要轻易对幼儿做出评价。

5~6岁幼儿的注意广度提高，交往能力增强，不仅能够注意到自己的活动，而且还能注意到同伴的活动。他们在游戏中更趋向于合作游戏，在游戏中有分工、有合作，能够和同伴一起学习并讨论。因此，教师应减少"一言堂"行为，多听听幼儿是怎样想的，要问一问幼儿"你是怎样想的""你有什么想法吗""你有什么收获"，鼓励幼儿之间互相学习，发展其协作能力。

5~6岁幼儿因为大脑额叶逐渐发展成熟和神经髓鞘化接近完成，因此他们的自我控制能力明显提高。自我控制能力体现在精细动作准确协调、规则意识增强和自我管理能力增强三个方面。在与幼儿沟通时，教师应注重幼儿的自我管理，逐渐把游戏控制权给幼儿，多与幼儿商量游戏规则，激发他们自我管理、自我控制的意识，提高自我管理、自我控制的能力。

5~6岁幼儿已经开始掌握认知方法，在解决问题时能够事先计划自己的思维过程和行动过程。例如，在绘画之前，他们能够事先规划好绘画的内容、画面布局等。大班幼儿不仅在认知活动中能够采取行动计划和行动方法，在意志行动中也往往用各种方法控制自己。教师在与幼儿沟通时，应多让幼儿进行计划，应经常问问幼儿"你有什么想法""你想怎么做""你有什么计划"等问题。

（二）与家长沟通的技巧

1. 如何向家长反映幼儿在园的"不良"表现

在幼儿园里，我们常发现比较"淘气"的孩子，他们不遵守纪律，他们可能会经常给其他孩子造成伤害。遇到这种情况我们应该如何与家长沟通呢？一般可以遵循家园沟通六步法。

第一步，心平气和地、真诚地与家长沟通，这个基调奠定好了，后面的事情就会轻松一些。

第二步，让家长坐在座位上，面对面地沟通。

第三步，先肯定孩子最近在园的一些表现，就是先夸夸孩子。

第四步，针对孩子存在的行为问题，问问家长孩子在家里的表现是什么样的，然后说一说他在学校里的情况。不要以批评的方式，而是以交流的方式进行沟通，不对孩子做任何评价，如"这孩子特淘气"，应该向家长如实叙述孩子在幼儿园发生的事情。

第五步，以提教育建议的方式向家长说一说教师认为的问题，并提出教育建议。教师一定是站在教育合作者的角度上与家长谈话，切忌高高在上。结合孩子的问题，教师给出一两项建议，这个建议是需要家园共同协作完成的。

第六步，征得家长的同意，共同进行家园协作。

拓展阅读

巧妙处理幼儿冲突

鹏鹏和涛涛是班中两个比较活跃的男孩子，行动敏捷，思维活跃。在一天晚饭后的自主活动时间里，突然发生了一声尖叫，原来是鹏鹏把涛涛的脸抓出了"血道子"，涛涛正要还手，被老师制止了。老师赶紧询问情况，原来是因为争抢一本喜欢的书，涛涛先动手打了鹏鹏，鹏鹏又还手挠了涛涛。这时家长马上就来接小朋友了，老师在这几分钟内要处理两个孩子的矛盾，还要思考与家长进行沟通的方法和策略。

如果你是这位老师，你会怎么办呢？

下面让我们来看一看这位老师是如何处理的吧！

老师没有着急，先安抚了两个小朋友的情绪，把他们暂时分开了一会儿，这时家长已经开始接孩子了。老师看到鹏鹏和涛涛的妈妈后说道："您先留一下。"等所有的小朋友都走了，老师把鹏鹏和涛涛的妈妈请到了活动室，和两个孩子坐在一起。涛涛的妈妈一看见孩子脸上的"血道子"就问孩子是怎么回事。涛涛说："就是他给我抓的！"边说还边用手指着鹏鹏。鹏鹏赶紧说："是你先打我的！"两人又准备吵起来。

老师赶紧说："好了孩子们，我们现在不要互相指责了，先想一想为什么会发生这样不好的事情。"

两个孩子想了想都说："他抢我的书！"

老师又说："我们都是大班的小朋友了，如果大家都想要同一本书，我们应该怎么办呢？"

鹏鹏说："轮流看，他看一会儿，我看一会儿。"

老师说："这个方法不错，但是谁先看呢？"

鹏鹏说："我想先看，然后给他看！"

涛涛说："我先看一会儿，你再看。"

老师说："你们两个都想先看，有什么办法能决定谁先看呢？"

涛涛说："我们可以用石头剪刀布的方法决定。"

老师说："对啊，既然你们能想到这么好的方法，为什么刚才还发生了这样的事情呢？""你们两个是不是都没有想办法去解决呢？"

这时，两位妈妈也说："没事没事，孩子之间哪能没有小矛盾呢？"鹏鹏妈妈让鹏鹏向涛涛道了歉，涛涛也原谅了鹏鹏。

老师又征求了涛涛妈妈的意见："既然涛涛受伤了，要不要去医院看看？"

涛涛妈妈说："不用了，孩子平时都挺淘气的，免不了磕碰，去保健室上点药就行了。"

事情圆满地解决了，这个方法一举三得：第一，帮助孩子学会了处理矛盾的方法；第二，让家长了解了事件的经过；第三，教师言传身教间接教给了家长应该如何正确认识与处理这类问题。

2. 家长不认同教师的教育观念怎么办

在班级管理时，教师经常遇到的棘手问题是家长不认同教师的教育观念。这类提问也是在面试考题中经常涉及。

要想让家长"认同你的教育观念"，首先要做到的就是让家长"认同你本人"，从心理学的角度上来说这就是晕轮效应。家长对教师教育观念的判断是由对教师本人的好恶判断决定的。因此，教师要利用自身的人格魅力和专业性去打动家长。

首先，家园共育要做到一致性与一贯性。如果在幼儿园一套教育方法，在家一套教育方法，那么孩子很难形成良好的习惯。这就需要家长能够与教师一起完成教育的重任。

其次，要充分利用家长学校的作用，帮助父母建立起正确的育儿观念，掌握科学的育儿方法，在教育理念的引领下发挥父母的主观能动性，找到适合子女的教育策略。

再次，要用"事实"说话，给家长讲一些小案例，让家长了解这样的方法能够真正地帮助他们解决育儿的困惑。生动的案例往往比生硬的理论更具有说服力。

3. 出现家长信任危机的时候，你应该怎么做

当教师辛辛苦苦工作了一天，为什么家长还是觉得教师不够好呢？为什么家长总是不认可教师的工作呢？当家长对教师产生怀疑或不信任的时候，教师应该怎样做呢？

首先，内塑师德。加强教师自身的修养，强化业务素质，使自己成为一名专业化的幼儿教师。其次，外显师德。把自己对孩子的爱与包容、对家长的热心与耐心通过日常的工作显现出来。如果老师内心是火热的，但是表情与动作是冰冷的，是不能得到小朋友与家长的喜欢的。

拓展阅读

剪头发风波

事件背景： 小（1）班的 L 老师当了新妈妈，需要休一段时间的产假，巧合的是班中的 W 老师也怀孕了，而且因为身体的原因休病假了，幼儿园为此调来了有经验的 Z 老师。

Z 老师进入班级大约有两个星期的时间了，家长就互相议论新老师不好，不喜欢孩子，向园里要求调回原来的老师。在这个过程中发生了这样一件小事：夏天到了，因为女孩子们都梳着长长的头发，经常在户外活动和午睡后头发都被汗水浸湿了，老师和孩子们说："夏天到了，梳长头发会让你们感觉很热，小朋友们可以把头发剪短一些。"家长知道了以后都十分气愤——为什么让孩子把头发剪短？肯定是老师不愿意给孩子梳头，怕麻烦！因为这件事情，家长把"状纸"递到了园里。Z 老师感觉很委屈："其实是为了孩子好，怕孩子出汗太多，怎么家长会这样呢？"

原因分析：

这是一件典型的信任危机事件，分析原因有二：其一，家长对新来的老师不熟悉，总是以不信任与试探的眼光去看待老师，就会出现老师的教育策略会被家长错误地理解，从而导致不必要的误会；其二，每个人都会有先入为主的心理状态，家长总是觉得原来的老师好，总愿意用原来老师的长处比现在老师的不足，这样会给新来的老师造成很大的困扰。

解决策略：

在接新班之前召开家长会。在接新班之前召开家长会的目的是让家长能够较快地认识与熟悉新的老师。老师需要像新学期开学时的家长会一样，面面俱到地介绍全面的情况，使家长能够尽快认同老师的教育思想与教育方法。

进班之后，尽快熟悉孩子。新的老师进班时，孩子们会感到十分陌生与不安，他们习惯了与熟悉的老师一起生活，因此应尽快熟悉孩子——熟悉每个孩子的姓名、习惯、性格等，这样会有助于老师能较快地在孩子中建立起信任与威信。

勤于与家长进行沟通。新接班的老师要勤于与家长沟通，就说上面的案例，如果老师提前向家长说明剪头发的原因，然后再和孩子们说，结果可能会截然相反，家长会认为老师很细心，考虑到了孩子们生活的琐事。

多向家长夸夸孩子们的进步。老师向家长反映幼儿一天在园情况时，多说好的一面为宜。因为向家长夸夸孩子会传递给家长两个方面的信息：一是老师很关注我家的孩子，二是老师很喜欢我家的孩子。

指出孩子的不足时要辅助教育方法。夸孩子们的进步是一个方面，但是教师要辩证地看问题，不能"报喜不报忧"，当孩子犯了错误的时候，同样要向家长提出来，只有这样才是负责任的老师。提出问题的同时，老师要给予家长一些解决的策略。老师扮演的不是指责孩子的角色，而是与家长共同合作的教育者。

当出现信任危机的时候，教师不要盲目指责家长，或者一味地迎合家长，突破自己教育原则的底线，这些都是不可取的。当出现类似情况的时候，教师要冷静下来，理智思考——取得家长信任的突破点在哪儿？家长的真实需求是什么？归根结底是家长希望教师能够认真、负责地带好自己的孩子，那么教师依然还是要从自身工作入手，做好自己每一天的工作，热心为家长服务，耐心照顾幼儿，相信很快就能得到小朋友和家长的喜欢。

4. 家长不积极参与班级的活动，教师应该怎么办

班级中需要家长配合的事情很多，涉及教学、生活的方方面面。有些家长喜欢参与班中的教学工作，有些家长疏于与教师进行配合与交流，当家长不积极参与班级活动时，教师应如何与家长沟通？

策略一：让每一位家长知晓班中的各种活动。教师要利用各种方法与渠道让家长了解一学期的班级工作，首先是在开学初的家长会上了解本学期的大致工作、需要家长配合的内容；其次及时在家长园地中展示与更新班级活动的最新动态；再次利用微博与微信宣传班级活动。

策略二：鼓励经常参与班级互动的家长。对经常参与班级管理与互动的家长，教师一定要适时鼓励，比如可以把家长的来信、海报展览出来，供其他家庭阅览；另外也可以邀请这些家长担任班级志愿者，来体验助理教师的角色。

策略三：深化家长参与亲子活动的意义。家庭是儿童社会化的最早、也最重要的场所，亲子关系对儿童的社会性发展的影响最为全面、最为深刻。父亲参与儿童的游戏能够促进子女形成良好的个性品质，获得情感的满足；妈妈经常参与儿童的游戏有助于促进子女语言、认知能力的发展。因此，教师要鼓励父母多与孩子互动和游戏，通过参与班中的各项活动加强亲子关系。

5. 面对祖辈、父辈和保姆，如何做好沟通

每天接送幼儿的看护人有时是父母，而大多时间都是由祖辈负责的，面对这些隔辈人，我们应该怎样和他们进行有效的沟通和交流呢？

首先了解祖辈的生理特点和心理特点，"对症下药"。孙子/孙女是爷爷奶奶、姥姥姥爷的心头肉，他们在家被哄着、被惯着，是家里的小太阳。祖辈从孙辈出生就细心看护，心中满含着对孙辈的依赖，每天接送孩子是他们最幸福的时光。结合他们的心理特点，教师要能够站在他们的角度去想问题，因此不要太过责怪他们溺爱孩子，既要理解他们的心情，又要给出适宜的建议。

老年人眼花了、耳聋了、动作不灵活了、思维不够活跃了，如果班中有通知，那么最好能够写出来，方便他们看和记录，教师不要过于苛求他们能够像年轻人一样，尽量体量他们的苦衷，相信你会赢得爷爷奶奶的喜爱的。

保姆也是目前家庭看护方式之一，有些父母的工作过于繁忙，祖辈又不能帮忙照顾，选择保姆就是十分必要的。那么我们来一起分析一下保姆的心理特点——保姆大多是打工人员，她们来到这个家庭是为了挣钱糊口，因此她们关注的是需要做什么工作、工作量是多少，很少人有教育的意识。她们与被看护人没有血缘关系，认为只要接送孩子就可以了。因此面对这一人群，教师就更加需要多出书面的通知，便于保姆记录；如果遇到需与家长沟通的情况，一定要亲自给家长打电话或书面沟通交流。

6. 出现意外事故，应该如何沟通

处理意外事故是教师必须掌握的技能之一，也是面试时经常遇到的问题，回答这类问题可遵循以下流程：

第一步，先向家长致歉，没有及时阻止伤害，感到十分抱歉。

第二步，详述孩子发生意外的过程，让家长充分知晓孩子的情况。

第三步，向家长建议去医院就医。

第四步，如果家长认为没有什么事，不用去就医，就再次表示抱歉，并感谢家长对教师工作的理解。如果家长决定去医院就医，那么就由教师、保健医和家长共同带孩子去医院。

拓展阅读

崴脚的妮妮

下午的户外活动开始了，孩子们在操场上尽情地玩耍。妮妮正在走翘板，一不小心脚下一滑，崴了一下，妮妮没有告诉老师。户外活动结束了，G老师组织孩子们回班，这时妮妮说："G老师，我的脚疼。"老师查看后询问了情况，妮妮把刚才崴脚的经过向G老师说了。G老师看到妮妮的脚有点红肿，向保健医求助。保健医经过查体后，不能确定妮妮的损伤情况，建议先用冰袋冷敷后去医院就诊。G老师给妮妮妈妈打电话，让家长尽快来园。10分钟后妮妮妈妈来园观察了妮妮的脚伤，决定去医院就诊。后经医院诊断为骨裂。

真题实战

真题7：孩子在班里不合群，你怎么和家长沟通？

问题分析：

本题重点考查教师与幼儿家长沟通的方法和技巧。本题的题眼是"不合群"，在回答问题时仍然要考虑幼儿的年龄特点，对不同年龄班幼儿的不合群行为应该有不一样的理解，比如小班幼儿具有自我中心的年龄特点，不合群是正常现象，而该行为出现在中、大班时则需要教师和家长的干预。但考虑到该题已经提及"你应该和家长如何沟通"，那么可以默认为该行为出现在中、大班。

在回答该问题时，可以假设幼儿的姓名、性别和该幼儿与家长的关系（如母女、父女、母子、父子、爷孙……），这样在回答时更加具有情境性，考生回答起来更加容易。以下回答的情境假设是教师与一名中班女孩的妈妈进行沟通。

参考答案：

第一，作为教师先和家长交流幼儿在园的情况。可以使用以下语言："童童妈妈您好！感谢您能抽出宝贵时间来到幼儿园，与我一起沟通孩子的近期情况。童童进入中班以后，在生活上适应得很快，能够独立进餐、穿衣、如厕，班级老师看到童童的进步都为她高兴。"

第二，向家长了解幼儿在家庭生活的情况。可以使用以下语言："最近在家里面，童童的表现怎么样呢？有没有跟您说一说幼儿园发生的事情？"

第三，耐心倾听家长对幼儿的介绍，边听边分析幼儿的行为，为后续谈话做好基础。

第四，教师结合家长所述的情况，向家长说明幼儿在园的行为问题。可以使用以下语言："刚才听您介绍了童童在家的生活、游戏情况，对我深入了解孩子非常有帮助。最近我发现童童喜欢一个人独处，不太愿意和其他小朋友一起玩，您发现了此类问题吗？"然后耐心等待家长的进一步介绍。

第五，结合家长介绍的情况，帮助家长分析幼儿的行为并提出家园共育策略。教师可以使用以下语言："刚才听了您的介绍，我有点理解了童童最近独处行为的原因，您看是不是因为以下两点原因：其一是您和孩子爸爸最近工作较忙，没能经常和孩子交流与游戏；其二是班内更换了一名新老师，孩子有些不适应，在情绪上有些不稳定。我建议咱们从两个方面入手：一方面，您和孩子爸爸最近协调一下工作，能否抽出一个人或者轮流抽时间多和孩子游戏，增加陪伴的时间，提高陪伴的质量；另一方面，我会让班级的新老师多和孩子们游戏，和童童多交流，帮助她尽快适应新老师。"

第六，征询家长意见，共同做好后续的家园共育工作。可以使用以下语言："童童妈妈，您看这个方案可以吗？您还有哪些建议？希望我们后续能够继续保持沟通，最后再次感谢您支持班级的工作。"

真题8：幼儿在户外活动时因摔跤而磕破膝盖，你怎么和家长沟通？

问题分析：

本题重点考查考生与家长的沟通能力和技巧，在与家长交流时应注重教师的态度。在回答该问题时，可以假设幼儿的姓名、性别和该幼儿与家长的关系（比如：母女、父女、母子、父子、爷孙……），这样在回答时更加具有情境性，考生在回答起来更加容易。以下回答的情境假设是教师与一名中班男孩的妈妈进行沟通的。

参考答案：

第一，当幼儿在园发生磕碰事故时后，应该首先跟家长用真诚的态度向家长致歉。教师可以使用以下语言："瑞瑞妈妈，非常抱歉给您添麻烦了。"

第二，详述发生意外的过程。教师可以使用以下语言："今天在户外活动，我们全班小朋友开展接力跑，为了能让小组获得第一名，瑞瑞在跑步的时候太用力了，结果不小心摔倒了。摔倒以后幼儿园保健医马上进行了消毒和包扎。"

第三，建议家长去医院就医。教师可以使用以下语言："您看，要不我们带孩子去医院再诊断一下？"如果家长同意去医院就医，教师、家长和保健医前去医院就诊，如果家长认为没有必要去医院就诊则进行下一步。

第四，再次致歉并提出休养建议。教师可以使用以下语言："这两天孩子是在家里休息还是继续来园呢？如果在家休息，我明天下班后再去家里看瑞瑞；如果继续来园，我们班会专门抽出一名老师照看瑞瑞，保证他一天的游戏和生活。今天回家以后，别让孩子洗澡了，避免孩子伤口感染。再次向您致歉，希望您能谅解。"

（三）与同事沟通的技巧

沟通是为了设定的目标，把信息、思想和感情在个人或集体中传递，并达成共同协议的过程。值得注意的是，人际沟通中不仅仅是信息的交流，而且还包括情感与思想的沟通。由此可见，沟通的三大要素包括：目标明确，达成协议，信息、思想和感情的沟通。

1. 与同事沟通的原则

（1）尊重对方。尊重是交流的首要原则，沟通双方处于平等的地位，保证信息交流的畅通。

（2）情绪控制。在沟通时应保持情绪稳定，情绪稳定才能做充分思考，沟通不是争吵，沟通是信息、情感的有效交流。

（3）考虑周到。沟通前应做好充分的考量，分析利弊。养成三思而后行的习惯。

（4）耐心倾听。倾听是沟通者素养与能力的体现，耐心倾听，收集对方的信息，然后给予积极回应。

2. 与同事沟通的方法

口头语言是最直接的沟通方式，在谈话、聊天的你来我往中，传递彼此的信息，从而达到沟通交流的目的。

除了口头语言以外，书面语言和肢体语言也是沟通的有效方式。当难以面对面说话的时候，使用微信、QQ、微博的方式，既温情又不失原则。肢体语言的使用，能够明确表达沟通者的态度，比如：点头表示认可，搀扶表达关怀。

（1）当同事不满，否认质疑时

❶ 摆正心态，乐观积极

工作中，与同事保持良好的关系是我们的基本原则所在，也是我们更好开展工作的前提和必备要素。因此，无论是工作本身有矛盾还是出于同事自身存在一些矛盾，理应摆正心态。对工作中出现的问题先自我反思和总结，同事的某些行为的产生是由于平时彼此沟通和交流较少，所以首先应该从自身找原因。当然，对于同事的这个行为应给予理解，在合适的时间段再主动找同事交流。

❷ 自我审视，自我完善

不管因为何种原因造成同事对自己的工作不满，都要提高自身修养。丰富自己的知识和业务能力水平。要多观察同事的做法，请教同事的意见，多实践多承担。如果是存在工作不谨慎的原因，就要端正自己的工作作风，用高度的责任感面对工作。

❸ 加强交流，增强信任

尊重同事，真诚待人，注重沟通，加强交流，要做到千方百计替他人着想。与同事打交道，首先要想想是否为对方的工作创造了自己应该提供的服务条件，是否由于自己要求过度给对方工作造成了困难，自己能做什么，努力帮助别人完成任务。

（2）当与同事意见不一致时

❶ 宽容待人，工作为重

工作中要保持宽容的心态，宽以待人，在工作中与同事搞好关系，就要讲风格、讲大局，分歧在所难免，但无论如何务必保证工作的顺利开展，多想着同事的优点，求同存异，时刻想着怎样做对工作有利，对全局有利。

❷ 充分探讨，深入交流

在工作中应该及时和同事交流想法，积极发掘同事意见的亮点，把自己的观点和同事的观点充分融合，及时调整自己的工作状态、通过协调、沟通达成共识，更好地推动工作的进展。

❸ 积极劝导，达成共识

如果同事坚持自己是对的，也要充分理解同事，毕竟人无完人，有可能同事没有从全局角度出发，偏执于自己的意见。这时就需要积极劝导，通过有力的案例或者数据向他说明工作的原则、方法和流程，及时校正工作方向。如果同事仍然固执己见，为了不耽误工作和保证效果，应在尊重同事的基础上达成共识，保证工作顺利完成。

❹ 博采众长，完善自身

工作中要积极反思，多方请教，加强学习，不断提高自己的业务能力，积极主动地征询同事的意见，采纳他们的合理建议，吸取他们的优点不断改进，观影同事对自己的批评，努力和大家做工作上的好同事，生活上的好朋友。

（3）当同事不配合工作时

❶ 真诚理解，理性客观

同事不配合工作，首先要做到的就是冷静、不急躁，用理性处理问题。不管同事因为何种原因不配合工作，都要换位思考，站在对方的立场理解对方，从而选择最合适的方式，与对方沟通，希望同事能和自己合作。

❷ 了解情况，询问缘由

了解同事不配合的原因，找到问题的根源所在，然后对症下药，选择最合适的沟通方式，解决问题。

❸ 坦诚相待，晓以利害

想要获得同事的支持，必然要敞开心扉、坦诚相待，真诚地与之谈话，分析工作的重要性以及合作的必要性，适当地分析难以开展工作所带来的弊端，希望同事能够引起重视。

❹ 虚心请教，共同进步

俗话说：三人行必有我师焉。同事之前坦诚相待，询问同事的意见，把自己之前做的相关资料调查与同事研究讨论，以期能够做好这项工作，同时也会询问他们对我工作的意见，共同探讨，彼此共同进步。

（4）当与同事争功、抢功时

❶ 摆正心态，理解同事

首先，理解同事争功的原因，无论是工作本身存在矛盾，还是出于同事自身的问题，应该摆正心态，能够站在他的角度上理解他如此做的原因。

❷ 工作第一，剩余次之

不管同事出于什么原因争功、抢功，自己都要把工作放在首位，不能因为自己的个人情绪影响工作的进度和效果。在保证工作第一的原则之下，再和同事沟通。

❸ 帮助同事，正确引导

当工作顺利完成后，应该和同事心平气和地谈一谈，引导他不应该过于功利，工作是为了让自己取得更快的成长，让同事知道自己的立场，并能为其树立榜样。

（5）当与同事共事后出现问题，同事推诿责任时

❶ 冷静思考，解决问题

在工作中遇到突发情况非常正常，无论出于什么原因造成的，我们都应该积极面对。当同事出现推诿现象时，自己应该保持冷静、理性思考，以解决问题为前提。当出现了无法弥补的错误时，要敢于检讨自己，并引以为鉴。

❷ 主动积极，交流沟通

当工作中出现失误的时候，应该和同事积极交流，先找出问题的原因，并努力解决问题。沟通是最有效的工作方式，用自己的积极态度争取最佳的解决问题时间。

❸ 以身作则，正确引导

他人工作推诿并不是自己工作推诿的原因，自己在工作中应提前做好工作计划和应急预案，在工

作前与同事充分商讨后，再开始工作。当出现问题时，也能够做到努力解决、不推脱、不推诿，为同事做榜样，隐形中引导同事。

真题实战

真题9：当同班教师对某个幼儿有偏见，你作为主班教师你会如何沟通？

问题分析：
该题考查考生与同事交流的方式和方法。通过本题来看，需要沟通的问题比较棘手与敏感——它涉及该名教师对教育观和儿童观的认知，因此教师需要有技巧、有策略地进行交流。

参考答案：
策略一：谈话

首先，创设良好的谈话环境。良好的谈话环境包括物理环境和心理环境。物理环境包括充足的时间和安静的环境。心理环境包括轻松的氛围与安全的心理体验。

其次，了解对方所想。谈话教师可以先问一问同事，"你觉得咱们班怎么样？""你觉得好在哪里？不好在哪里？""班级里你最喜欢哪位小朋友？为什么？""你怎样表达你的喜欢？""你不喜欢哪位小朋友？为什么？""你平时怎样对待他？""这位小朋友有没有某些优点呢？"通过一系列的提问，了解被谈话教师的真实想法。

再次，指出教育问题和提出教育建议。在本环节，谈话教师可以根据以上谈话内容进行汇总和分析，指出被谈话教师存在的问题，并提出专业化的教育建议。谈话教师可以使用以下言语："通过你刚才的聊天，我发现你好像不太喜欢童童？主要原因是童童的妈妈对咱们教师工作不够支持和理解。没关系，我可以和你一起和童童妈妈谈谈，听听她的想法。童童很可爱，而且经常帮助别人，上次在你咳嗽的时候还帮你接了一杯水呢。你回想一下当时你有多感动，别把对家长的一些不满反馈在孩子身上，好吗？"

策略二：教学方法示范

另一个方法是在真实的教学情境中做一些看似随意但有意识的教学示范。例如，当被谈话教师出于对某个幼儿的偏见，再一次出现言语或行为不当的时候，教师可以直接帮助其处理事件，身体力行，用行为做示范。

（四）与领导沟通的技巧

幼儿园教师除了教学工作之外，还要经常和领导在工作上进行沟通交流。下面介绍三类沟通情境及其沟通技巧。

1. 向领导汇报工作

汇报的内容应该包括三点：第一，说现状，但不必自夸；第二，说存在的困难，要实事求是；第三，说解决思路，或说请求领导支持和帮助的内容。

汇报工作可分为"主动汇报"和"被动汇报"。主动汇报就是汇报者根据需要主动向领导汇报工作。被动汇报就是领导要听汇报者的汇报，汇报者完全可以按照领导的要求进行汇报，包括汇报内容、汇报方式、汇报时间等，都必须"被动"地服从领导。无论是主动汇报还是被动汇报，都应把握好以下四个关键点。

（1）**明确目的**。事先一定要思考好：这次汇报应该达到什么目的。这是一个带有根本性、方向性的问题，也是要汇报的主题思想。

（2）**抓住重点**。根据汇报目的和领导的要求，选择重点内容，并找准切入点。

（3）**不说废话**。首先，要根据汇报的要求和重点事先进行认真准备，列出提纲或形成文字材料，充分利用有效时间把该汇报的内容都说出来。其次，尽量做到每句话都有分量，繁简适度，表达得体，既不过时，也不浪费机会，让人听后有一种新鲜感和透亮感。

（4）**实事求是**。向领导汇报工作都必须本着认真负责的态度和实事求是的精神，一定要把汇报工作建立在事实清楚的基础之上。

2. 向领导请示工作

请示是指就有关问题向领导获取行动指令。请示的完整过程包括以下步骤。

（1）**汇报问题**：首先，请示人要向领导详细汇报相关问题的情况。在汇报相关情况时，信息要尽可能充分、翔实、周全、清晰，但又要切中要害，切忌拖泥带水、颠三倒四、含混不清。但是，情况的汇报所涉及的问题有时会有一些背景信息，这个时候就不能脱离背景而只是就事论事，这样会误导领导。

（2）**提出方案**：在汇报完问题之后，恰当地提出问题解决的建议或方案。在提出问题解决的建议或方案时，要摆正姿态，建议的语气、态度、表情、肢体等信息不要给领导以被越位的感觉。

（3）**确认指令**：指令的确认并不是简单地获得领导的"可以"或"不可以"的回答，问题的解决往往要获得人力、物力、财力等的支持，必须获取有关支持的明确态度。

3. 向领导提出建议

（1）把握正确的态度。说话要注意"态度诚恳，言语适度"，恰到好处地表达出自己的意思。

（2）不要只提意见，更要提供办法。提意见时一定要设身处地地站在领导的立场上考虑问题，不仅要提出意见，更要提供解决问题的方法。

六、关于组织管理的提问

组织管理的提问通常考查的是考生活动策划、组织、管理、协调等方面的能力，主要包括班级管理和园所管理。班级管理包括幼儿管理、教师管理、班级信息管理、班级物品管理、班级一日常规培养、班级环境建设、家长工作管理和园所活动组织与管理等。其中，对家长工作管理的论述请详见本节"人际沟通的提问"部分，在此不做赘述。下面重点讲解幼儿管理、班级信息管理、班级物品管理、班级环境建设、园所活动组织与管理。因为考生都属于青年教师或新进教师，因此考题不会涉及较难的幼儿园管理的内容，一般会涉及大型活动组织与管理、教师教研参与与组织类题型。

（一）幼儿管理

1. 小班幼儿生活常规的管理方法

（1）通过有趣的故事情节引导幼儿学习常规。

（2）运用熟识的标记帮助幼儿遵守常规。

（3）通过游戏帮助幼儿熟悉常规。

（4）通过儿歌等文学作品的形式熟记常规。

（5）通过外在的奖励机制巩固常规。

2. 小班幼儿教育常规的管理方法

（1）**教育多样化**。通过多样化的环境、丰富的材料、各种形式的游戏活动，让幼儿进行多感官的感知和动手操作，以获得丰富的感性经验。

（2）**把握随机教育**。小班幼儿的有意注意能力还很弱，因此教师在教育过程中应随时随地开展教育，并且能够抓住生活中的现象开展教育。

3. 中班幼儿生活常规的管理方法

（1）**榜样激励**。中班幼儿已经开始"去自我中心"，能逐步关注他人，教师通过引导幼儿学习榜样而形成良好的一日生活常规。

（2）**规则认知**。应让中班幼儿明确认知班级的规则和具体要求，然后引导幼儿形成正确的行为。

（3）**练习巩固**。只有规则认知是远远不够的，教师需对幼儿的行为加以练习，从而强化正确的道德认识和正确的行为方式。

（4）**鼓励强化**。中班幼儿的规则意识比较模糊，自觉遵守规则的难度较大，因此仍然需要教师采取强化的措施帮助幼儿形成良好的行为习惯。教师通过言语、表情、肢体等方式鼓励幼儿正确的行为。

4. 中班幼儿教育常规的管理方法

（1）**寓教育于生活、游戏之中**。教师应明确中班幼儿的教育目标，在一日生活各环节中渗透教育目标于生活和游戏之中。

（2）**适当评价**。对于中班幼儿来说，虽然已经建立了班级生活常规制度，但是依然需要合理的评价机制才能保证幼儿按照规则要求约束自身的行为。例如，教师可以建立班级幼儿表现评价表来记录幼儿平时的表现。

5. 大班幼儿生活常规的管理方法

（1）**在活动中有计划、有目的地引导**。大班幼儿已经掌握了多种常规要求，自制能力也有所提高，因此教师在指导中应该对生活中的重难点环节开展有计划的指导。

（2）**自我服务与为他人服务**。大班幼儿的自我意识逐渐增强，并且在粗大动作和精细动作方面已具有自我服务的能力。在社会性发展方面，大班幼儿逐步出现了为他人服务的意识，教师在指导生活活动时应鼓励幼儿自己的事情自己做，并能够积极承担值日生、小助手、小老师的角色。

6. 大班幼儿教育常规的管理方法

（1）**发挥幼儿的主观能动性**。对于大班幼儿来说，他们在较长的幼儿园生活中已经积累了丰富的经验，在教育常规运作过程中，如果教师一味地高控式管理，反而会导致幼儿不遵守教学常规，产生逆反的行为。教师应发挥幼儿的主观能动性，多让幼儿参与班级教育常规的制定，使幼儿真正成为常规的制定者和遵守者，促进幼儿自觉遵守班级常规。

（2）**将常规要求与探索活动相结合**。大班幼儿好学好问，有较强的探索欲望和求知欲，教师应培养幼儿在探索活动中动手操作、动脑思考的习惯，逐步形成科学的态度与价值观。

📝 真题实战

真题 10：教育活动开始很久了，班里仍然吵吵闹闹，你作为幼儿教师应该怎样做？

问题分析：

本题考查考生组织教学活动的管理能力与教育策略。教师应先分析幼儿吵吵闹闹的原因，然后利用幼儿年龄特点开展教学活动的组织。幼儿在集体活动时吵闹的原因可能有三类：第一，缺乏班级教学活动常规；第二，教师教学环节设计缺陷；第三，教育活动不吸引人。在考试时，应针对这三类原因进行分析并回答。

参考答案：

遇到小朋友在活动开始很久了依然吵吵闹闹的情况，我会先反思发生这一现象的原因。首先，我先提出常规要求，可以使用"小朋友们，眼睛看老师，竖起小耳朵，管好小嘴巴"等类似话语尝试让小朋友们安静下来。其次，我会调整教学策略，特意用神秘、小声的语言开始讲课，如用"今天，老师要带小朋友们去米奇妙妙屋探险"来吸引幼儿的注意力，让小朋友们能够开始参与接下来的活动。再次，我会临时调整教学活动，增加活动的游戏性，组织孩子们唱唱跳跳、涂涂画画，让小朋友们能够切实地参与活动。

（二）班级信息管理

班级信息管理包括学籍档案管理、成长档案管理、健康档案管理、教育信息管理和班级交接班本管理。

学籍档案是指幼儿从入园到毕业期间的学籍管理工作。学籍档案一般存放在幼儿园保健室，班级应做好备份，且应根据情况变化随时更新内容，保证信息的有效性。

成长档案是幼儿成长过程的记录，其目的在于通过有意收集幼儿的作品、活动过程影像、幼儿语录等相关资料，反映幼儿的兴趣、态度以及在各领域中的努力、进步和成就。成长档案应包括幼儿的基本信息和幼儿五大领域的发展资料，该资料应存放于幼儿易取放的位置，便于幼儿随时翻阅，也可向家长开放阅读，及时了解自己孩子在园的情况。

健康档案是收集幼儿身体生长发育的相关资料，包括体检信息、接种信息、过敏史等，健康档案常由幼儿园保健室统一进行管理。

教育信息包括学期教育计划、月教育计划、周教育计划、教学反思、观察笔记、教学总结等。

班级交接班本是教师如实记录幼儿一日生活情况的记录手册，教师应该翔实记录幼儿的一日生活，便于班级教师之间的沟通。

📝 真题实战

真题 11：幼儿成长档案包括哪些内容？可以收集哪些资料？

问题分析：

该题重点考查考生是否了解幼儿成长档案的制作和管理。

参考答案：

幼儿成长档案是幼儿成长过程的记录，其目的在于通过有意收集幼儿的作品、活动过程影像、幼儿语录等相关资料，反映幼儿的兴趣、态度以及在各领域中的努力、进步和成就。成长档案应该全面反映幼儿的发展情况，其包含和涉及的内容应是全面而丰富的，同时，这些内容的来源也应是多种渠道的，包括：

幼儿的基本信息：包括幼儿的姓名、年龄、健康状况、家庭情况、个性特征等。

语言发展的资料：教师可以收集幼儿平日朗诵、讲述、谈话的资料，这些资料可以是音频、视频形式的，也可以是教师用文字记录下来的儿童话语。

认知发展的资料：教师可以收集幼儿在科学、数学等活动中的作业单，在探究活动中的记录表，制作的小玩具等。

健康发展的资料：教师可以收集幼儿日常体育测评数据、活动的照片等。

艺术发展的资料：教师可以收集幼儿的美术作品，唱歌、跳舞的视频或照片等。

社会发展的资料：教师可以收集幼儿与同伴交往、社会性发展游戏的资料，包括照片、视频以及教师的观察记录等。

（三）班级物品管理

班级物品管理包括班级设备管理和班级用品管理。班级设备包括班级的家具等生活设备和钢琴、电脑等教学设备。班级用品包括幼儿生活、学习、游戏使用的低值消耗品。教师应引导幼儿节约使用班级物品，妥善保管。

（四）班级环境建设

班级环境建设包括物质环境创设、心理环境创设和班级文化建设。

物质环境创设应遵循安全、卫生、美观、符合幼儿发展需要的原则。物质环境创设包括班级的墙面设计、活动区的选址与布局、玩具材料的投放等。在物质环境创设中应注意的是，环境是为幼儿生活、学习和游戏发展而创设的，一切环境应为幼儿服务，环境要能与幼儿产生互动，发挥环境的隐形课程作用。

心理环境是指教师营造的相互尊重、信任、平等、具有安全感的氛围。幼儿在适宜的心理环境下能够感到安全、温暖、宽松和愉快，在这样的环境中幼儿能够自主探索、学习与创造。教师应加强营造适宜心理环境的能力，同时加强自身修养，形成高尚的师德品质。

班级文化建设体现在班级的管理风格、教学特色、和谐环境、班级制度、师幼关系等之中，班级文化建设应体现教师的教育理念，融合教师的教育策略。

真题实战

真题12：如何建设班级文化？

问题分析：

该题重点考查考生班级管理的理念和方法，考查内容较为抽象，首先要明确何为班级文化，然后再提出具体措施。

参考答案：

班级文化是"班级群体文化"的简称，是作为社会群体的班级所有或部分成员共有的信念、价值观、态度的复合体。班级成员的言行倾向、班级人际环境、班级风气等为其主体标识，班级的墙报、黑板报、活动角及教室内外环境布置等则为其物化反映。

首先，创设支持性的学习氛围。教师适度把握游戏控制权，适当地让幼儿能够自主游戏，教师做好合作者、支持者和引导者的角色。

其次，建设合理的班级常规制度。师幼共同制定班级生活、学习的常规，提高幼儿自我管理能力和适应能力，营造有序、整洁的班级环境。

再次，创设有效互动的墙面环境。幼儿园班级墙面环境应体现互动性，"能看""能玩""能操作"是墙面环境的创设标准，让赋予教育目标的墙面环境起到隐形课程的作用。

最后，提供适宜的游戏材料。为不同的年龄班提供不同的游戏材料，支持幼儿探索、操作，促进他们的全面发展。

（五）园所活动组织与管理

1. 大型活动组织与管理

幼儿园大型活动分为幼儿活动和教师活动。幼儿活动一般涉及运动会、亲子活动、家长开放日、幼儿春秋游、新年联欢会、游园游戏等；教师活动一般包括联欢会、外出旅游、团建活动、组织生活会等。大型幼儿活动组织应遵循以下流程。

（1）制订活动计划，设计活动方案，制定应急预案。

（2）组织相关人员开会，分配工作内容，做好协调工作。

（3）根据活动方案进行彩排和应急事件演练。

（4）召开家长会或向家长发放活动通知书。

（5）在活动中协调各部门工作，处理突发事件，并收集活动的照片、影像等资料。

（6）活动结束后，各部门总结经验，汇总活动资料。

2. 教师教研活动组织与管理

教师教研活动的组织可以遵循以下流程。

（1）活动准备阶段

① 查找相关资料，提升自身的业务素质。

② 制订教研活动计划，包括时间、地点、人员、设备、流程、确定教研主题等。

③ 通知参与活动的人员。

（2）活动实施阶段

① 能够对参与人员进行合理分组，并布置研讨主题。

② 根据现场研讨情况组织教师讨论与总结。

③ 布置教研活动的作业。

（3）活动结束后

① 收集教研资料，并进行汇总分析。

② 总结反思自己在组织活动时的优点与不足。

> **真题实战**

真题 13：如果园长请你组织一次教师踏青活动，你应该怎样组织呢？

问题分析：

本题重点考查考生组织大型活动的能力，考生应全面考虑该活动的意义、活动方式、组织方法等。

参考答案：

幼儿园组织教师外出踏青活动，不仅能丰富教师的业余生活，同时也是同事之间互相交流、促进感情的好机会。在策划本次活动时，我更加注重团队活动的意义与效果。

首先，我会和相关领导共同协商，制订本次踏青活动的计划，包括时间、地点、参加人员、应急预案、经费保障、交通工具、饮食等。

其次，我会积极调查每位老师的健康情况，联系保健医做好基础药品的准备。

再次，在踏青活动前夕，通知老师踏青活动的行程安排，并根据天气情况提醒老师穿着合适的衣服。在踏青活动当天，积极协调各部门工作，组织拍照留念。

最后，在活动结束后收集活动照片，制作踏青活动展板。努力总结本次活动得失，为下一次活动举办提供借鉴。

七、关于政策法规的提问

（一）国家方针政策

在 2018 年教师资格面试考试中，出现了关于国家教育方针政策类的考题，考生在备考中应重点备考并予以重视。对于国家方针政策应重点把握以下知识点：十九大热点问题、2018 年全国教育大会、《中国教育现代化 2035》、《教育信息化 2.0 行动计划》、"教师"相关热点。

1. 十九大热点问题

（1）大会主题

不忘初心，牢记使命，高举中国特色社会主义伟大旗帜，决胜全面建成小康社会，夺取新时代中国特色社会主义伟大胜利，为实现中华民族伟大复兴的中国梦不懈奋斗。

大会主题比较长，考生可以通过四个字进行记忆："旗""标""路""心"。"旗"即旗帜，高举中国特色社会主义伟大旗帜；"标"即要实现中华民族伟大复兴的中国梦，讲的是使命，讲的是目标；"路"即坚持走中国特色社会主义道路；"心"即不忘初心。

（2）中国共产党人的初心和使命

党的十九大报告提出，中国共产党人的初心和使命就是为中国人民谋幸福，为中华民族谋复兴。这个初心和使命是激励中国共产党人不断前进的根本动力。

（3）我国社会的主要矛盾

"人民日益增长的物质文化需要同落后的社会生产之间的矛盾"转化为"人民日益增长的美好生活需要和不平衡不充分的发展之间的矛盾"。

（4）新时代中国特色社会主义思想

党的十九大报告提出，围绕新时代坚持和发展什么样的中国特色社会主义、怎样坚持和发展中国特色社会主义这个重大时代课题，我们党进行艰辛理论探索，取得了重大理论创新成果，形成了新时代中国特色社会主义思想。

（5）"两个一百年"奋斗目标

习近平同志在党的十九大报告中谈到"两个一百年"奋斗目标时说，改革开放之后，我们党对我国社会主义现代化建设做出战略安排，提出"三步走"战略目标。解决人民温饱问题、人民生活总体上达到小康水平这两个目标已提前实现。从现在到2020年，是全面建成小康社会决胜期。从十九大到二十大，是"两个一百年"奋斗目标的历史交汇期。我们既要全面建成小康社会，实现第一个百年奋斗目标，又要乘势而上开启全面建设社会主义现代化国家新征程，向第二个百年奋斗目标进军。

（6）新时代中国特色社会主义发展的战略安排——两个阶段

十九大报告提出，综合分析国际国内形势和我国发展条件，从2020年到21世纪中叶可以分两个阶段来安排。

❶ 第一个阶段，从2020—2035年，在全面建成小康社会的基础上，再奋斗十五年，基本实现社会主义现代化。

❷ 第二个阶段，从2035年到21世纪中叶，在基本实现现代化的基础上，再奋斗十五年，把我国建成富强、民主、文明、和谐、美丽的社会主义现代化强国。

（7）优先发展教育事业

习近平同志在党的十九大报告中围绕"优先发展教育事业"做出了新的全面部署，明确提出："建设教育强国是中华民族伟大复兴的基础工程，必须把教育事业放在优先位置，深化教育改革，加快教育现代化，办好人民满意的教育。"

全面贯彻党的教育方针，落实立德树人根本任务，发展素质教育。立德树人是教育的根本任务。党的十九大报告提出："要全面贯彻党的教育方针，落实立德树人根本任务，发展素质教育，推进教育公平，培养德、智、体、美全面发展的社会主义建设者和接班人。"这是我们党改革开放以来始终坚持党的领导、牢牢把握社会主义办学方向的总体要求，需要我们结合新时代的新要求，全面系统、创造性地落到实处。立德树人，就要坚持社会主义核心价值观导向，深入开展理想信念教育、爱国主义教育、中华优秀传统文化教育和革命传统教育，加强法治教育、国防教育和可持续发展教育，促使学生将其内化为精神追求、外化为行动自觉。立德树人，就要把握好素质教育时代特征，重点抓好大中小学教材建设和教学改革；强化学校体育工作，帮助学生养成自觉科学锻炼的良好习惯；全面推进艺术教育，提升学生审美素养；促进教育与生产劳动和社会实践紧密结合，提高勤工俭学、志愿服务、实习实践活动的成效，以知促行，以行促知，学以致用。

（8）树立正确的历史观、民族观、国家观、文化观

❶ 树立正确的历史观就要求我们正确认识和评价历史，从历史中看到眼前和现状的发展方向与前景，自觉按照历史规律和历史发展的辩证法办事。

❷ 树立正确的民族观需要我们铸牢中华民族共同体意识。中华民族是由56个民族组成的大家庭，大家庭成员手足相亲、守望相助，大家庭是你中有我、我中有你、谁也离不开谁的中华民族命运共同体。

❸ 树立正确的国家观需要我们高扬爱国主义旗帜，使爱国主义成为全体中国人民的坚定信念、精神力量和自觉行动。国家好，民族好，大家才会好。要深入开展国情教育和形势政策教育，引导人民充分认识伟大斗争的长期性、复杂性、艰巨性，直面风险挑战，战胜艰难险阻。

❹ 树立正确的文化观要求我们要有文化自信。坚持对中华优秀传统文化、革命文化和社会主义先进文化的敬重和肯定，在中国特色社会主义伟大实践中坚持中国文化发展的正确方向，培育和践行社

会主义核心价值观。

（9）社会主义现代化奋斗目标

十九大报告提出了"为把我国建设成为富强、民主、文明、和谐、美丽的社会主义现代化强国而奋斗"的目标。社会主义现代化奋斗目标从"富强、民主、文明、和谐"进一步拓展为"富强、民主、文明、和谐、美丽"，增加了"美丽"，那么经济、政治、文化、社会、生态文明建设"五位一体"的总体布局与现代化建设目标就有了更好的对接。

（10）四个自信

四个自信包括道路自信、理论自信、制度自信、文化自信。

❶ 道路自信是对发展方向和未来命运的自信。坚持道路自信就是要坚定走中国特色社会主义道路，这是实现社会主义现代化的必由之路，是近代历史反复证明的客观真理，是党领导人民从胜利走向胜利的根本保证，也是中华民族走向繁荣富强、中国人民幸福生活的根本保证。

❷ 理论自信是对马克思主义理论特别是中国特色社会主义理论体系的科学性、真理性的自信。坚持理论自信就是要坚定对共产党执政规律、社会主义建设规律、人类社会发展规律认识的自信，就是要坚定实现中华民族伟大复兴、创造人民美好生活的自信。

❸ 制度自信是对中国特色社会主义制度具有制度优势的自信。坚持制度自信就是要相信社会主义制度具有巨大优越性，相信社会主义制度能够推动发展、维护稳定，能够保障人民群众的自由平等权利和人身财产权利。

❹ 文化自信是对中国特色社会主义文化先进性的自信。坚持文化自信就是要激发党和人民对中华优秀传统文化的历史自豪感，在全社会形成对社会主义核心价值观的普遍共识和价值认同。

（11）四个意识

四个意识是指政治意识、大局意识、核心意识、看齐意识。

❶ 政治意识：要求从政治上看待、分析和处理问题。我们党作为马克思主义政党，讲政治是突出的特点和优势。政治意识表现为坚定政治信仰，坚持正确的政治方向，坚持政治原则，站稳政治立场，保持政治清醒和政治定力，增强政治敏锐性和政治鉴别力；严肃党内政治生活，严守政治纪律和政治规矩，研究制定政策要把握政治方向，谋划推进工作要贯彻政治要求，解决矛盾问题要注意政治影响，发展党员、选人用人要突出政治标准，对各类组织要加强政治领导、政治引领，对各类人才要加强政治吸纳。

❷ 大局意识：要求自觉从大局看问题，把工作放到大局中去思考、定位、摆布，做到正确认识大局、自觉服从大局、坚决维护大局。增强大局意识，就是要正确处理中央与地方、局部与全局、当前与长远的关系，自觉从党和国家大局出发想问题、办事情、抓落实，坚决贯彻落实中央决策部署，确保中央政令畅通。

❸ 核心意识：要求在思想上认同核心、在政治上围绕核心、在组织上服从核心、在行动上维护核心。增强核心意识，就是要始终坚持、切实加强党的领导，特别是党中央的集中统一领导，更加紧密地团结在以习近平同志为核心的党中央周围，更加坚定地维护党中央权威，更加自觉地在思想上、政治上、行动上同党中央保持高度一致，更加扎实地把党中央部署的各项任务落到实处，确保党始终成为中国特色社会主义事业的坚强领导核心。

❹ 看齐意识：要求向党中央看齐，向党的理论和路线方针政策看齐，向党中央决策部署看齐，做到党中央提倡的坚决响应、党中央决定的坚决执行、党中央禁止的坚决不做。这"三个看齐""三个坚决"是政治要求，也是政治纪律，各级党组织和广大党员、干部要树立高度自觉的看齐意识，经常和

党中央要求"对表",看看有没有"慢半拍"的问题,有没有"时差"的问题,有没有"看不齐"的问题,主动进行调整、纠正、校准。

(12)五个"更加自觉"

❶更加自觉地坚持党的领导和我国社会主义制度,坚决反对一切削弱、歪曲、否定党的领导和我国社会主义制度的言行。

❷更加自觉地维护人民利益,坚决反对一切损害人民利益、脱离群众的行为。

❸更加自觉地投身改革创新时代潮流,坚决破除一切顽瘴痼疾。

❹更加自觉地维护我国主权、安全、发展利益,坚决反对一切分裂祖国、破坏民族团结和社会和谐稳定的行为。

❺更加自觉地防范各种风险,坚决战胜一切在政治、经济、文化、社会等领域和自然界出现的困难和挑战。

(13)十二个"新"亮点

十二个"新"亮点包括历史新变革、时代新开辟、矛盾新内涵、历史新使命、实践新路径、时代新课题、成果新概括、理论新飞跃、实践新方略、建党新思路、历史新意义、表述新界定。

第一个亮点是历史新变革。习近平同志是从历史性变革、历史性影响角度来谈这五年的工作的,他谈的是全方位、根本性、开创性的变革。

第二个亮点是时代新开辟,开辟了中国特色社会主义新时代。在报告中,习近平同志从五个方面对"新时代"进行了阐述:一是夺取中国特色社会主义伟大胜利的时代,二是决胜全面建成小康社会、建设社会主义现代化强国的时代,三是全体中国人民团结奋斗、创造美好生活、实现共同富裕的新时代,四是实现"强起来"的时代,五是中国走近世界舞台的中央、为人类发展贡献中国智慧、提供中国方案的时代。第一个讲的是中国特色社会主义,第二个讲的是"两个一百年"奋斗目标,第三个讲的是人民美好生活,第四个讲的是中国梦,第五个讲的是中国对世界的意义。

第三个亮点是矛盾新内涵。习近平所做的十九大报告是在十八大以后中国站在强起来的新的历史起点上、中国特色社会主义进入新的发展阶段,在这个历史方位来谈主要矛盾的转化的。这个转化,习近平同志这么表述,就是人民对美好生活的需要与不平衡不充分发展之间的矛盾。这个矛盾讲的是需求方和供给方的关系。需求方就是人民对美好生活的需要,美好生活拓展了过去物质文化的外延,包括经济、政治、文化、社会、生态,等等,同时也提升了它的内涵和质量,美好生活是讲质量的。这就是说需求方发生了很大的变化。供给方就是发展的不平衡、不充分,不平衡是从发展的领域范围来讲的,不充分是从发展的层级和质量来讲的。

第四个亮点是历史新使命。习近平同志在十九大报告中对历史使命有明确界定,就是实现中华民族伟大复兴。习近平同志是把历史使命和奋斗目标放在了既有联系又有区别的关系当中来讲的。也就是说,实现中华民族伟大复兴中国梦这个历史使命肯定是包括实现"两个一百年"奋斗目标的。但是也有区别,这个区别从表述上可以看出来。历史使命主要是聚焦到实现中华民族伟大复兴上,它超越了"两个一百年"奋斗目标。

第五个亮点是实践新路径。实现中华民族伟大复兴,这是我们的历史使命。中国共产党人要敢于担当,要担负起这个历史使命。怎样来完成这个历史使命呢?习近平同志在十九大报告中讲到了推进"四个伟大",包括伟大斗争、伟大工程、伟大事业、伟大梦想。这"四个伟大"意义非凡,值得关注,是报告中最大的亮点之一。

第六个亮点是时代新课题。这个时代课题就是在新的时代条件下坚持和发展什么样的中国特色社会主义，怎样坚持和发展中国特色社会主义。这是对时代课题的新界定，也是新的亮点。它的亮点就是站在实现强起来的新的历史起点上，坚持和发展中国特色社会主义。

第七个亮点是成果新概括。习近平同志在十九大报告中对十八大以来我们党的创新理论进行了概括和提炼。很多人关心这五年党的指导思想应该怎么来概括，怎么来表述，有各种观点和见解。在十九大报告中习近平同志明确给出了答案，就是"新时代中国特色社会主义思想"，这是最核心的亮点。

第八个亮点是理论新飞跃。新时代中国特色社会主义思想实际上实现了马克思主义中国化的新飞跃。既然十九大讲了新变革、新方位、新矛盾、新课题、新使命、新路径、新思想、新时代，那逻辑上自然而然地就是要实现马克思主义中国化的新飞跃。

第九个亮点是实践新方略。十九大报告从十四个方面（包括经济、政治、文化、社会、生态、军事、外交、国防、党建等）对今后各项工作的基本方略做了具体的阐释和论述。

第十个亮点是建党新思路。十九大报告最后的落脚点是全面从严治党，推进党的建设。习近平同志是把建设更加坚强有力的政党放在"四个伟大"的框架当中来谈的。他特别强调，要把伟大工程放在伟大斗争、伟大事业、伟大梦想当中来理解。因为今天我们进行的斗争是非常严峻的，具有很多新的历史特点，推进的伟大事业是非常艰巨的，实现的伟大梦想是非常重要的，所以必须建设好新的伟大工程。

第十一个亮点是历史新意义。习近平同志在十九大报告中特别谈到了中国特色社会主义思想和开辟中国特色社会主义新时代的重大意义。这个重大意义主要是从五个方面来谈的：一是人类社会发展史，二是世界社会主义发展史，三是我们党的发展史，四是国家发展史，五是民族发展史。应从这五个方面的历史发展来把握十九大报告的理论意义、实践意义，尤其是政治意义。

第十二个亮点是表述新界定。十九大报告第一次对于一些重要的提法和表述给予了明确界定。习近平同志在十九大报告中对"初心"和"使命"进行了界定，即"为中国人民谋幸福，为中华民族谋复兴"；对"精神状态、奋斗姿态"进行了界定，即"永不懈怠、一往无前"；对"新时代"的内涵进行了界定；对"主要矛盾"进行了界定；等等。此外，习近平同志从斗争的原因、斗争的对象、斗争的方式、斗争的目的这四个方面对我们正在进行的许多具有新的历史特点的伟大斗争第一次给予了界定。

（14）五大发展理念

❶ 创新——创新是引领发展的第一动力。
❷ 协调——协调发展、平衡发展、兼容发展。
❸ 绿色——环境就是民生。
❹ 开放——以开放的最大优势谋求更大发展空间。
❺ 共享——决不让一个少数民族、一个地区掉队。

（15）十九大报告主题

在报告最后一部分，习近平同志号召全党全国各族人民要紧密团结在党中央周围，高举中国特色社会主义伟大旗帜，锐意进取，埋头苦干，为实现推进现代化建设、完成祖国统一、维护世界和平与促进共同发展三大历史任务，为决胜全面建成小康社会、夺取新时代中国特色社会主义伟大胜利、实现中华民族伟大复兴的中国梦、实现人民对美好生活的向往继续奋斗！

2. 2018年全国教育大会

（1）教育的定位

党的十九大从新时代坚持和发展中国特色社会主义的战略高度做出了优先发展教育事业、加快教育现代化、建设教育强国的重大部署。教育是民族振兴、社会进步的重要基石，是功在当代、利在千秋的德政工程，对提高人民综合素质、促进人的全面发展、增强中华民族创新创造活力、实现中华民族伟大复兴具有决定性意义。教育是国之大计、党之大计。

（2）九个"坚持"
① 坚持党对教育事业的全面领导。
② 坚持把立德树人作为根本任务。
③ 坚持优先发展教育事业。
④ 坚持社会主义办学方向。
⑤ 坚持扎根中国大地办教育。
⑥ 坚持以人民为中心发展教育。
⑦ 坚持深化教育改革创新。
⑧ 坚持把服务中华民族伟大复兴作为教育的重要使命。
⑨ 坚持把教师队伍建设作为基础工作。

（3）"好老师"的共同特质——"四有好老师"
① 做"好老师"，要有理想信念。
② 做"好老师"，要有道德情操。
③ 做"好老师"，要有扎实学识。
④ 做"好老师"，要有仁爱之心。

（4）三个"牢固树立"
① 牢固树立中国特色社会主义理想信念，带头践行社会主义核心价值观，自觉增强立德树人、教书育人的荣誉感和责任感，学为人师，行为世范，做学生健康成长的指导者和引路人。
② 牢固树立终身学习理念，加强学习，拓宽视野，更新知识，不断提高业务能力和教育教学质量，努力成为业务精湛、学生喜爱的高素质教师。
③ 牢固树立改革创新意识，踊跃投身教育创新实践，为发展具有中国特色、世界水平的现代教育做出贡献。

（5）六个"下功夫"
① 要在坚定理想信念上下功夫。教育引导学生树立共产主义远大理想和中国特色社会主义共同理想，增强学生的中国特色社会主义道路自信、理论自信、制度自信、文化自信，立志肩负起民族复兴的时代重任。
② 要在厚植爱国主义情怀上下功夫。让爱国主义精神在学生心中扎根，教育引导学生热爱和拥护中国共产党，立志听党话、跟党走，立志扎根人民、奉献国家。
③ 要在加强品德修养上下功夫。教育引导学生培育和践行社会主义核心价值观，踏踏实实修好品德，成为有大爱、大德、大情怀的人。
④ 要在增长见识上下功夫。教育引导学生珍惜时光，心无旁骛求知问学，增长见识，丰富学识，沿着求真理、悟道理、明事理的方向前进。
⑤ 要在培养奋斗精神上下功夫。教育引导学生树立高远志向，历练敢于担当、不懈奋斗的精神，具有勇于奋斗的精神状态、乐观向上的人生态度，做到刚健有为、自强不息。
⑥ 要在增强综合素质上下功夫。教育引导学生培养综合能力，培养创新思维。要树立健康第一的教育理念，开齐开足体育课，帮助学生在体育锻炼中享受乐趣、增强体质、健全人格、锤炼意志。要全面加强和改进学校美育，坚持以美育人、以文化人，提高学生审美和人文素养。要在学生中弘扬劳

动精神，教育引导学生崇尚劳动、尊重劳动，懂得劳动最光荣、劳动最崇高、劳动最伟大、劳动最美丽的道理，长大后能够辛勤劳动、诚实劳动、创造性劳动。

（6）培养什么样的人

教育必须把培养社会主义建设者和接班人作为根本任务，培养一代又一代拥护中国共产党领导和我国社会主义制度，立志为中国特色社会主义奋斗终身的有用人才。

3.《中国教育现代化2035》

（1）推进教育现代化的八大基本理念——"八个更加注重"

① 更加注重以德为先。
② 更加注重全面发展。
③ 更加注重面向人人。
④ 更加注重终身学习。
⑤ 更加注重因材施教。
⑥ 更加注重知行合一。
⑦ 更加注重融合发展。
⑧ 更加注重共建共享。

（2）推进教育现代化的基本原则——"七个坚持"

① 坚持党的领导。
② 坚持中国特色。
③ 坚持优先发展。
④ 坚持服务人民。
⑤ 坚持改革创新。
⑥ 坚持依法治教。
⑦ 坚持统筹推进。

（3）教育现代化总体目标的基本方位

《中国教育现代化2035》确定的总体目标分为相互衔接递进的两大层次，共有两句话。

第一句话包括三个层面，即新时代新思想、战略思想、教育方针策略。

——以习近平新时代中国特色社会主义思想为指导，全面贯彻党的十九大和十九届二中、三中全会精神；

——坚定实施科教兴国战略、人才强国战略，紧紧围绕统筹推进"五位一体"总体布局和协调推进"四个全面"战略布局，坚定"四个自信"；

——在党的坚强领导下，全面贯彻党的教育方针，坚持马克思主义指导地位，坚持中国特色社会主义教育发展道路，坚持社会主义办学方向，立足基本国情，遵循教育规律，坚持改革创新，以凝聚人心、完善人格、开发人力、培育人才、造福人民为工作目标，培养德、智、体、美、劳全面发展的社会主义建设者和接班人，加快推进教育现代化，建设教育强国，办好人民满意的教育。

第二句话包括四个层面，即重要使命、"四为"使命、战略重点、在国家整体方略中的作用。

——将服务中华民族伟大复兴作为教育的重要使命；

——坚持教育为人民服务、为中国共产党治国理政服务、为巩固和发展中国特色社会主义制度服务、为改革开放和社会主义现代化建设服务；

——优先发展教育，大力推进教育理念、体系、制度、内容、方法、治理现代化，着力提高教育质量，促进教育公平，优化教育结构；
——为决胜全面建成小康社会、实现新时代中国特色社会主义发展的奋斗目标提供有力支撑。

（4）实现教育现代化的四大实施路径

实现教育现代化的四大实施路径：总体规划，分区推进；细化目标，分步推进；精准施策，统筹推进；改革先行，系统推进。具体表述如下。

❶ 总体规划，分区推进。在国家教育现代化总体规划框架下，推动各地从实际出发，制定本地区教育现代化规划，形成一地一案、分区推进教育现代化的生动局面。

❷ 细化目标，分步推进。科学设计和进一步细化不同发展阶段、不同规划周期内的教育现代化发展目标和重点任务，有计划、有步骤地推进教育现代化。

❸ 精准施策，统筹推进。完善区域教育发展协作机制和教育对口支援机制，深入实施东西部协作，推动不同地区协同推进教育现代化建设。

❹ 改革先行，系统推进。充分发挥基层特别是各级各类学校的积极性和创造性，鼓励大胆探索、积极改革创新，形成充满活力、富有效率、更加开放、有利于高质量发展的教育体制机制。

4.《教育信息化 2.0 行动计划》

（1）基本目标

通过实施《教育信息化 2.0 行动计划》，到 2022 年基本实现"三全两高一大"的发展目标，即教学应用覆盖全体教师、学习应用覆盖全体适龄学生、数字校园建设覆盖全体学校，信息化应用水平和师生信息素养普遍提高，建成"互联网＋教育"大平台，推动从教育专用资源向教育大资源转变、从提升师生信息技术应用能力向全面提升其信息素养转变、从融合应用向创新发展转变，努力构建"互联网＋"条件下的人才培养新模式、发展基于互联网的教育服务新模式、探索信息时代教育治理新模式。

（2）主要任务

——继续深入推进"三通两平台"，实现三个方面普及应用。
——持续推动信息基数与教育深度融合，促进两个方面水平提高。
——构建一体化的"互联网＋教育"大平台。

（3）建设的八大任务

——资源普及：完善数字教育资源公共服务体系，优化"平台＋教育"服务模式与能力，实施教育大资源共享计划。
——空间覆盖：保障全体教师和适龄学生"人人有空间"，建立学分银行和终身电子学习档案。
——网络扶智：支持"三区三州"的教育信息化发展，做到精准扶智，实现公平而有质量的教育。
——治理能力：从教学和教务两方面，学校和政府两个层次提升，最终实现打通一盘棋统筹管理。
——百区千校万课：建立百个典型区域，培育千所标杆学校，遴选万堂示范课例，汇聚推广优秀案例。
——数字校园：推进落后地区宽带卫星网络试点，其他地区数字校园全面普及。
——智慧教育：以人工智能、大数据、物联网等新兴技术为基础，依托各类智能设备及网络，积极开展智慧教育创新研究和示范，推动新技术支持下教育的模式变革和生态重构。
——信息素养：将学生信息素养纳入学生综合素质评价，推动落实各级各类学校的信息技术课程。

5."教师"相关热点

(1)四个相统一

习近平同志在全国高校思想政治工作会议上向广大教师提出了"四个相统一"的要求：坚持教书和育人相统一、言传和身教相统一、潜心问道和关注社会相统一、学术自由和学术规范相统一。

(2)四个"引路人"

做学生锤炼品格的引路人，做学生学习知识的引路人，做学生创新思维的引路人，做学生奉献祖国的引路人。

(3)"大先生"

2016年12月7日，习近平同志在全国高校思想政治工作会议中强调，教师做的是传播知识、传播思想、传播真理的工作，是塑造灵魂、塑造生命、塑造人的工作，教师不能只做教授书本知识的教书匠，而要成为塑造学生品格、品行、品味的"大先生"。

(二)学前教育政策法规

学前教育政策法规是幼儿园办园、开展保育教育工作的依据，学前教育从业人员应熟知并掌握《未成年人保护法》、《幼儿园工作规程》(以下简称《规程》)、《幼儿园教师专业标准（试行）》(以下简称《标准》)、《幼儿园教育指导纲要（试行）》(以下简称《纲要》)和《3~6岁儿童学习与发展指南》(以下简称《指南》)。

1.《未成年人保护法》

法律规定，对未成年人实行全方位四大保护：家庭保护、学校保护、社会保护和司法保护；明确未成年人享有四大权利：生存权、发展权、受保护权、参与权。未成年人享有受教育权，国家、社会、学校和家庭应尊重和保障未成年人的受教育权。

2.《幼儿园工作规程》

为强化幼儿园的管理和教育质量，依据我国法律法规制定了新版《规程》，并于2015年12月14日第48次部长办公会议审议通过，自2016年3月1日起实施。《规程》从以下五个方面进行修订：一是坚持立德树人，二是强化安全管理，三是规范办园行为，四是注重与法律法规和有关政策的衔接，五是完善幼儿园内部管理机制。

(1)幼儿园的任务

贯彻国家的教育方针，按照保育与教育相结合的原则，遵循幼儿身心发展特点和规律，实施德、智、体、美等方面全面发展的教育，促进幼儿身心和谐发展。幼儿园同时要面向幼儿家长提供科学育儿指导。

(2)幼儿园保育和教育的主要目标

——促进幼儿身体正常发育和机能的协调发展，增强体质，促进心理健康，培养良好的生活习惯、卫生习惯和参加体育活动的兴趣。

——发展幼儿智力，培养正确运用感官和运用语言交往的基本能力，增进对环境的认识，培养有益的兴趣和求知欲望，培养初步的动手探究能力。

——萌发幼儿爱祖国、爱家乡、爱集体、爱劳动、爱科学的情感，培养诚实、自信、友爱、勇敢、勤学、好问、爱护公物、克服困难、讲礼貌、守纪律等良好的品德行为和习惯，以及活泼开朗的性格。

——培养幼儿初步感受美和表现美的情趣和能力。

（3）幼儿园教育应当贯彻以下原则和要求

——德、智、体、美等方面的教育应当互相渗透，有机结合。

——遵循幼儿身心发展规律，符合幼儿年龄特点，注重个体差异，因人施教，引导幼儿个性健康发展。

——面向全体幼儿，热爱幼儿，坚持积极鼓励、启发引导的正面教育。

——综合组织健康、语言、社会、科学、艺术各领域的教育内容，渗透于幼儿一日生活的各项活动中，充分发挥各种教育手段的交互作用。

——以游戏为基本活动，寓教育于各项活动之中。

——创设与教育相适应的良好环境，为幼儿提供活动和表现能力的机会与条件。

（4）关于幼儿园教育活动的相关条文

第二十六条

幼儿一日活动的组织应当动静交替，注重幼儿的直接感知、实际操作和亲身体验，保证幼儿愉快的、有益的自由活动。

第二十七条

幼儿园日常生活组织，应当从实际出发，建立必要、合理的常规，坚持一贯性和灵活性相结合，培养幼儿的良好习惯和初步的生活自理能力。

第二十八条

幼儿园应当为幼儿提供丰富多样的教育活动。教育活动内容应当根据教育目标、幼儿的实际水平和兴趣确定，以循序渐进为原则，有计划地选择和组织。教育活动的组织应当灵活地运用集体、小组和个别活动等形式，为每个幼儿提供充分参与的机会，满足幼儿多方面发展的需要，促进每个幼儿在不同水平上得到发展。教育活动的过程应注重支持幼儿的主动探索、操作实践、合作交流和表达表现，不应片面追求活动结果。

第二十九条

幼儿园应当将游戏作为对幼儿进行全面发展教育的重要形式。幼儿园应当因地制宜创设游戏条件，提供丰富、适宜的游戏材料，保证充足的游戏时间，开展多种游戏。幼儿园应当根据幼儿的年龄特点指导游戏，鼓励和支持幼儿根据自身兴趣、需要和经验水平，自主选择游戏内容、游戏材料和伙伴，使幼儿在游戏过程中获得积极的情绪情感，促进幼儿能力和个性的全面发展。

第三十条

幼儿园应当将环境作为重要的教育资源，合理利用室内外环境，创设开放的、多样的区域活动空间，提供适合幼儿年龄特点的丰富的玩具、操作材料和幼儿读物，支持幼儿自主选择和主动学习，激发幼儿学习的兴趣与探究的愿望。幼儿园应当营造尊重、接纳和关爱的氛围，建立良好的同伴和师生关系。幼儿园应当充分利用家庭和社区的有利条件，丰富和拓展幼儿园的教育资源。

第三十一条

幼儿园的品德教育应当以情感教育和培养良好行为习惯为主，注重潜移默化的影响，并贯穿于幼儿生活以及各项活动之中。

第三十二条

幼儿园应当充分尊重幼儿的个体差异，根据幼儿不同的心理发展水平，研究有效的活动形式和方法，注重培养幼儿良好的个性心理品质。幼儿园应当为在园残疾儿童提供更多的帮助和指导。

第三十三条

幼儿园和小学应当密切联系，互相配合，注意两个阶段教育的相互衔接。幼儿园不得提前教授小学教育内容，不得开展任何违背幼儿身心发展规律的活动。

3.《幼儿园教师专业标准（试行）》

《标准》体现出五大特点：其一，对幼儿园教师的师德与专业态度提出了特别要求；其二，要求幼儿园教师高度重视幼儿的生命与健康；其三，充分体现幼儿园保教结合的基本特点；其四，强调幼儿园教师必须具备的教育教学实践能力；其五，重视幼儿园教师的反思对与自主专业发展能力。

（1）四大理念

幼儿为本、师德为先、能力为重、终身学习。

（2）三大内涵

专业精神、专业素养、专业发展。

4.《幼儿园教育指导纲要（试行）》

（1）幼儿园教育的内容与要求

幼儿园的教育内容是全面的、启蒙性的，可以相对划分为健康、语言、社会、科学、艺术五个领域，也可做其他不同的划分。各领域的内容相互渗透，从不同的角度促进幼儿情感、态度、能力、知识、技能等方面的发展。

❶ 健康领域目标

——身体健康，在集体生活中情绪安定、愉快；

——生活、卫生习惯良好，有基本的生活自理能力；

——知道必要的安全保健常识，学习保护自己；

——喜欢参加体育活动，动作协调、灵活。

❷ 语言领域目标

——乐意与人交谈，讲话礼貌；

——注意倾听对方讲话，能理解日常用语；

——能清楚地说出自己想说的事；

——喜欢听故事、看图书；

——能听懂和会说普通话。

❸ 社会领域目标

——能主动地参与各项活动，有自信心；

——乐意与人交往，学习互助、合作和分享，有同情心；

——理解并遵守日常生活中基本的社会行为规则；

——能努力做好力所能及的事，不怕困难，有初步的责任感；

——爱父母长辈、老师和同伴，爱集体、爱家乡、爱祖国。

❹ 科学领域目标

——对周围的事物、现象感兴趣，有好奇心和求知欲；

——能运用各种感官，动手动脑，探究问题；

——能用适当的方式表达、交流探索的过程和结果；

——能从生活和游戏中感受事物的数量关系并体验到数学的重要和有趣；

——爱护动植物，关心周围环境，亲近大自然，珍惜自然资源，有初步的环保意识。

❺ 艺术领域目标

——能初步感受并喜爱环境、生活和艺术中的美；

——喜欢参加艺术活动，并能大胆地表现自己的情感和体验；

——能用自己喜欢的方式进行艺术表现活动。

（2）"组织与实施"部分的相关条文

一、幼儿园的教育是为所有在园幼儿的健康成长服务的，要为每一个儿童，包括有特殊需要的儿童提供积极的支持和帮助。

二、幼儿园的教育活动是教师以多种形式有目的、有计划地引导幼儿生动、活泼、主动活动的教育过程。

三、教育活动的组织与实施过程是教师创造性地开展工作的过程。教师要根据本《纲要》，从本地、本园的条件出发，结合本班幼儿的实际情况，制订切实可行的工作计划并灵活地执行。

四、教育活动目标要以《幼儿园工作规程》和本《纲要》所提出的各领域目标为指导，结合本班幼儿的发展水平、经验和需要来确定。

五、教育活动内容的选择应遵照本《纲要》第二部分的有关条款进行，同时体现以下原则：

（一）既适合幼儿的现有水平，又有一定的挑战性。

（二）既符合幼儿的现实需要，又有利于其长远发展。

（三）既贴近幼儿的生活来选择幼儿感兴趣的事物和问题，又有助于拓展幼儿的经验和视野。

六、教育活动内容的组织应充分考虑幼儿的学习特点和认识规律，各领域的内容要有机联系，相互渗透，注重综合性、趣味性、活动性，寓教育于生活、游戏之中。

七、教育活动的组织形式应根据需要合理安排，因时、因地、因内容、因材料灵活地运用。

八、环境是重要的教育资源，应通过环境的创设和利用，有效地促进幼儿的发展。

（一）幼儿园的空间、设施、活动材料和常规要求等应有利于引发、支持幼儿的游戏和各种探索活动，有利于开发、支持幼儿与周围环境之间积极的相互作用。

（二）幼儿同伴群体及幼儿园教师集体是宝贵的教育资源，应充分发挥这一资源的作用。

（三）教师的态度和管理方式应有助于形成安全、温馨的心理环境；言行举止应成为幼儿学习的良好榜样。

（四）家庭是幼儿园重要的合作伙伴。应本着尊重、平等、合作的原则，争取家长的理解、支持和主动参与，并积极支持、帮助家长提高教育能力。

（五）充分利用自然环境和社区的教育资源，扩展幼儿生活和学习的空间。幼儿园同时应为社区的早期教育提供服务。

九、科学、合理地安排和组织一日生活。

（一）时间安排应有相对的稳定性与灵活性，既有利于形成秩序，又能满足幼儿的合理需要，照顾到个体差异。

（二）教师直接指导的活动和间接指导的活动相结合，保证幼儿每天有适当的自主选择和自由活动时间。教师直接指导的集体活动要能保证幼儿的积极参与，避免时间的隐性浪费。

（三）尽量减少不必要的集体行动和过渡环节，减少和消除消极等待现象。

（四）建立良好的常规，避免不必要的管理行为，逐步引导幼儿学习自我管理。

十、教师应成为幼儿学习活动的支持者、合作者、引导者。

（一）以关怀、接纳、尊重的态度与幼儿交往。耐心倾听，努力理解幼儿的想法与感受，支持、鼓励他们大胆探索与表达。

（二）善于发现幼儿感兴趣的事物、游戏和偶发事件中所隐含的教育价值，把握时机，积极引导。

（三）关注幼儿在活动中的表现和反应，敏感地察觉他们的需要，及时以适当的方式应答，形成合作探究式的师生互动。

（四）尊重幼儿在发展水平、能力、经验、学习方式等方面的个体差异，因人施教，努力使每一个幼儿都能获得满足和成功。

（五）关注幼儿的特殊需要，包括各种发展潜能和不同发展障碍，与家庭密切配合，共同促进幼儿健康成长。

十一、幼儿园教育要与0~3岁儿童的保育教育以及小学教育相互衔接。

5.《3~6岁儿童学习与发展指南》

（1）基本原则

❶ 关注幼儿学习与发展的整体性。儿童的发展是一个整体，要注重领域之间、目标之间的相互渗透和整合，促进幼儿身心全面协调发展，而不应片面追求某一方面或几方面的发展。

❷ 尊重幼儿发展的个体差异。幼儿的发展是一个持续、渐进的过程，同时也表现出一定的阶段性特征。每个幼儿在沿着相似进程发展的过程中，各自的发展速度和到达某一水平的时间不完全相同。要充分理解和尊重幼儿发展进程中的个别差异，支持和引导他们从原有水平向更高水平发展，按照自身的速度和方式到达《指南》所呈现的发展"阶梯"，切忌用一把"尺子"衡量所有幼儿。

❸ 理解幼儿的学习方式和特点。幼儿的学习是以直接经验为基础，在游戏和日常生活中进行的。要珍视游戏和生活的独特价值，创设丰富的教育环境，合理安排一日生活，最大限度地支持和满足幼儿通过直接感知、实际操作和亲身体验获取经验的需要，严禁"拔苗助长"式的超前教育和强化训练。

❹ 重视幼儿的学习品质。幼儿在活动过程中表现出的积极态度和良好行为倾向是终身学习与发展所必需的宝贵品质。要充分尊重和保护幼儿的好奇心和学习兴趣，帮助幼儿逐步养成积极主动、认真专注、不怕困难、敢于探究和尝试、乐于想象和创造等良好学习品质。忽视幼儿学习品质培养，单纯追求知识技能学习的做法是短视而有害的。

（2）五大领域的内容结构、子领域与目标

五大领域的内容结构、子领域与目标如表2-1所示。

表2-1 五大领域的内容结构、子领域与目标

领域	子领域	目标
健康	身心状况	1.具有健康的体态
		2.情绪安定愉快
		3.具有一定的适应能力
	动作发展	1.具有一定的平衡能力，动作协调、灵敏
		2.具有一定的力量和耐力
		3.手的动作灵活协调

续表

领域	子领域	目标
健康	生活习惯与生活能力	1. 具有良好的生活与卫生习惯
		2. 具有基本的生活自理能力
		3. 具备基本的安全知识和自我保护能力
语言	倾听与表达	1. 认真听并能听懂常用语言
		2. 愿意讲话并能清楚表达
		3. 具有文明的语言习惯
	阅读与书写准备	1. 喜欢听故事
		2. 具有初步的阅读理解能力
		3. 具有书面表达的愿望和初步技能
社会	人际交往	1. 愿意与人交往
		2. 能与同伴友好相处
		3. 具有自尊自信
		4. 关心尊重他人
	社会适应	1. 喜欢并适应群体生活
		2. 遵守基本的行为规范
		3. 具有初步的归属感
科学	科学探究	1. 亲近自然，喜欢探究
		2. 具有初步的探究能力
		3. 在探究中认识周围事物和现象
	数学认知	1. 初步感知生活中数学的有用
		2. 感知和理解数、量及数量关系
		3. 感知形状与空间关系
艺术	感受与欣赏	1. 喜欢自然界与生活中美的事物
		2. 喜欢欣赏多种多样的艺术形式和作品
	表现与创造	1. 喜欢进行艺术活动并大胆表现
		2. 具有初步的艺术表现与创造能力

第二节　结构化提问的模拟练习

一、关于儿童观和教育观的提问

（一）关于儿童观的提问

题目1：你是怎样理解"幼儿为本"这个词的？

参考答案：

"幼儿为本"是学前教育的核心理念，《纲要》《指南》《标准》都强调这一核心理念。以幼儿为本就是要把幼儿的发展及其幸福视为学前教育的出发点和归宿，视为保教工作的宗旨。学前儿童身心正处于发展期，不成熟也相对比较脆弱，了解幼儿的身心发展特点、个性、兴趣、需要和学习方式，在保护幼儿身心健康的基础上进行高质量的教育。

"人生百年立于幼学"，幼儿教师肩负着保育与教育的双重责任和使命，以幼儿为本是教育工作的方针。要做到以幼儿为本，首先要把教育建立在"爱"的基础之上，爱教育事业、爱幼儿，以幼儿健康发展为目标实施教育行为；其次要尊重幼儿的发展特点与规律，充分利用生活、游戏环节，实施高质量的教育。

题目2：你怎么理解幼儿是活动的主体？

参考答案：

教师在组织幼儿一日生活活动时，应该有意识地把游戏的控制权交给幼儿。幼儿在游戏中学会自主学习，能够在游戏活动中自主计划游戏、开展游戏、决定游戏情节的发展。

教师在指导幼儿游戏时，首先在不打扰幼儿的前提下，应该仔细观察幼儿的游戏行为，分析幼儿的心理特点，以角色的身份加入幼儿的游戏，跟随幼儿的游戏进度和想法。

教师在设计教育活动时，应该充分考虑幼儿的年龄特点，设计幼儿喜欢、目标明确、难易适度的活动。在活动中，充分调动幼儿的积极性，发挥他们的主观能动性，形成良好的学习习惯和积极的学习兴趣。

题目3：你是如何理解"全面发展"的？

参考答案：

"人的全面发展"是马克思主义的基本原理之一，也是我国的教育方针。幼儿的全面发展是指德、智、体、美、劳的发展，既包括身体的发展也包括心理的发展。幼儿的全面发展主要体现在五大领域的发展，即健康、社会、语言、科学和艺术。只有坚持全面发展，才能不断提高素质教育质量，从而促进我国的经济、科技的发展，逐步提高我国在国际上的政治地位。

幼儿教师在课程设计时，应遵从全面发展理念，把五大领域活动渗透于幼儿的一日生活和环境之中，为幼儿的终身教育打下基础。

题目 4：你怎样理解"全人教育"？

参考答案：

全人教育是人本主义教学理论。罗杰斯是人本主义教学理论的代表人物，他的教育理想是培养"躯体、心智、情感、心力融为一体"的人，也就是既用情感的方式思考又用认知的方式行事的知情合一的"完人"或"功能完善者"。全人教育批评传统教育只重视知识传授和技能学习的观点，倡导塑造全面发展的人，使人在身体、知识、技能、道德、智力、精神、灵魂、创造性等方面都得到发展，成为一个完整的人、真正的人。

全人教育倡导学习者的主动学习，建立对学习的兴趣，积极主动地学习。《纲要》非常重视幼儿的兴趣、情感和态度，重视幼儿的探索性学习。在学前教育阶段，实现全人教育的方法是：第一，重视环境教育的作用，通过环境创设和利用，有效促进幼儿的发展；第二，幼儿园应该以游戏为基本活动；第三，教师的直接指导和间接指导相结合，保证幼儿每天有适当的自主选择和自由活动的时间。

在全人教育思潮的影响下，在不忽视教育的社会价值的基础上，强调教育的个人价值，倡导塑造身体、认知、情感、社会性全面发展的人。

题目 5：当幼儿 3 岁时还不会 5 以内的点数，你是怎么看待这一问题的？

参考答案：

作为幼儿教师，不要批评幼儿。3~4 岁幼儿在科学领域的教育目标是："能手口一致地点数 5 个以内的物体，并能说出总数。能按数取物。"当班中的幼儿仍然不会 5 以内的点数，还需要教师认识到幼儿心理发展的规律：阶段性和连续性。阶段性是指儿童心理发展从量的积累形成量的变化，量变达到一定程度产生质变，由于质变，使得儿童在不同时期表现出与其他时期不同的心理特点，于是心理发展过程中表现出明显的阶段性。如果把心理发展的连续性看作是一种矛盾运动过程中数量的积累，那么矛盾运动的质变就决定了儿童心理发展的阶段性。连续性是指幼儿的认知发展是一种连续、渐进的过程。心理发展的连续性表现在个体整个心理发展是一个持续不断的变化过程。当某一种心理活动在发展变化之中而又未出现新质变时，它就正处于一种量变的积累过程中。这种一定的心理变化在未达到新质变而进行着的孕育更新的质的量变，就表现为心理发展的连续性。

所以说，幼儿不是一进入 3 岁就学会了 5 以内的点数，而是在平时生活中不断积累量变的过程中，逐渐学会 5 以内的点数的。教师应该在幼儿的一日生活中渗透 5 以内的点数内容，不要操之过急。

题目 6：排练节目时，有一个幼儿总是跟不上动作，他自己也很着急，你的配班老师说要把他撤下去，换成别的幼儿。作为教师你应该怎么办？

参考答案：

我的观点是不能把这位幼儿换下去。每一位幼儿都有参加班级节目的权利，不能因为幼儿跟不上动作而替换他。通过题目描述可以看出，这名幼儿自己非常努力，并且因为自己的表现不佳很着急，可以说该名幼儿已经为表演节目尽力了，教师不能为追求节目效果而否定幼儿的努力。

教师可以分析幼儿跟不上动作的原因，是因为幼儿没有找到表演的方法，还是因为幼儿本身的动作能力不够协调。如果是因为没有学会方法，教师可以单独为该名幼儿辅导；如果是因为幼儿本身动作不够协调，教师可以为其改编一些难度较低的动作，让他可以顺利表演。

总之，教师要保护幼儿的自尊心，平等对待每一名儿童。

题目7：王老师班中的一名幼儿规则意识很差，从不听从老师的管理，王老师想着就不管他了，只要不出安全问题就行。对于这件事情你怎么看？

参考答案：

王老师的这种做法是错误的，班级管理与教学的原则是"面对全体、关注个别"，教师应该关注每一名幼儿的身心健康发展，不能因为任何原因放弃对一名幼儿的教育。当一名幼儿因为规则意识差，影响到班级其他幼儿的活动时，教师应耐心指导该名幼儿，让幼儿明确常规内容，并做个别指导。

题目8：班中的自闭症儿童需要教师的单独看护，而许多家长都向你反映，不能因为这名自闭症儿童影响老师对其他幼儿的照顾，要求老师调走这名自闭症儿童。面对这样的事情，你应该怎么办？

参考答案：

首先，不能同意其他家长要求调走自闭症儿童的要求。

其次，要与园方进行沟通，争取为班中的自闭症儿童配备一名"影子老师"，专门指导自闭症儿童。

再次，可以利用家长会、个别沟通的方式和家长进行沟通，宣讲特殊儿童教育的需要，融合教育的意义，试图让家长理解与支持特殊儿童的融合教育。

题目9：王老师总是在幼儿进餐时谈论自己家里的事情，李老师提醒她不要当着孩子们说这些私事，但是王老师认为小班幼儿还什么都不懂呢，没关系的。你对此怎么看呢？

参考答案：

我认为王老师的做法和想法都是错误的，教师在工作时间内不应该谈论个人的私事，另外，更不应该当着幼儿谈论个人的私事，因为这与幼儿的教育无关。当同班李老师提醒后，王老师仍然没有改善自己的行为，这也是错误的。

虽然儿童身体和心智不成熟，但他们依然是独立的人，具有基本人权，他们与成人是平等的，他们有思考的能力与权利，任何成人都不能轻视幼儿。

题目10：当班级里幼儿尿裤子了，老师总是把幼儿请到寝室更换。你怎么看待老师的行为？

参考答案：

我认为该名老师的做法非常好，尊重幼儿隐私。该名老师认为幼儿具有独立的人格，2岁半的幼儿已经知道"羞耻"，害怕自己的"毛病"展现在他人面前，这会让他觉得很"丢人"。对于"尿裤子"的行为，幼儿会觉得不好意思，老师把幼儿请到寝室更换裤子，避免了幼儿的难堪与尴尬，保护幼儿的自尊心。老师这样的做法有利于幼儿心理的健康发展、健康人格的形成。

（二）关于教育观的提问

题目1：你是如何理解"学高为师，身正为范"这句话的？

参考答案：

"学高为师，身正为范"是著名教育家陶行知的名句，意为"学识渊博的人成为教师，行为端正的人成为典范"。这句话是对教师职业道德的凝练，作为教师要具有渊博的知识、精湛的教学能力、钻研知识的精神，同时还要具有高尚的人格，能够为人师表。

题目 2：你是怎样看待幼儿园学习《三字经》这一教育现象的？

参考答案：

我不同意幼儿园学习《三字经》，因为《纲要》和《指南》中均倡导游戏是幼儿的基本活动。

游戏对于幼儿的运动控制与协调能力的发展具有重要意义，在游戏中能够促进全身运动能力的发展，简单重复的肢体动作是运动经验的建构，对幼儿的身心发展具有积极的意义。

游戏对幼儿的认知发展具有独特的作用，能够促进幼儿知觉、记忆、注意、思维、想象等多种心理过程的发展。游戏在认知发展过程中具有"建构"与"生成"的作用，能为新的发展提供机会与条件。

游戏是婴幼儿社会性交往的主要形式，也是他们社会性发展的重要途径。社会性游戏能够帮助幼儿理解游戏规则，协调与分享自己与他人的想法，解决矛盾冲突。在游戏中，幼儿能够获得轮流、等待、分享和合作等社会交往技能，增强归属感，从而形成和发展幼儿的同理心和与他人相处的能力。

学前期是儿童情绪情感发展的重要时期。游戏可以帮助幼儿认知自己的情绪情感，同时也能够利用游戏帮助幼儿释放紧张与焦虑。

游戏对儿童身心发展的作用不仅体现在身心发展的各个方面，也体现在"完整的儿童"的个性特征上。游戏能够使幼儿更加快乐、活泼，有探索兴趣，增强语言的流畅性、任务的坚持性，在移情、合作、领导能力、抗拒诱惑等方面都有所发展。

因此，教师不应该为了短时的"学习效果"而占用游戏时间，剥夺幼儿游戏的权利。

题目 3：你是如何理解"春蚕到死丝方尽，蜡炬成灰泪始干"这句诗的？

参考答案：

该句诗出自唐代诗人李商隐的《无题·相见时难别亦难》，意思是"春蚕结茧到死时才吐完，蜡烛要燃尽成灰时像泪一样的蜡油才能滴干"。本意是描写情人离别的痛苦和离别后的思念，抒发了无比真挚的相思离别之情，现在多用此句诗歌颂与赞美教师无私奉献、鞠躬尽瘁的精神。

题目 4：你是如何理解"深度学习"的？

参考答案：

深度学习的提出源于 20 世纪 50 年代中期，根据学习者获取和加工信息的方式将学习者分为深度水平加工者和浅层水平加工者，最早提出了深度学习和浅层学习的两个概念。1956 年，布鲁姆将认知领域的目标分为知识、领会、运用、分析、综合、评价六个层次，深度学习的认知水平处于后四个较高级的认知层次。随着研究的深入，对深度学习的认知达成了以下共识：深度理解概念的重要性、注重学与教、创设学习环境、学习者在先前知识基础上建构知识的重要性以及反思的重要性。

幼儿的深度学习是指幼儿在与周围环境互动过程中，通过自己特有的学习方式，积极主动地学习新的知识和经验，探索周围的社会环境、自然环境和物质世界，并将这些知识和经验纳入幼儿的认知结构和迁移到新的情境中，以发展其高阶思维和问题解决能力的一种学习。

题目 5：你是如何理解"素质教育观"的？

参考答案：

素质教育是与应试教育相对的一种教育观。知识教育活动的目的指向"素质"——人的全面素质的教育观，教育活动应当指向人的整体的、全面的素质发展，使人的整体品质、全面素质得到提高。提高国民素质是实施素质教育的总目标和根本宗旨。素质教育能够促进幼儿富有个性的全面发展。当今，素质教育是以重点培养创新精神和实践能力为重点。

题目6：你是如何看待幼儿园保育工作的？

参考答案：

我认为保育是幼儿园重要的工作内容之一。保育员的工作主要涉及班级卫生消毒和照顾幼儿这两个方面。只有高度重视保育工作，儿童才能健康成长，只有健康成长，幼儿才能得到良好的教育。学前阶段，教师的教育对象是3~6岁的儿童，他们正处于生长发育的重要阶段，心智不成熟，身体娇弱，需要成人的保护。基于幼儿的这些特点，保育是学前教育阶段独有的任务和特色，幼儿教师应该着力做好幼儿的保育工作，为长远发展打下良好基础。

题目7：你是如何理解"保教结合"的？

参考答案：

《纲要》中指出："尊重幼儿身心发展的规律和学习特点，……保教并重，……促进每个幼儿富有个性的发展。""保"是指保育工作，"教"是指教育工作，"保"与"教"两个方面共同"育"幼儿的成长。在工作中，教师要充分认识到保教结合、保教并重的重要性。每一位教师不管是什么工作岗位，都应当知晓幼儿的身心发展规律和特点，在组织幼儿一日生活时，能够运用适宜的方法完成教育目标。

做好保教结合应从以下几个方面入手：第一，明确五大领域的教育目标；第二，在一日生活组织中遵循有序、有制、一贯、一致、轻松、愉快的原则；第三，班中教师密切配合。

题目8：你觉得作为幼儿教师应该具备什么品质？

参考答案：

我认为作为幼儿教师应该具备良好的师德、博学的知识和熟练的技能三个方面的品质。第一，教师应具备良好的师德。幼儿教师要热爱幼儿教育事业，热爱幼儿，具有耐心、细心的品质。第二，教师应具备博学的知识。幼儿教师属于全科教师，能够实施五大领域活动的设计与实践，这样的教学形式决定了幼儿教师需要具有较为全面的知识储备。第三，教师需要具备熟练的技能。技能分为教学技能和专业技能，教学技能包括五大领域的教学方法的技能技巧，专业技能包括绘画、舞蹈、声乐等艺术类技能。

题目9：你是如何理解"学习品质"的？

参考答案：

学习品质是在1990年美国国家教育目标委员会的报告中首次提出的，该报告是为了评估和汇报儿童在六个目标方面的发展。学习品质是在活动过程中表现出的积极态度和良好行为倾向。学习品质框架分为"对学习的热情"和"在学习中的行为投入"两个部分，其中，"对学习的热情"包括兴趣、快乐、学习动机，"在学习中的行为投入"包括专注、坚持性、灵活性、自我调节。《指南》中指出，学习品质是终身学习与发展所必需的宝贵品质。要充分尊重和保护幼儿的好奇心和学习兴趣，帮助幼儿逐步养成积极主动、认真专注、不怕困难、敢于探究和尝试、乐于想象和创造等良好学习品质。忽视幼儿学习品质培养，单纯追求知识技能学习的做法是短视而有害的。

题目10：你是如何理解"不能用一把尺子衡量所有幼儿"这句话的？

参考答案：

"不能用一把尺子衡量所有幼儿"是指幼儿评价要具备多元化的特点。加德纳把人的智能分为九大智能，分别为语言智能、数理逻辑智能、音乐智能、空间智能、身体运动智能、自省智能、人际智能、自然探索智能、存在智能，这些智能是相对独立的存在，人与人的差异就是这些智能的组合不同，因此每一个人都具有相对优势的智能和劣势的智能。基于加德纳的多元智能理论，在儿童评价时，应该建立多元化评价的理念。

《指南》中指出，要尊重幼儿发展的个体差异，教师要充分理解和尊重幼儿发展进程中的个别差异，尊重并引导每个幼儿富有个性的发展。

二、关于教育策略的提问

题目1：亮亮是小班的小朋友，在美工区时，亮亮拿着水彩笔画着凌乱的线条，嘴里还念念有词。你作为教师应该怎么办？

参考答案：

首先，我会静静地走过去，安静地看幼儿正在做的事情，试图了解幼儿行为的意图，在此期间并不会打扰他，也不会直接做出评价。其次，如果我认为有必要介入幼儿游戏中去，我会坐下来或蹲下来，轻声问幼儿："我很想知道你在做什么？"然后耐心倾听幼儿的表达。与此同时，作为教师应该积极回应幼儿的言语，可以使用共情、同理心构建的方法，使幼儿感受到老师正在欣赏他的作品。之后，我会询问："这些线都是什么呢？你能给我讲讲它们的故事吗？"最后，我会对他说："我觉得你很有想法，非常棒！你愿意向小朋友们分享一下吗？"用这样的话语表达我对他作品的赞赏。

题目2：亮亮在排队时，一会儿推前面的小朋友，一会儿挤后面的小朋友。你作为教师应该怎么办？

参考答案：

首先，我会走到亮亮身边，对他说："你愿意当今天的小班长吗？来帮助老师喊口号，好吗？"通过这样的问话，先请亮亮离开队伍，以保证排在队伍里幼儿的安全。

其次，我会进行即时教育。在幼儿排队时念诵小儿歌，"小山楂，滴溜圆，拿起竹签串一串"，用具体形象的儿歌指导幼儿排队的正确方法。

再次，我要思考班级常规要求得是否全面合理，针对我班幼儿的实际情况进行完善。比如，我发现幼儿推挤严重是因为排队的空间较小，我会调整排队的位置；如果发现幼儿推挤是因为幼儿之间不能保持合适的距离，我会让小朋友们用半臂间隔的方式和前面幼儿保持合适的间隔；如果我发现幼儿推挤是因为很多幼儿排队的时候经常插队，那么我会引导幼儿要排到队尾。

最后，我会利用集体教育活动时间开展专门的教学活动，让幼儿能够明确班级的常规，保证幼儿的安全。

题目 3：在户外活动结束时，老师正在集合所有小朋友，这时亮亮还在玩着小自行车，迟迟不肯集合。你作为教师应该怎么办？

参考答案：

首先，主班老师应该请配班老师叫亮亮回到集体中来，先把幼儿集合整齐。配班老师可以和亮亮说："亮亮，王老师和小朋友都在等你呢，我们先回教室好不好？"如果亮亮仍然不能停止游戏，配班老师可以说："亮亮，天气这么热，我们回去喝点水，下午再来玩小自行车，好吗？"

其次，班级老师应该共同反思班级常规以及组织实施教学活动的情况，老师应该在户外活动开始之前提出常规要求，老师可以说："户外活动结束时会听到音乐，小朋友们听到音乐后把玩具'送回家'，然后回到老师的身边来。"老师要及时表扬能够快速集合的幼儿，为其他幼儿做出榜样。

最后，老师在平时的生活中应多关注亮亮小朋友，必要时考虑亮亮是否属于特殊儿童，需要特教老师进行特殊教育。

题目 4：王老师正在进行集体教育活动，但是多数孩子们都没有听老师在说什么。你作为教师应该怎么办？

参考答案：

首先，我要反思教育活动的准备是否充分，教育活动的内容选择、材料准备、环节设计是否符合我班幼儿的年龄特点，能否激发幼儿参与教育活动的兴趣。

其次，我要反思班级教育常规的合理性，幼儿遵守常规的可行性。比如，我们班级的教育常规是否违背了幼儿的身心发展规律，如果需要调整班级常规，我会和班级老师共同商讨，完善常规要求。

再次，我要反思教学组织与管理的方法。我会在教学活动中及时调整教学策略，我先暂停我的教学进程，面带微笑用眼睛扫视全班幼儿，然后用神秘的口气向小朋友们说："小朋友们，你们知道吗？今天咱们班来了一位小客人……"用这样的语言吸引幼儿参与到活动中来。当我吸引到幼儿的注意以后，可以使用班级的毛绒娃娃、变形金刚等玩具做我的"助教老师"，继续吸引幼儿的有意注意。

题目 5：亮亮带来了家里的变形金刚，但是从不分享给其他小朋友。你作为教师应该怎么办？

参考答案：

首先，教师要结合幼儿的年龄特点来思考"不分享"的行为。对于小班幼儿来说，他们正处于自我中心阶段，不分享玩具体现了幼儿年龄特点，教师并不需要过多引导；随着幼儿年龄的增大，幼儿逐渐开始"去自我中心"，逐步学会与他人分享，但是否出现分享行为视情况而定，教师不能过分苛求幼儿；对于大班幼儿来说，他们已经出现较高频率的分享行为，但是分享仅限于"对半分"，而很少出现"慷慨"行为。因此，教师在面对"不分享"的行为时，要尊重幼儿的想法与行为。

其次，教师可以与亮亮进行沟通，进一步了解幼儿的想法，并告诉他不想分享玩具没关系，不过不要与小朋友发生行为或言语上的攻击，要多用言语交流。

再次，教师和家长积极沟通，了解幼儿带玩具来幼儿园的原因，如果不是非常必要的原因，可引导幼儿不带玩具来幼儿园。

题目 6："娃娃家"中孩子们玩得兴起，这时亮亮想要加入"娃娃家"游戏，但是在"娃娃家"前踌躇不前，不知道怎样才能加入其他小朋友的游戏。你作为教师应该怎么办？

参考答案：

首先，教师轻轻走过去，蹲下来和亮亮交流，了解幼儿游戏的计划。当了解到亮亮想要去"娃娃家"游戏时，教师应给予询问："刚刚你说要去'娃娃家'，你现在有什么困难呢？"

其次，建立有效策略，帮助幼儿顺利进入游戏。教师已经了解幼儿游戏计划，知晓幼儿缺少进入游戏的策略后，教师需要帮助幼儿积累游戏策略。教师可以带着亮亮来到"娃娃家"门口敲门，待"娃娃家"幼儿回应后，教师带着亮亮以"小客人"的身份加入"娃娃家"的游戏中。利用游戏角色能够使幼儿顺利、自然地进入他人的游戏，即游戏在不被打断的情况下，自然而然地加入一个角色，并且游戏能够继续展开。

题目7：在中班游戏区中，亮亮和默默因为争夺玩具吵了起来，都拿着玩具不放手。你作为教师应该怎么办？

参考答案：

第一，教师应该及时发现问题，把被争夺的玩具先拿到教师手里，然后请两位幼儿一起探讨问题解决的方法。

第二，如果两位幼儿没有情绪问题，如哭闹等行为，教师即可进行下一步；如果幼儿出现情绪问题，教师应首先安抚情绪。教师可以使用这样的言语："老师知道你很难过，我曾经也有过这样的感受。"当幼儿情绪稳定之后，再开始解决问题。

第三，向两位幼儿了解事件的经过。教师可以使用这样的言语："亮亮，刚才发生了什么事情？能和老师说一说吗？""默默，你知道发生什么事情了吗？"鼓励幼儿用言语表达刚才事件的经过。

第四，教师和幼儿一起确认问题。教师可以说："我听明白了，刚才是亮亮和默默都想玩这个玩具，你们两个商量不好就发生了争执，对吗？"教师重复事件发生的经过，帮助幼儿进一步梳理事件。

第五，提出解决方案。教师应该鼓励幼儿自己提出解决方案。这时教师说："那你们俩想一想，我们可以怎样解决呢？"教师要确保两位幼儿都能接受方案："默默，刚才亮亮提出了他先玩，然后你再玩，你同意吗？"当幼儿不能达成一致意见或不能提出解决方案的时候，教师可以提出多个解决方案，以供幼儿选择。

第六，教师确保方案的实施。"刚才我们都商量好了，现在你们两个就用石头剪刀布的方式决定谁先玩吧。"

题目8：在户外活动时，亮亮不参加教师预设的体育游戏，自己跑到滑梯处玩了起来。你作为教师应该怎么办？

参考答案：

首先，主班教师为了确保幼儿的安全，应该先请配班教师把亮亮请回集体中来。

其次，教师要用较少的时间与亮亮沟通："刚才去哪里了？和老师一起做游戏好吗？"通过沟通，了解亮亮玩滑梯的原因。

再次，根据亮亮的回答及时调整教育策略。"哦，原来你也想当猎人啊！那这样好吗？老师请你下一轮游戏时扮演猎人，这一轮你先看看游戏怎么玩，好吗？"

最后，教师让亮亮站在自己的身旁，充当小助教的角色，耐心等待下一轮游戏。

题目9：亮亮在游戏区活动时，不选择任何游戏，只是在教室里溜达。你作为教师应该怎么办？

参考答案：

首先，教师发现亮亮在教室中无所事事，应该及时走过去和亮亮沟通："亮亮，你想去哪个区玩游戏呢？"通过问话，了解幼儿的游戏计划。

其次，如果亮亮没有游戏计划，教师需要辅助亮亮制订游戏计划："亮亮，你喜欢哪个区的游戏呢？老师带你去每个区参观一下。"这时，教师带着亮亮观看各个区域的游戏情况，并向亮亮介绍各个区域的主要活动内容："亮亮，你看这是美工区，今天美工区的小朋友正在给小朋友们做贺卡，你愿意加入吗？""亮亮，这是表演区，小朋友们正在排练咱们班的绘本剧，你愿意来看看吗？""亮亮，这是益智区，上周咱们班投放了一个新玩具，你想试一试吗？"通过这样的言语，帮助亮亮做出游戏计划。

如果亮亮已经有了游戏计划——想要去表演区，但是不知道如何加入游戏中，教师就需要帮助他顺利进入游戏中。教师可以带着亮亮来到表演区，向表演区的小朋友们说："小演员们，你们看看谁来了？我和亮亮想要观看你们的表演可以吗？我们可以做观众吗？"

教师通过以上两个策略帮助幼儿顺利进入游戏区域。

题目10：在阅读区，亮亮在图书上写写画画。你作为教师应该怎么办？

参考答案：

首先，教师要正确认识亮亮在图书上画画的行为。亮亮在图书上写写画画是前书写能力的表现，教师不能随意批评，应试图和幼儿进行沟通。教师可以说："亮亮，你在画什么？可以给我讲讲吗？"

其次，教师应该为幼儿提供适宜的材料。教师可以说："亮亮，幼儿园的图书是公共的，每个小朋友都要看的，你在书上写写画画，其他小朋友就不能看到书上的图画了。老师特意为你准备了白纸，你可以把你想写、想画的内容画在白纸上，然后老师帮你贴在图书角，让其他小朋友也来看看你的作品，好吗？"通过这样的方式，引导幼儿养成良好的阅读和书写习惯。

三、关于教师发展的提问

题目1：与其他职业相比，幼儿教师工作辛苦、待遇低。你是怎样看待这一现象的？

参考答案：

幼儿教师的教育对象是3~6岁的幼儿，因此兼具着保育和教育的双重工作，这与其他学段的教师工作性质有着本质的区别。因为工作性质的特殊性，所以在工作中不仅有脑力劳动，还有体力劳动，对工作的投入度相对较大。但是随着全社会对学前教育越来越重视，幼儿教师的工资待遇也在逐步提升，虽然不及金融、房地产等行业挣钱多，但是我非常热爱幼儿教师的工作。我认为在工作中辛苦付出，能为每一位幼儿身心健康发展做出努力，我感觉很骄傲。

题目2：你认为职称重要吗？

参考答案：

我认为职称是对一名教师在教学能力和水平上的认可，每一位教师应该通过自身的努力和教学经验的积累，一步步地取得更高的职称。私立园对教师的评价体系与公立园截然不同，目前私立园教师还不能评选职称，不过这样也没有关系，我仍然可以努力，争当骨干教师或年级组长，能够发挥自身的专业水平，帮助其他青年教师快速成长，也为了更好地对每一位幼儿施予最适宜的教育。

题目3：你为什么选择当幼儿教师？

参考答案：

首先，我非常热爱幼儿教师这一行业，从我上学的时候我就立志考取师范院校，在将来能够成为一名教师。

其次，我也很喜欢孩子，和他们在一起，总是感觉到很快乐，同时看到他们游戏，我愿意琢磨他们每一个行为的心理原因，愿意和孩子们一起共同成长。

再次，我认为自己非常有亲和力，和孩子们在一起的时候，孩子们总是围着我让我讲故事，和他们一起游戏。所以我义无反顾地选择了幼儿教师这个工作。（特别提示：本题可根据自身的实际情况作答）

题目4：你的职业理想是什么？

参考答案：

我非常喜欢幼儿教师这一行业，自从开始进行专业学习，我就坚定地树立了成为一名优秀人民教师的理想。我想通过我的工作能为孩子们播种下希望的种子，使他们能够成为有理想、会生活的孩子，能够为他们在将来漫长的人生道路上铺好最初的基石。我想成为孩子们在学业上的引路人，虽然学前阶段不以知识为教育目标，但是我愿通过我的教育，能够让他们喜欢学习，养成良好的学习习惯，为今后更加深入地探索科学打下基础。我想用我自身的品格与品行潜移默化地为孩子们做好人生的榜样。（特别提示：本题可根据自身的实际情况作答）

题目5：你认为幼儿教师应具备哪些素质？

参考答案：

第一，幼儿教师的工作兼具保育与教育工作，首要的素质就是专业知识，包括幼儿健康、幼儿心理和幼儿教育的基础知识。

第二，幼儿教师还要具备专业的技能，用于组织幼儿的一日活动，如绘画、手工、唱歌、舞蹈、游戏等。

第三，幼儿教师的教育对象是3~6岁的儿童，他们年龄小，心智不成熟，更需要成人的保护，因此，作为幼儿教师需要有更多的耐心。

第四，幼儿教师应具备良好的师德，形成正确的儿童观和教育观，遵守幼儿教师行为规范。

题目6：有人认为幼儿教师除了能唱、会跳、善画，其他的不重要，你同意吗？

参考答案：

我不同意这样的说法。

幼儿教师应该具备唱歌、跳舞、绘画的技能，但是仅仅具有这些技能是远远不能胜任幼儿教师的工作的。

首先，幼儿教师应该具备卫生学、心理学和教育学的基础知识，这是开展3~6岁儿童教育的必要条件。因为具备了卫生学的知识，才能够对幼儿开展正确的保育；因为具备了心理学的知识，了解了3~6岁儿童的年龄特点，才便于对其施以正确的教育；因为具备了教育学的知识，才能够辅助教师设计合理的教学活动、制定适合的教学目标。因此，这三类学科知识能使教师成为专业的幼儿教师。

其次，幼儿教师还应该具备各个学科的教学方法知识。因为学前教育是全科教育，不分学科，幼儿教师必须同时掌握五大领域的教育目标和教学方法，只有掌握了幼儿在各领域的发展规律，才能制订适合该年龄班的教学方案，才能做到因龄施教、因材施教。

所以说，能唱、会跳、善画只是幼儿教师需要具备的一部分基本技能，不能否定幼儿教师的其他技能。

题目 7：谈谈你对教师这一职业的看法。

参考答案：

第一，教师是学生锤炼品格的引路人。教师不仅要关注学生的成绩，还要锤炼学生的品格，建立健全人格，是培养社会主义接班人的重要一环。与此同时，教师不仅要培养学生的品格，同时更要注重自己的品格，成为学生的榜样。

第二，教师是学生学习知识的引路人。教师既要具有扎实的学识，又要有科学的教学方法，在传授知识的同时又能让学生产生兴趣并学会方法。教师要让学生产生热爱学习的思想，建立终身学习的理念。

第三，教师是学生创新思维的引路人。在当今社会，创新已成为必不可少的能力，培养创新思维和创新能力是当今教师的一项重要挑战。应该着力培养学生"敢想、会想、反思"的能力。

第四，教师是学生奉献祖国的引路人。教师应该引导学生热爱祖国，培育正确的价值观，树立民族理想和远大抱负，为中华民族的伟大复兴而努力学习。

题目 8：谈一谈你的教育信条，并说说为什么。

参考答案：

德国哲学家雅斯贝尔斯在《什么是教育》一书中指出："教育是一棵树摇动另一棵树，一朵云推动另一朵云，一个灵魂唤醒另一个灵魂。"（Education is a tree shaking a tree, a cloud to promote a cloud, a soul awaken another soul.）这句话虽然简洁，但是并不简单，用"摇动""推动""唤醒"道出了教育的真谛是唤醒、是启发、是点燃，是教师与学生的心灵激荡。教育不是大刀阔斧、披荆斩棘，而是上善若水、润物无声。

教师用一点一滴的思想影响着学生，用朴实无华的行为造就着学生，用坚定温柔的言语激励着学生，这正是教师的职责所在。

题目 9：你认为青年教师有哪些优势与挑战？

参考答案：

我认为青年教师具有很多优势，如有活力、有干劲、有想法。因刚刚从学校毕业，青年教师对幼教行业充满兴趣，并能够主动挑战各项任务，能够积极参加单位的各种活动，如说课大赛、青年教师基本功大赛等。另外，青年教师敢于提出新想法、新策略，为幼儿园的建设提供创新的思路。

同时，青年教师面临的挑战也很突出，如缺乏教学管理的经验、教学技能不够熟练，需要青年教师虚心向骨干教师学习，尽快适应幼儿园的工作节奏，掌握基本的工作方法。

题目 10：你是怎样看待终身学习的？

参考答案：

20 世纪 60 年代中期以来，在联合国教科文组织的提倡、推广和普及下，终身学习在世界范围内形成共识。终身学习是社会中每一个成员为适应社会发展和实现个体发展，贯穿于人的一生的、持续的学习过程，也就是我们常说的"活到老，学到老"。终身学习并不是一个实体，也就是说没有一所实体学校为终身学习提供场所，它意味着建立一种思想或原则，意味着养成一种主动探索、自我更新、学以致用和优化知识的好习惯。

四、关于应对突发情况的提问

题目1：幼儿在园磕了一个包，你会怎样处理？

参考答案：

首先，查看幼儿的伤情和精神状况，安抚幼儿情绪。在无创口的情况下使用冰毛巾对磕碰处进行冷敷，然后立即通知保健医对幼儿进行进一步的检查。

其次，根据保健医的检查结果，给受伤幼儿家长打电话，说明受伤情况，并询问家长是否需要就医或回家休养。

最后，根据与家长沟通的结果进行下一步的处理，如送医院、等家长来接等。

题目2：班中一位小朋友把另一位小朋友抓伤了，你会怎样处理？

参考答案：

首先，在第一时间分开两名幼儿，分别安抚幼儿的情绪。

其次，优先处理受伤幼儿的伤口。教师检查伤情，并带幼儿到保健室进行消毒处理。

再次，详细了解事件的经过。教师分别与两名幼儿进行谈话沟通，收集信息，并和两名幼儿提出解决方法。

最后，与两名幼儿的家长进行沟通，说明当天的事发情况。询问受伤幼儿家长是否去医院就医，建议抓人幼儿的家长向对方表示歉意。

题目3：班中有幼儿突发传染性疾病，你应该怎么办？

参考答案：

首先，当教师发现幼儿有疑似传染病症状时，应立即送往隔离室，待保健医进一步检查，同时通知家长幼儿的病情。

其次，如果保健医处理不了，应尽快送幼儿去医院。

再次，与家长保持联系，沟通病情进展，如果确诊为传染病，就要提醒家长需要持复课证明才能返园。

最后，保健医要及时对班级进行疫源地消毒，包括地面、玩具、家具、空气等。

题目4：一位小朋友从滑梯上跌落，你应该怎样处理？

参考答案：

首先，不要轻易移动幼儿的位置，并查看幼儿的伤势，安抚幼儿的情绪，另一名教师要迅速去通知保健医来事发地点。

其次，根据保健医的检查结果对跌落幼儿进行初步处理。如果出现骨折，需要进行初步固定。

再次，与受伤幼儿家长联系，建议去医院就诊。

题目5：幼儿吃鱼时鱼刺卡住了喉咙，你应该怎么办？

参考答案：

教师不要随意使用"偏方"为幼儿自行治疗，应该迅速联系保健医和家长，带幼儿前往就近医院就诊。

题目 6：幼儿把玩具塞入鼻孔，你应该怎样处理？

参考答案：

教师应确定异物在鼻孔中的位置，但不要尝试用手抠、镊子夹的方式取出异物，因为这样做会加深异物的位置。教师应该联系保健医，如有必要尽快带幼儿到医院就诊。

题目 7：积木中的木刺扎入了幼儿的手指，你应该怎样处理？

参考答案：

首先查看木刺的位置，然后联系保健医进行处理。先对患处进行消毒，然后使用医用灭菌器材尝试剥离木刺。非专业人员不要随意进行处理。

题目 8：幼儿在吃饭时"呛"着了，你应该怎么办？

参考答案：

首先应该进行应急处理，查看幼儿是否有异物进入气管，鼓励幼儿用力咳嗽以清除异物，如果导致呼吸困难，则使用海姆立克急救法清除异物。海姆立克急救法的原理是利用冲击腹部，因膈肌下软组织被突然冲击，而产生向上的压力，压迫两肺下部，从而驱使肺部残留空气形成一股气流，这股带有冲击性、方向性的气流长驱直入于气管气流，就能将堵住气管、喉部的食物硬块等异物清除。

题目 9：幼儿在户外活动中扭伤脚踝，你应该怎样处理？

参考答案：

首先查看患处的受伤情况，是否伴有红、肿、热、痛、机能障碍等，不要轻易尝试用按摩等方法进行处理。在受伤 24 小时之内应使用冷敷，但要注意，不要把冰袋直接置于皮肤表面处，以防冻伤，可在冰袋外面包裹毛巾后敷于患处。尽快联系家长，带幼儿到医院就诊，进一步查看受伤情况，以做后续处理。

题目 10：幼儿在园发烧了，你应该怎样处理？

参考答案：

当教师发现幼儿有发热迹象时，先使用水银体温计对患儿进行体温测量，把体温计夹在幼儿腋下，教师环抱住幼儿的肩膀，防止体温计滑落，5 分钟后取出体温计进行读数，如果体温小于 37.5℃，则可进行再观察（因为幼儿可能在餐后一小时体温升高 1℃），如果体温大于 37.5℃，应报告保健医并联系家长。

在家长到园之前，可以使用物理方法进行降温，如使用温毛巾擦拭手臂、脸颊、脖颈、大腿位置，切忌使用冷水和酒精擦拭，因为冷水和酒精会导致皮肤表面温度下降过快，造成幼儿不适感。也不要随意为患儿服用解热镇痛类药品，如果家长已经授权，则可为幼儿使用乙酰氨基酚类和布洛芬类的解热镇痛药品，不可使用阿司匹林。

五、关于人际沟通的提问

题目 1：领导安排了额外工作，但是你没有做好，领导批评你，你应该如何沟通？

参考答案：

首先虚心接受批评，重新思考是哪个环节出现了问题，并及时调整策略。然后我会积极请教有经验的骨干教师，收集该工作的相关信息，或者查阅相关资料进行调研，在实践基础上重新修改，在修改过程中加强与领导的沟通，理解领导的意图，并能够随时微调自己的工作方案和进度。最后就是端正自己的工作态度，对工作高标准、严要求，知错就改，才能取得更大的进步。

题目2：当直接领导和间接领导意见不一致时，你应该如何沟通？

参考答案：

在工作中遇到直接领导和间接领导的意见产生分歧时，我会先向直接领导进行请示和汇报，待领导们达成一致意见后再进行工作。如果两位领导在交流后仍然意见不一致，我会按直接领导的要求进行工作，然后用比较委婉的语气向间接领导解释，表明自己以工作为重，希望领导可以谅解。

题目3：领导安排的工作不合理，你应该如何沟通？

参考答案：

首先对所涉及的工作进行较为全面的调研，多方请教后再与领导沟通，陈述自己的想法。

如果领导在听取汇报后仍未改变安排，则还是要服从领导的安排，不能消极怠工，也不能散布不满的怨气，更不能擅作主张，按自己的想法做事，应从工作的角度出发，做好本职工作。待到合适的时机再一次向领导提出自己的建议，建议要从实效出发，提出积极的、有建设性的意见。

题目4：你提的意见被忽视了，你应该如何沟通？

参考答案：

首先，正视意见被忽视的问题。向领导提出工作建议后，领导没有任何反馈，我仍然要一如既往地努力工作，不能因为此事消极怠工。

其次，反思自己的业务知识与能力，想一想是不是因为自身的工作经验不丰富，提出的意见不合理，从而没有被领导接受或采纳。

再次，我会尽快丰富工作经验和社会阅历，努力提高业务水平，加强反思，多分析多总结，使下一次的意见更加具有针对性和可行性。

题目5：你刚刚进入幼儿园，主任安排你和其他人共同组织新教师赛课活动，但是另一位同事总是不配合，你应该怎样沟通？

参考答案：

同事不配合我的工作，我要保持良好的心态来看待，我会思考同事不配合我的工作是出于什么样的原因，是不是他最近工作太多太忙，没有时间和我一起共同组织赛课活动，还是我的工作思路和方法不被他接受，不管是什么样的原因，先换位思考，然后再进行沟通。

然后我会找到这位老师，询问他的想法，了解了这位老师的意图后才能够对症下药。根据这位老师的情况我会再制订后续的工作计划，如果是这位老师因为与其他工作冲突而导致不配合，我会找领导沟通这个问题，试图更换一位时间较为充足的老师和我一起配合；如果是对我的工作方法有意见，我会多听取他的想法，在我们两个人的想法中求同存异，共同搞好新教师赛课活动。

题目6：如果你们班的班长对你的工作能力不满意，你应该怎样沟通？

参考答案：

作为新教师，我要摆正心态，班长对我的工作不满意应该是我的工作经验较少导致的。因此，我会和班长先进行沟通，了解他对我工作的哪些方面不满意，是理论知识，还是专业技能，还是组织管理。

结合班长对我不满意的方面，我会和班长沟通自己欠缺的原因，希望取得班长的谅解。最为重要的是，我要尽快加强自己的工作能力和业务水平，从根本上获得班长的认可，在平时的工作中，要多向班长请教，加强沟通，多和班长进行班级情况和业务的交流。

题目7：孩子的父母从来不参加班级的家长会，都是爷爷奶奶来参加，你应该怎样沟通？

参考答案：

首先，我会和每天接送的爷爷奶奶沟通，了解父母工作和家庭生活的基本情况。需要注意的是，这些情况不能涉及他人的隐私。通过交流，分析父母不来参加家长会的原因。

其次，我会和父母进行电话或者微信的沟通，反映幼儿最近在园的表现，和家长拉近距离。然后我会和家长聊一聊幼儿园家园合作的情况，邀请他们参加近期的亲子游园会。与此同时，我会和家长说明亲子活动的重要性，参加亲子活动使家长更能了解自己孩子在群体之中的社会适应情况，同时更能增进家长与幼儿的情感互动与交流。

题目8：幼儿每天来园都迟到，你应该怎样和家长沟通？

参考答案：

我会先和幼儿沟通，问他："为什么你每天都不来幼儿园吃早饭呢？"通过幼儿的回答了解迟到的原因，然后再和家长进行交流，问："孩子每天都会来得晚一些，有什么特别的原因吗？"通过幼儿和家长的双方面沟通，了解每日晚到的真实原因。

然后根据了解到的原因与家长进行沟通，向家长说明每日按时到校的重要性：其一，每日按时到园能够养成幼儿良好的作息习惯；其二，每餐时间间隔宜为3.5~4小时，按时到校能够保证幼儿早饭与午饭的间隔时间，如果早饭吃得过晚，导致午餐进食量不够，不能满足下午活动所需能量；其三，幼儿早晨起床过晚，会导致中午难以入睡，下午活动容易打瞌睡。

与家长说明按时来园的重要性后，征得家长的同意，与家长协作保证幼儿的来园时间。

题目9：当一位大班幼儿不愿意来幼儿园时，你应该怎样沟通？

参考答案：

我会先与家长了解幼儿在家的行为表现，比如他说了哪些话表示不愿意来幼儿园，或者是有哪些行为表示不愿意来幼儿园。

然后我会和小朋友进行沟通，我会问他："你觉得幼儿园怎么样？你喜欢哪些活动？不喜欢哪些活动？你在这些活动中有什么样的困难吗？"通过这几个问题了解幼儿在园生活的感受。还可以继续询问："你在班里有哪些好朋友？你们会在一起玩什么游戏？"通过这两个问题了解幼儿在园的社会交往情况。通过与幼儿的交谈，发现幼儿不愿意来园的真实原因。老师切忌用以下方式提问："你妈妈说你不愿意来幼儿园？你为什么不愿意来？幼儿园哪里不好？"这样的方式会使较为敏感的幼儿迅速捕捉到老师对他的不满，从而更难探寻到不愿意来幼儿园的真实原因。

题目10：当一位小班幼儿家长反映，孩子回家后说总在幼儿园被其他小朋友欺负，你应该怎样沟通？

参考答案：

应该先和家长详细了解该名幼儿是如何与家长交流的，最好是家长能够原样复述幼儿的话。这样做的好处有二：其一是避免家长加入自己的主观判断；其二是通过幼儿的语言，教师能够结合年龄特点分析幼儿的行为原因。

与家长沟通后，再与幼儿进行沟通。可以这样询问幼儿："你在班里交到了哪些好朋友？他们叫什么名字？你们经常在一起玩什么游戏？"通过这样的问话，先与幼儿建立起谈话的氛围，然后再询问："你喜欢小明吗？"（小明就是他所说的经常欺负他的小朋友之一）"你们会在一起玩什么游戏？"教师切忌不要直接问"小明怎么欺负你了？"这样带有较强主观意识的问题。然后教师可以找小明聊一聊，印证之前该名幼儿所说的事件情况。

通过与幼儿沟通，教师会较为全面地了解幼儿说"被欺负"的原因，判断幼儿是否真的"被欺负"还是只是游戏。因为小班幼儿的年龄特点是"总把假想当真实"，所以教师不能草率地进行判断。

六、关于组织管理的提问

题目1：你是如何看待班级环境创设的？

参考答案：

幼儿园班级环境创设是幼儿园课程中必不可少的一部分。幼儿园的环境布置首先应该让孩子们喜欢，让他们感受到温暖、舒适和安全。环境布置应该体现教育目标的实现，教师应该结合本班幼儿的年龄特点，提供适合幼儿游戏的玩具和材料，这些玩具和材料能够让幼儿在游戏中获得积极的学习体验，并能够引发他们分析、应用、创造、评价的深层学习。

另外，教师要正确认识到班级环境的主角应该是幼儿，教师应遵循教室内的各个空间均展示幼儿的活动过程与成果的原则，切忌教师包办代替完成幼儿园的环境创设。

题目2：如何培养幼儿良好的一日生活作息？

参考答案：

首先，从幼儿园层面来讲，应该安排合理的一日生活作息时间，保证幼儿在园的生活科学性。

其次，从班级层面来讲，班级老师应该建立良好的一日生活常规，合理安排幼儿一日的生活活动、游戏活动、户外活动和学习活动。另外，对每一项活动应该规定具体的方法与要求，如洗手要分组组织，使用六步洗手法，泡沫在手上停留时间应至少10秒，洗干净后要在水池旁甩一甩手，然后摘下毛巾把手擦干净。班级中的三位老师要共同执行一日常规时间安排与要求规范，应该每周召开班级常规例会，及时发现、反馈与解决班级中的常规问题。

题目3：如何合理安排班级成员的工作？

参考答案：

对于常规工作来说，首先应该根据班级成员的工作岗位进行安排：班长负责班级的全面管理工作，包括教学、环境创设、卫生保健、家长工作等；班级的辅助教师做好班级的教学、环境创设、卫生保健和家长工作等的辅助工作；保育员主要负责班级幼儿的卫生、保健、消毒等工作，管理好本班幼儿的生活用品。

对于临时工作来说，班长根据班级成员的能力、特长和现阶段的工作总量进行合理安排，保证既能展现每位教师的才能，又能使工作量在可接受范围之内。在交付其他工作之前，要与班级成员教师进行协商，仍然要以教师自愿承担为原则。

题目4：如何培养幼儿良好的洗手习惯？

参考答案：

培养幼儿良好的洗手习惯应该从以下三个方面入手。

第一，从环境创设上，引导幼儿养成良好的洗手习惯。教师可以在盥洗室张贴洗手方法的图片，强化对洗手六步法的正确认识。

第二，开展相关的教育活动，掌握洗手方法。教师可以开展一节专门的健康教育活动，来讲解洗手的正确方法，让幼儿了解洗手的重要性。在教育活动中也可以请保健医或者从事相关工作的家长为小朋友进行讲解与示范。

第三，在洗手环节加强指导，形成良好常规。在平时的洗手环节中，教师和班级值日生应加强对洗手方法的检查和指导，督促幼儿养成自觉洗手、用正确方法洗手的好习惯。

题目5：如何培养幼儿排队的好习惯？

参考答案：

首先，教师要在班级中建立排队的常规，要让小朋友明确在哪些环节需要排队，如户外活动前、盥洗时、进餐时等。

其次，教师根据本班幼儿的年龄特点制定不同的排队常规，小班幼儿学习排成一条长队，中、大班幼儿按照男女生分别站两队。

在组织排队时，教师应该提出明确的要求，如一个挨着一个站，与前方小朋友保持半臂间隔的距离，不要推挤，不要插队等。然后在排队的时候反复强调要求并督促小朋友按照要求排队。

教师可以及时表扬按照要求排队的小朋友，对不遵守排队常规的幼儿要进行个别指导。

题目6：如何培养幼儿自我服务的意识？

参考答案：

进入幼儿园以后，幼儿需要逐步学习自己吃饭、如厕、睡觉、穿衣，教师应在日常生活中逐渐培养幼儿自我服务的意识，提高幼儿自我服务的能力。

对于小班幼儿，教师可以让小朋友学习穿衣、吃饭、如厕的方法，在日常生活中减少包办代替，提供更多的机会让小朋友能够自我服务。对那些能够较好自我服务的幼儿应及时给予表扬和鼓励。

对于中班幼儿，教师可以逐渐让小朋友学习整理被褥、书包等简单的生活技能，在日常生活中有意识地让幼儿学习这些技能，虽然他们可能做得不完美，仍然需要教师协助，但是教师不应为减少工作量而取消幼儿锻炼的机会。

对于大班幼儿，他们能够在一日生活中独立完成所有的生活活动，并能开始掌握为他人服务的技能。

在班级常规管理中，教师可以通过各种教育活动、游戏活动让小朋友认识到自我服务的益处。当小朋友形成自我服务意识和具有自我服务行为时，教师要及时发现并强化。同时，教师应该起到榜样作用，在工作中也应该自己的事情自己做。

题目7：如何管理班级值日生的工作？

参考答案：

首先，班级建立值日生工作常规，常规中规定值日生的工作职责、所需人数、轮岗安排等。

其次，开展主题教育活动，让每一位幼儿知晓值日生工作常规。

再次，安排保育员主要指导值日生工作，用以老带新、以熟带生的方式逐渐培养全体幼儿做好值日生工作。

题目8：如何组织一场亲子运动会？

参考答案：

第一步，和园长、保教主任确定亲子运动会的时间、要求等。

第二步，制定亲子运动会的活动方案，如体育项目、参加人员、名额分配、应急预案、工作人员职责、场地安排、家长与幼儿的组织协调、安全保障、经费保障等。

第三步，召开相关工作人员的会议，安排亲子运动会的事项。

第四步，活动彩排，全体工作人员按活动方案进行彩排。

第五步，发放家长通知书。

第六步，召开亲子运动会，协调各部门工作。

第七步，总结活动组织的收获与不足，收集照片、视频等资料。

题目9：如何组织班级幼儿参观博物馆活动？

参考答案：

第一步，制定活动方案，包括参观地点、时间、人员保障、经费保障、安全保障等。

第二步，组织相关人员召开工作布置会。

第三步，派老师代表前往博物馆进行实地考察，并联系博物馆接洽事宜。

第四步，发放家长通知书。

第五步，组织幼儿参观博物馆。

第六步，总结活动组织的收获与不足，收集照片、视频等资料。

题目10：如何组织班级的家长会？

参考答案：

第一步，召开班级教师会。先确定家长会主题，与班级的其他老师共同商讨与家长沟通交流的问题，根据需求制作PPT、视频等资料，再商讨家长会组织细节、每一位老师的任务、与家长沟通的技巧等。

第二步，发放家长通知书。

第三步，布置家长会会场。

第四步，召开家长会，先介绍班级的主要工作、幼儿的进步、需要家长合作的内容等。

第五步，和个别家长进行沟通。就某些幼儿家长的疑问和需求进行个别的沟通与交流。

第六步，召开班级教师会，总结此次家长会的优点与不足。

第三章 教学活动试讲及答辩

学习目标

1. 知道教师资格证面试试讲的考试类型。
2. 熟练掌握五大领域教学活动设计的思路与方法。
3. 知道试讲类考题的备考策略。
4. 掌握应对答辩题目的方法。

第一节 教学活动试讲概述

一、教学活动试讲的考试形式

在面试中的试讲考核环节，考生在抽题室可以抽两道考题，选择其中一道在备考室予以准备，准备时间为20分钟，然后进入考场进行10分钟的试讲。

二、教学活动试讲的考试题型

试讲考题涉及幼儿园五大领域、七个学科的教学内容，并进行综合考查。一般来说，考题分为以下三种题型。

（一）分领域教学活动设计

分领域教学活动设计是按照五大领域（包括健康、社会、语言、科学、艺术）维度出的题，考题考查某一领域的教学设计能力和某一艺术领域的专业技能。例如，在语言活动中间接考查绘画能力，下面看一道真题。

1. 题目：儿歌《小熊过桥》。
2. 内容：
（1）表演儿歌。
（2）演唱儿歌。

小熊过桥

小竹桥，摇摇摇，
有个小熊来过桥。

走不稳，力不牢，
走到桥上心乱跳。
头上乌鸦哇哇叫，
桥下流水哗哗笑。
妈妈，妈妈快来呀，
快把小熊抱过桥。

3. 要求：

（1）表演儿歌普通话标准，语气、语调、动作、表情符合儿歌内容，有感染力。

（2）演唱儿歌。为儿歌配上好听的音乐，教师示范表演，让幼儿演唱，便于幼儿模仿。

（3）请在10分钟内完成上述任务。

仔细阅读真题后可以看出，这是一道考查考生语言活动设计与组织能力的试题，教学的主要内容是儿歌《小熊过桥》。这首儿歌朗朗上口、节奏明快、画面感强，非常适合小班幼儿。考题的要求有三个，其中第一个要求是表演儿歌，这是考查考生的朗诵能力，第二个要求是为儿歌配音乐并示范表演，考查考生的演唱水平。所以，通过这道真题可以看出，试题虽然是分科教学活动，但是同时考查了艺术类的技能。

总体来说，大部分的考题都会同时考查教学技能和艺术类技能，以考查某一领域的教学技能为主，以某一艺术技能为辅。

（二）主题教学活动设计

主题教学活动设计在笔试考试中经常遇到，主要是结合某一主题设计开展多领域、综合性质的教学活动。不过这类考题在当前的面试题库中较少，但是也不排除在今后的考试中逐渐增加主题活动考题的比重，所以在备考时仍然不能掉以轻心，在时间和精力允许的情况下，也可做详细准备。

（三）日常活动设计

日常活动设计是幼儿一日生活活动的设计，包括进餐、盥洗、户外活动等。组织幼儿日常生活的教学技能也是教师必备技能之一，但是纵观近几年的考题来说，并不常见。同主题教学活动一样，在今后的考试中不免会涉及此类活动的考查。

三、教学活动设计的基本过程

（一）学情分析

不管是哪类、哪个领域的教学活动，在正式设计活动之前，都必须进行学情分析。学情分析是一节课的重要组成部分，教学活动是教师与幼儿的互动，幼儿在活动中占主体地位，教师设计的教学活动要一切为了幼儿考虑，考虑幼儿是否能够达到目标，是否能够在原有的基础上有所收获与进步。学情分析，顾名思义就是学习情况的分析，包括对教学内容的分析和对教学对象的分析。教学内容的分析是教师对教学内容展开全面和深入的分析，不同领域的内容有不同的分析方法，分析方法将在本章第二节中进行一一介绍。教学对象的分析就是分析幼儿，包括分析幼儿的需求和幼儿的特征等。幼儿的需求是指幼儿是否具有学习的动机和兴趣。幼儿的特征包括幼儿的起点水平、认知结构、学习态度、学习动机和年龄特点等。

只有做好学情分析，才能更好地进行后续的教学设计。

（二）教学目标设计

学情分析之后就可以开始设计教学目标了，教学目标是一节课的"灵魂"，决定了一节课的走向。可以说，目标设计适宜，教学活动就成功了50%。因此，对于考生来说，在教学目标的设计中多花时间与心思是事半功倍的。在设计教学目标时，考生应把握以下原则。

1. 符合幼儿年龄特点原则

在拟写教育目标的过程中，首先要考虑的就是目标要符合幼儿的年龄特点。只有适合该年龄班幼儿的年龄特点，教师才能够通过教育的手段完成目标，否则再华丽的目标也是空中楼阁。

2. 聚焦原则

聚焦就是要把本节教学活动要求幼儿达成的目标写到本次活动的目标里，不要过于泛化。例如，"能用完整语言讲述自己在假期中的所见所闻和经历的事情"。通过这个目标，可以明确知道该活动的主要内容是"分享小朋友的见闻和经历"，教学类型是"语言活动中的讲述活动"，教学要求是"能用完整语言讲述"，这个目标表述是具体的、明确的。

3. 易评价原则

评价活动的目的是诊断教学活动和修正教学活动，因此教学目标应该能够容易评价。幼儿园的课程评价可以包括三个方面：一是对课程方案本身的评价，二是对课程实施过程的评价，三是对课程效果的评价。例如，"能够富有感情地朗诵诗歌"。看到这个目标，就可以清楚地知道本节课的教学重点内容是"感情丰富"和"朗诵诗歌"，在教学活动结束之后，便于教师或其他教学研究人员评价该教学活动。

4. 幼儿主体性原则

目标的设计应该以幼儿为中心，表述的方式应该是幼儿能够在本次活动上收获什么知识，发展什么能力，而不是教师打算做什么。在目标的表述中，应重点体现幼儿的学法。例如，"运用对称方法绘画风筝花样"。该目标的表述虽然省略了主语，但是仍然可以看出这个目标的主语是"幼儿"，在目标中表述了幼儿使用对称方法进行游戏和学习。简而言之，如何自查目标撰写是否符合幼儿主体性原则，关键看目标的主语，主语是"幼儿"则是突出学法，主语是"教师"则是突出教法。

5. 完整性原则

教学目标应符合完整性原则，应围绕"知识与技能、行为与习惯、情感与态度"三维目标来写。三维目标主要目的是促进幼儿的全面、整体发展。

另外，需要注意的是，目标需难易适中，符合幼儿的最近发展区。确定幼儿的最近发展区有赖于细致的学情分析，目标设计难度过低，幼儿没有提高，目标设计难度过高，幼儿学不会，也没有兴趣跟随老师一起活动。教学目标在最近发展区内，幼儿才能在原有的基础上有所发展，并在活动和游戏中获得愉快体验。

> **拓展阅读**
>
> 最近发展区的概念是由维果茨基提出来的,他认为幼儿的发展有两种水平:一种是幼儿的现有水平,是指独立活动时所能达到的解决问题的水平;另一种是幼儿可能的发展水平,也就是通过教学所获得的潜力。两者之间的差异就是最近发展区。

(三)教学重难点设计

教学重难点是根据教育目标的设计而产生的。教学重点是本节教学活动的主要教育内容,教学难点是在教学活动中幼儿可能会感到难于理解的、操作有困难的部分。重点与难点可以是相同的,也可以是不同的。

(四)教学活动准备

教学活动准备分为物质准备和经验准备。物质准备主要是指活动环境和教具、学具的准备,经验准备主要是指幼儿在本节活动中应具备的经验、知识、能力等。

(五)教学方法设计

教学方法是指教师在开展教学活动中使用的手段与方法,如情境创设法、观察分析法、提问引思法、角色扮演法等。活动形式包括集体活动、小组活动和个人活动三种。

(六)教学环节设计

教学活动的环节设计是教学的重点,也是试讲中重点展示的部分。教学环节的设计包括教学流程设计、教学提问设计、组织方法设计、幼儿活动设计等。

教学活动一般可分为引入活动、基本活动和结束活动三大部分,其中基本活动还可以细分为若干个小环节,每个环节之间衔接要连贯,保证教学活动的完整性和连贯性。在教学环节设计时,考生应重点思考以下方面。

(1)要紧紧围绕教学目标设计活动过程。
(2)教学环节要层次分明,结构框架清晰,具有逻辑性。
(3)教学环节要衔接自然,过渡流畅。
(4)提问要具有启发性,多提"开放式问题",引发幼儿多思考。
(5)活动方法设计要适宜,既能面向全体,又能关注个别。

四、教学活动试讲的备考策略

(一)教案与展示准备

在准备面试过程中,很多学生会问"五大领域教学活动试讲应该如何进行准备",答案是"全面准备"。何谓全面准备呢?那就是在备考过程中,五大领域中每个领域、每个教学内容、每个年龄班均准备一个教案。用语言领域举例来说,语言领域活动分为谈话活动、讲述活动、早期阅读活动、书写准备活动、听说游戏活动，这五种类型每个年龄班要各准备一节教学活动。也就是说，需要准备的活动有：小班谈话、中班谈话、大班谈话，小班讲述、中班讲述、大班讲述，……，以此类推。值得注意的是，早期阅读活动中又包括儿歌、散文、绘本、故事、童话等文学形式，建议每个文学形式再分别进行准备。在本章第二节和第三节内容中，将阐述五大领域所有年龄班、所有教学类型的活动，请考生们予以参考。

考生应该练习在10分钟之内撰写教案的能力。虽然备考有20分钟，但在20分钟之内，除了写教案，还要准备其他的技能，如绘画、弹奏等，还要把教案在临考前背熟并练习，所以建议用10分钟进行撰写教案。如何在10分钟之内写出一节课的教案呢？这对于考生来讲，真是一项巨大的挑战，考验考生的脑力、体力和心力。虽然在上文中提到的教学设计的内容繁多，在备考室准备的时候，可能来不及写"详"案，因此要经常练习想"详"案、写"简"案的能力。其中，学情分析可以简写；教学过程要"详""简"适宜，详写提问、组织方法，简写教学意图；目标、重难点、准备必须认真撰写，一个字都不能简写。在备考室备考时，务必保证教案的完整性。

另外，撰写教案只是试讲中的一部分，更为重要的是在考场上的展示部分。考生应在考前一个月对着镜子或是同学、家人进行试讲演示，注意语言、表情、手势和站位，增强对时间的准确把控能力，展示自己最佳的试讲状态。

（二）素材准备

考生应在复习阶段广泛收集一些素材，如各种小动物的绘画方法、折纸方法、常见的儿歌、游戏等。下面分别列举五大领域的素材准备。

1. 健康领域

（1）**语言类素材**：广泛收集关于健康的儿歌，如《蔬菜歌》《洗手歌》《讲卫生》等。如果没有找到相应的儿歌，考生可根据主题进行简单创编即可，建议在考试之前准备关于幼儿安全、幼儿营养、生活自理方面的儿歌各一首。

（2）**体育游戏素材**：应重点准备传统体育游戏，从体育游戏的基本动作（如走、跑、跳、投、钻、爬、平衡、攀登等）着手，每个基本动作、每个年龄班各准备一个游戏，如高人走矮人走、大风吹、老鼠笼、切西瓜、贴人等。

2. 语言领域

（1）**语言类素材**：广泛收集儿歌、诗歌、童话、故事、散文、语言游戏、绕口令等，并且能够较为熟练地讲述或朗诵，如文学作品参考《金波幼儿文学选》(全四册)、各类手指游戏等。

（2）**绘画素材**：应多准备常见小动物、人物的简笔画画法（注意：简笔画画法只适用于文学作品配画，不适用于美术教学活动）。

3. 社会领域

（1）**角色游戏**：熟知各种角色的玩法及材料准备，如娃娃家、照相馆、超市、餐厅等。

（2）**其他**：准备一些和社会领域发展相关的儿歌和故事，如《别说我小》《滑滑梯》等。

4. 科学领域

（1）**科学知识**：知道基本的科学概念，包括数学、物理、化学、生物、地理等学科，并能够用幼儿可以理解的语言进行解释。

（2）**认知游戏**：准备常见的认知类游戏的玩法，如接龙、拼图、配对等。

5. 艺术领域

（1）**音乐类素材**：广泛收集儿童歌曲，并且能够做到边弹边唱，在准备考试阶段弹奏熟练。熟练掌握C大调、D大调、E大调、F大调和G大调的音阶、琶音、主三和弦及其转位的弹奏方法。

（2）**美术类素材**：熟悉世界名画，能够知道作者及简单的欣赏要点。熟悉动物、物品的折纸方法等。

（三）心理准备

在面试中，往往考查的就是考生的心理素质，在考试中充满自信、沉着冷静、不卑不亢会更容易通过考试。

在漫长的备考过程中，很多考生会经历诸如"充满信心立目标—购买多种辅导材料—精心准备—丧失信心—匆忙考试—失望而归"此类虎头蛇尾的过程。因此，考生一定要有坚忍不拔的精神，不要轻言放弃。可以和同学们一起复习，互相督促，最后获得好成绩。

1. 不断增加自信

在长期备考过程中，因为需要准备大量的教案和试讲模拟，考生难免出现背不下来、试讲紧张等因素导致挫败感的问题。如何克服这种情况获得自信呢？首先，我们要知道这种现象是十分正常的，是每个人在紧张的备考过程中都会出现的心理状态，不要过分焦虑，否定自己会导致事倍功半。其次，不断增加自己的自信心十分重要，考生可以把准备的内容与同学、老师进行交流与请教，当得到他们的认可时，你会获得成就感，从而不断增强自信心。

2. 克服疲惫感

因为考生备考时间较长，难以避免的现象是一开始干劲十足，过了两周就疲惫不堪，然后放松自我，最后导致考试失败。怎样克服疲惫感呢？建议在备考阶段务必做好劳逸结合，制订适合自己的复习计划，循序渐进、张弛有度，不要急于求成。把所有需要复习的内容分为三个部分：第一部分是准备充足的教案，第二部分是按照考试时间的要求进行试讲练习，第三部分是按照考试全流程进行模拟练习。第一部分需要的时间较长，需占用整个复习时间的二分之一，第二部分和第三部分各占四分之一，建议考生们合理安排时间。

3. 保持平常心

备考期间的心态也十分重要，做好尽一切努力，而看淡考试结果的心理准备。在考试中，保持适度的紧张有利于考生的正常发挥，适度的紧张可以使大脑处于兴奋状态，注意力比较集中；而过度紧张反而会导致肌肉紧张、声音颤抖、头晕心悸，这并不利于完成考试。怎样克服紧张心理呢？建议考生在备考期间多进行考试模拟练习，让自己适应这样的环境和考试流程，能够有助于考生顺利完成考试。

第二节 教学活动试讲的真题解析

一、健康领域

幼儿园健康教育的目的就是保护幼儿的生命和促进幼儿的健康，提高幼儿期的生活乃至生命的质量。"保护幼儿的生命"是由幼儿身心发展的特点决定的，"促进幼儿的健康"是由幼儿健康的特有价值决定的。健康领域活动内容分为健康知识和体育锻炼两个部分，其中健康知识包括生活习惯与能力、饮食与营养、人体认识与保护、安全与自我保护、心理健康，体育锻炼包括身体活动的知识与技能、身体素质练习、基本体操和队列练习。

（一）体育锻炼

1. 体育游戏类考情分析

在面试真题中，以体育锻炼类活动较为常见，在这类活动中体育游戏是重要的考点，因此考生要重点准备体育游戏类教学活动的设计与组织。体育游戏类题目有哪些特点呢？下面通过真题进行分析。

1. 题目：《踩轮胎》。
2. 要求：
（1）演示出幼儿园孩子对轮胎的多种玩法。
（2）说清楚每种玩法的目的和规则，语言要吸引幼儿的注意力。

从题目上看，并没有明确写出"体育游戏"，但考生可以通过"要求"部分做出合理推测，确定该题目考查的内容是健康领域的体育游戏。健康领域的大部分考题都会以这种形式出现，所以考生要先分析该游戏属于哪个领域，然后再开始设计教学活动。

2. 体育游戏活动设计思路

对于体育游戏类的教学活动，最重要的就是知晓游戏的规则与玩法。在平时学习和准备考试阶段，应多多积累体育游戏的内容与玩法。如果在面试中抽到了不会玩的体育游戏，需要考生临时制定一个游戏的玩法和规则，可以使用自己知道的游戏进行替代和转换。体育游戏活动设计的思路如下。

第一步，引入活动，做准备活动。教师创设与本次活动相关的情境，并且带着幼儿活动身体各部位，为后续的活动做好热身准备。

第二步，交代游戏规则，明确游戏玩法。这一环节是相当重要的，教师必须使用幼儿能够理解的语言清楚、明确地交代游戏规则。《踩轮胎》的题目就要求考生交代规则的语言要能够吸引幼儿的注意力，也就是说教师要使用幼儿能够理解的语言说出游戏的玩法与规则，这是对是否具有幼儿教师资质的核心考查。

第三步，组织幼儿游戏。交代清楚游戏的玩法和规则后，教师就开始组织幼儿游戏。组织幼儿游戏可以采用教师示范法、幼儿分解练习法、幼儿完整游戏法、情境游戏法等方式进行组织。不管使用何种教学方法，教师要遵循由简到难、动静交替、急缓结合的原则。

第四步，幼儿自由游戏。在幼儿自由游戏阶段，教师可以通过集体游戏、小组游戏、个别游戏等组织形式多次循环游戏，并进行个别化指导。

第五步，放松整理活动。教师组织小朋友放松腿部、手臂等身体部位，结合情境自然结束本节活动。

另一类常考题型是设计"一物多玩"的教学活动。一物多玩的材料有绳、圈、球、轮胎等，这些材料的特点都属于低结构类玩具，它们都没有固定的玩法，幼儿可以发挥想象力和创造力自创游戏玩法和规则。一物多玩教学活动设计的思路如下。

第一步，引入活动，做身体准备活动。第二步，认识游戏材料。教师简单介绍一物多玩的操作材料。第三步，幼儿充分探索游戏的多种玩法。第四步，幼儿分享一物多玩的方法与策略。教师有意识地请探索了不同玩法的幼儿进行介绍。重点提问：你用什么方法玩的？你怎样玩的？第五步，再次探索，鼓励幼儿用多种方法"玩"，既锻炼幼儿的身体灵活性，也能开拓幼儿的思维。第六步，游戏结束，放松身体。

在一物多玩的教学活动中，需要注意以下三点：第一，自主探索材料的多种玩法。第二，充分结合体育教学内容，包括走、跑、跳、投、钻、爬、平衡、攀登，综合开展游戏。第三，教师鼓励幼儿调动全身各个部位"玩"材料。

3.各年龄班的发展特点

体育锻炼的基本技能分为走、跑、跳、投、钻、爬、平衡、攀登。下面以基本技能为维度，分别列举小、中、大班的目标和发展特点，供考生们参考。

（1）走

走的特点与基本要求是：

① 动作放松、自然，上体保持正直。
② 有合理而稳定的节奏，步幅适中，步频适度。
③ 两脚落地要轻，脚尖稍向正前方，避免"内八字步"或"外八字步"。
④ 两臂适度地前后摆动。
⑤ 在集体走步时，学会保持前后适宜的距离。

3~4岁幼儿走步时，蹬地力量弱而不均，步幅小，速度不均匀，落地较重，脚间间距宽，左右脚力量不均，身体左右摇摆，走不成直线。排队时注意力分散，好东张西望，时常会走出队伍。

4~5岁幼儿的步伐已经稳定，动作已经稳定，已逐渐形成自己的走步节奏。在教育影响下，幼儿在排队走步时已能随节拍走，但节奏感不强，调节节奏的能力较差。

5~6岁幼儿走的动作已比较协调，轻松自然，平稳有力，已初步形成个人走步姿态。排队走步时已经能初步按信号节奏调节步幅、步频并能初步控制走步的速度。

各年龄班走步练习的内容如表3-1所示。

表3-1　各年龄班走步练习的内容

小班	中班	大班
1.听信号向指定方向走 2.在指定范围内散开走 3.一个跟着一个走 4.跨过小障碍走 5.拉或推着小物体走	1.听信号有节奏地走 2.听信号变换速度、方向走 3.高举手臂走 4.在物与物之间或平衡板上走 5.短途"远足"	1.一对一对整齐地走 2.高人走矮人走 3.迈大步走、上下坡走、倒退走 4.由脚跟过渡到脚尖的"滚动式"走 5.拉或推重物走

（2）跑

跑的特点与基本要求是：

❶ 上体正直，稍向前倾。
❷ 要有蹬地和腾空的阶段，脚落地要轻，快跑时会用力蹬地。
❸ 两手轻轻握拳，两臂屈肘于体侧前后自然摆动。
❹ 用鼻子呼吸或鼻子吸、口呼。

3岁左右的幼儿跑步的特点是小碎步，缺乏节奏，脚步较为沉重，不能较好地掌控方向，脚离地面动作较差，落地时往往使用全脚掌着地，手脚动作不协调，腾空动作不明显。

5岁以后，幼儿开始逐步掌握跑步的基本技能，跑步时有节律，动作协调，能够控制身体在跑步中灵活转身、闪躲。

各年龄班跑步练习的内容如表3-2所示。

表3-2 各年龄班跑步练习的内容

类型	小班	中班	大班
变换方向跑	沿场地周围跑	一路纵队跑	
听信号跑	听信号向指定方向跑	跑动中听信号做规定动作	听信号变速跑或改变方向跑，跑动中听信号做规定动作
快速跑		距离为10~20米	距离为20~30米
圆圈跑或曲线跑	圆圈跑	曲线跑	
慢跑或走跑交替	距离为100米	距离为100~200米	距离为200~300米
四散跑	在指定范围内四散跑	在一定范围内四散追逐跑	四散追逐跑，躲闪跑
绕障碍跑、窄道跑、接力跑	绕障碍跑	窄道跑、接力跑	

（3）跳

跳的类型分为单脚跳、双脚跳、纵跳、行进向前跳、从高处往低处跳、侧跳、立定跳、助跑跨跳。跳的动作由四个步骤组成，即预备、起跳、腾空、落地缓冲。

跳的特点与基本要求是：

❶ 准备时自然放松到仅用必要的力控制全身，并同时屈膝。
❷ 起跳时不但是腿、上肢，而且全身要在瞬间同时爆发向上。
❸ 腾空后全身要立刻放松到仅用必要的力量保持姿势。
❹ 落地时膝盖迅速自然弯曲，以保护膝盖、髋关节。

大部分3~4岁幼儿能够做好双脚向上、向前跳等简单的动作。5岁以后，幼儿的跳跃能力发展较快，起跳变得更加有力，动作日益协调，平衡能力也有所提高。6岁以后，幼儿能够很好地掌握单脚跳、双脚跳、跳高、跳远等基础跳跃技能，还能够掌握跳皮筋、跳绳等复杂的跳跃技能。

各年龄班跳跃练习的内容如表3-3所示。

表 3-3　各年龄班跳跃练习的内容

类型	小班	中班	大班
原地双脚向上跳（纵跳）	双脚原地向上跳	原地纵跳触物（物体距幼儿高举的手指尖 15~20 厘米）	原地纵跳触物（物体距幼儿高举的手指尖 20~25 厘米）
立定跳远		不少于 30 厘米	不少于 40 厘米
双脚向前行进跳（小兔跳）	双脚向前行进跳	双脚向前行进跳	双脚向前行进跳
侧跳		双脚在直线两侧行进跳	
从高处往下跳	离地 15~25 厘米	离地 25~30 厘米	离地 30~35 厘米
夹沙包跳		夹沙包跳	夹沙包跳
单脚连跳		单脚直线连跳	单脚折线连跳
水平障碍	跨越	助跑跳过不少于 40 厘米的平行线	助跑跳过不少于 50 厘米的平行线
垂直障碍跨跳			助跑屈腿跳过 30~40 厘米高度
变换方向跳、转身跳			变换方向跳、转身跳
跳绳、跳皮筋、跳蹦床			跳绳、跳皮筋、跳蹦床
跳小跳箱或小木马			跳小跳箱或小木马

（4）投

在幼儿园的活动中，投掷活动包括抛、接、传、递、拍、击、滚等内容。

投的特点与基本要求是：

❶ 挥掷类：包括肩上投掷、肩侧投掷、一手下方投掷、双手头上投掷。

❷ 推掷类：包括胸前传球，单、双手投准。

挥掷类和推掷类的动作结构主要是由预备姿势和用力两个阶段组成。预备姿势要求拉长投掷时用力的肌肉和增加用力的距离。

❸ 拍球：包括原地拍和行进间拍两种。拍球动作结构包括拍球姿势和拍球动作两部分。具体动作要领是：双脚自然开立，腿稍微弯曲，上身稍向前倾，拍球时手和肘部自然微屈，五指自然分开，手心向下，用手臂、手腕和手指力量拍球。原地拍球时，拍球点在球的上方；行进中拍球时，拍球点应在球的后上方。

❹ 接球：包括接地滚球和接空中来球两种。接球动作的基本要点是：根据来球的方向主动迎球，接球时保持正确手形，接球后要自然屈肘缓冲。

小班的幼儿对抛接、肩投动作掌握较少，动作不够协调，力量不够均匀，多余动作多。中班幼儿有明显提高，肩投动作已经能够掌握蹬地、转体、挥臂动作，能够做到全身用力，但出手角度偏小，投掷距离不远，投掷方向不稳定。大班幼儿投掷能力发展较快，能够掌握传接球、走动拍球、侧面站立肩上投掷等技能。

各年龄班投掷练习的内容如表 3-4 所示。

表 3-4 各年龄班投掷练习的内容

类型		小班	中班	大班
滚接球		互相滚接大皮球	互相滚接……	互相滚接……
抛接球			1. 自抛自接低球、高球（头以上为高球，头以下为低球） 2. 两人近距离用双手相互抛接大球	两人相距 2~4 米抛接大皮球
传递			传递……	传递……
肩投	投远		练习肩上挥臂投物（投低标、小皮球）	肩上挥臂投远
	投准			肩上挥臂投准（距离 3 米左右，标靶直径 60 厘米左右）
拍球	原地	学拍皮球	左右手拍球	原地变换形式拍球（如转一圈拍球）
	行进间			边走边拍球，边跑边拍球

注：表格中的"……"为滚接其他器械或物品，或用不同方式相互传递不同的器械或物品。

（5）钻

钻可以分为正面钻和侧面钻。正面钻的动作要领是：屈膝下蹲，紧缩身体，面向障碍物；侧面钻的动作要领是：侧对障碍物，两腿屈伸交替，重心移动。各年龄班钻练习的内容如表 3-5 所示。

表 3-5 各年龄班钻练习的内容

小班	中班	大班
钻过 70 厘米高的障碍物（橡皮筋或绳子）	钻过直径为 60 厘米的圈或拱门	较迅速地连续钻过各种障碍物中的狭小空间

（6）爬

爬的种类繁多，包括手脚着地爬、仰身手脚着地爬、匍匐爬、手膝着地爬、并手并膝爬、肘膝着地爬、协同爬行（图 3-1）。对爬行的动作要求是灵活、协调、有节奏感。各年龄班爬行练习的内容如表 3-6 所示。

图 3-1 幼儿爬行类型

表 3-6　各年龄班爬行练习的内容

小班	中班	大班
手膝着地爬	手脚着地爬	探索各种俯身爬、仰身爬

（7）平衡

平衡活动分为静态平衡活动和动态平衡活动。单脚站立、前脚掌支撑地面等都属于静态平衡活动；前脚掌走、在较窄的平衡板上行走、原地转圈后停下来等都属于动态平衡活动。平衡动作的要领如下。

❶ 窄道走：上体正直不晃动，头颈正直，眼往下看，两臂自然摆动（或侧平举），步幅要小。
❷ 旋转：两脚交替是为轴，上体保持正直，两臂自然伸开。
❸ 单脚站立：支撑脚全脚掌着地，膝部用力绷直，上体正直，另一只脚离开地面，腿自然弯曲。
各年龄班平衡练习的内容如表 3-7 所示。

表 3-7　各年龄班平衡练习的内容

类型	小班	中班	大班
窄道移动	1. 宽 25 厘米以内的平行线中间行走 2. 在 15~20 厘米的斜坡上走上走下	1. 宽 15~20 厘米以内的平行线中间行走 2. 离地面高 20~30 厘米、宽 20~25 厘米的平衡木上走	1. 在有间隔物体上走 2. 在离地面高 30~40 厘米、宽 15~20 厘米的平衡木上走，能够变换手臂动作：叉腰、侧平举、前平举
旋转		原地转圈 1~3 圈	两臂侧平举、闭目 5 圈左右
闭目行走		闭目向前行走 5~10 步	两臂侧平举单脚站立 5~10 秒
其他			高跷，对推

（8）攀登

攀登的动作要根据器械的特点而定，总体来说，基本要求如下：①脚踏实，手抓稳（大拇指与四肢分开）；②变换重心，四肢协调。各年龄班攀登练习的内容如表 3-8 所示。

表 3-8　各年龄班攀登练习的内容

小班	中班	大班
小型攀登器械上爬上爬下	大中型攀登器械上爬上爬下	探索不同爬上爬下的动作

4. 真题解析

真题重现：

1. 题目：《踩轮胎》。
2. 要求：
（1）演示出幼儿园孩子对轮胎的多种玩法。
（2）说清楚每种玩法的目的和规则，语言要吸引幼儿的注意力。

题目分析：

首先，通过题目和要求分析出该题目属于健康领域，需要考生设计一节"一物多玩"类型的教学活动。其次，需要确定该活动的年龄班，根据题目中出现的轮胎材料来看，大班幼儿比较适合此材料。

教案设计：

【活动名称】

大班体育活动"玩轮胎"。

【活动目标】

1. 在探索轮胎的多种玩法中增强身体的协调性。

2. 能够在游戏中遵守游戏规则。

3. 在游戏中发挥互相帮助、互相协作的精神。

【活动重难点】

发挥创造力，探索游戏的多种玩法。

【活动准备】

1. 物质准备：轮胎若干。

2. 经验准备：有探索其他材料玩法的经验。

【活动过程】

一、引入：热身活动

引导语："小朋友们，今天我们要一起挑战轮胎，现在先活动一下身体。"

教师带着小朋友一起活动头部、上肢、下肢、腰部等。

二、幼儿自主探索轮胎的玩法

引导语："小朋友们，这些轮胎能怎么玩呢？请每两个人一组，拿一个轮胎，试着探索一下，看看哪组小朋友有不一样的玩法。"

三、分享探索结果

引导语："哪组小朋友有新的发现？"

小结："萌萌组发现轮胎可以滚着玩，亮亮组发现轮胎可以当障碍物，可以跑，可以跳，西西组发现如果把许多轮胎摆在一起就可以攀登了。那下面我们一起来玩一个闯关游戏！"

四、闯关游戏

第一关

轮胎平铺在地上，连接成一排，所有小朋友要求踩轮胎的边缘依次通过，不要掉到地上。

第二关

增加轮胎的高度，变成双层，把轮胎摆成高低错落的样子。要求小朋友依次通过，不要踩到地面。先练习一下把幼儿分成四组，四个小组比赛，得第一的小组获得一面旗帜。

第三关

继续增加轮胎高度，加成三层，高低错落。要求小朋友依次通过，不要踩到地面。在较高的地方需要手脚并用，爬上爬下。先练习一下，然后把幼儿分成四组，四个小组比赛，得第一的小组获得一面旗帜。

五、结束活动

引导语："小朋友们，我们一起把轮胎放回'车库'里。然后一起放松一下胳膊、大腿。"

教师带领幼儿放松身体各部位。

（二）健康知识

1. 健康知识类考情分析

纵观近几年考题，关于健康知识类的题目并不多见，但随着报考人员越来越多、考试难度逐渐加大，势必会有更多的健康知识类题目纳入题库中来。因此，考生在复习时也不应该忽略这部分知识。

2. 健康知识设计思路

为了便于考生复习，下面把健康知识类活动归纳为三种类型，并分别介绍教学活动设计的思路和实施的方法策略。

（1）安全教育、身体保护和自理能力教学活动流程

学前儿童安全教育的任务是帮助幼儿树立安全意识、学习安全常识、养成行为习惯。这些能力是保障幼儿自身安全、维护生命健康必备的基本能力。

学前儿童身体保护和生活自理能力的教育主要是培养幼儿科学地认识、使用、养护和锻炼身体器官以及生活卫生、进餐、着装、睡眠、盥洗等方面的基本生活能力。良好的生活与卫生习惯、对自己身体的了解和爱护是维护和促进幼儿健康发展的重要保证。此类教学活动的设计流程如下。

第一步，引入环节，创设活动情境。教师根据活动的内容创设适宜的活动情境。常见的引入方式有观看图片或视频、讲小故事、猜谜语等。

第二步，学习新知。教师通过感受、讨论、模拟情境、角色扮演等多种形式使幼儿能够初步感知知识与能力。

第三步，联系生活。教师可以使用讨论法、情境模拟法等方法让幼儿将所学到的知识运用到生活中。

第四步，结束环节。教师总结本节课的重点内容，并对后续的活动进行延伸。

（2）饮食营养教学活动流程

饮食营养教育是通过计划开展的有组织、有系统的教育活动，来帮助幼儿形成有关营养的正确概念，懂得建立合理的饮食环境，自觉形成良好的饮食卫生习惯。对于学前儿童来说，要了解各种食物具有不同的味道和营养成分，乐于尝试不同的食物；要养成良好的饮食习惯，掌握饮食的方法和技巧；要了解一定的饮食利用和饮食文化。此类教学活动的设计流程如下。

第一步，创设环境，激发兴趣。教师根据活动内容创设适宜的活动情境。常见的引入方式有观看图片或视频、讲小故事、猜谜语等。

第二步，学习新知，解决重点。幼儿感知健康饮食与营养的知识，教师宜采用观看视频、情境表演、阅读绘本等方式。

第三步，联系生活，形成健康营养饮食的习惯。教师通过演示法、操作法、游戏法、讨论法等方法让幼儿在生活中感知营养饮食的重要性和简单的制作方法。

第四步，结束环节。教师总结本节课的重点内容，并对后续的活动进行延伸。

（3）心理健康教学活动流程

学前儿童心理健康的重要标志是情绪反应适度、自我体验愉悦、社会适应良好、心理发展达到相应年龄组儿童的正常水平。一般可以从动作、认知、情绪、意志、行为和人际关系等方面衡量。学前心理健康教育活动要注重幼儿的情感体验、多种途径和适宜的环境创设。此类教学活动的设计流程如下。

第一步，引入环节，创设情境。教师除了创设与教学活动相关的物质环境外，还要注重心理环境的创设，使幼儿能够在宽松、愉快的生活氛围内进行学习。

第二步，初步感知。教师通过情境演示、观看视频或图片、绘本讲述等方式使幼儿初步感受心理健康的内容。

第三步，深入探讨。教师通过讲解、提问、讨论等方式使幼儿能够深入理解本节课的重点内容。

第四步，联系生活。教师通过情境模拟、游戏等方式让幼儿把本节课的经验运用到生活中。

第五步，结束活动。教师总结、提升本次教学活动的内容或意义，并对后续的活动进行延伸。

3. 各年龄班的发展特点

各年龄班安全认识的发展特点如表3-9所示。

表3-9　各年龄班安全认识的发展特点

小班	中班	大班
1.自我保护意识和能力欠佳 2.通过教育能够知道外出时不离开成人，不做危险的事情 3.知道简单的上下楼梯、大型器械的安全常识	1.自我保护意识和能力逐渐增强 2.遇到危险时知道躲避危险，寻求帮助的方法 3.知道常见的安全标志	1.具备初步的自我保护意识和能力 2.有基本的饮食安全知识、操作工具安全知识、交通安全知识 3.了解一些基本的运动卫生知识

各年龄班自理能力的发展特点如表3-10所示。

表3-10　各年龄班自理能力的发展特点

小班	中班	大班
1.生活自理能力较差 2.在成人的提醒下，能够逐步形成好习惯，如按时睡觉和起床，习惯喝白开水 3.能够学习简单的生活技能，如洗手、洗脸、擦嘴、刷牙、如厕等	1.生活自理能力逐步提高，如能够掌握洗手、洗脸的方法 2.良好的生活习惯逐步形成，如喜欢吃各种蔬菜、喜欢喝白开水等 3.能够学习稍复杂的生活技能，如擤鼻涕、自理大小便、穿脱衣物、使用筷子等	1.具备了基本的生活能力，如能够跟随温度主动增减衣物、独立进餐 2.养成了一定的生活卫生习惯，如保持服装整洁等 3.能够学习复杂的生活技能，如清理餐桌等

各年龄班饮食营养的发展特点如表3-11所示。

表3-11　各年龄班饮食营养的发展特点

小班	中班	大班
1.认识常见的食物名称 2.在成人提醒下饮用白开水	1.了解食物与人体健康的关系 2.接受各种健康的食物	1.了解不同的食物有不同的营养 2.逐渐形成食品安全意识

各年龄班心理健康的发展特点如表3-12所示。

表 3-12　各年龄班心理健康的发展特点

小班	中班	大班
1. 情绪波动大，易受他人影响 2. 行为易受情绪的影响 3. 当情绪激动时，能够在成人的安抚下逐渐安静下来	1. 情绪较为稳定 2. 能够逐渐开始分享、倾诉自己的情绪 3. 当情绪激动时，能够在成人的提醒下安静下来	1. 情绪稳定，不会乱发脾气 2. 已经初步具备情绪的调节与控制能力 3. 能够意识到自己的情绪，并能尝试自己调节

各年龄班精细动作的发展特点如表 3-13 所示。

表 3-13　各年龄班精细动作的发展特点

小班	中班	大班
1. 只能握住筷子，手指头的钩法也不自在，只能勉强地夹起食物 2. 可以画出近似人物面部的形状 3. 开始挑战一手移动纸张，另一手用剪刀剪出形状的行为 4. 开始画火柴人	1. 使用筷子逐渐熟练 2. 使用工具与握持材料的手做到相互配合，两手功能分化能力提升 3. 会画四边形 4. 可在人物画中画出人物的身体	1. 熟练地使用筷子，会有效地把持它 2. 在堆积木中开始挑战具有"倾向"概念的阶梯结构 3. 会画三角形 4. 通过编织、旋转陀螺、捏泥丸等活动，掌握更精细的手指操作能力 5. 会画斜线的组合，如菱形

4. 真题解析

真题重现：

1. 题目：《我爱吃蔬菜》。

2. 要求：

（1）完整演示整节教育活动，在 10 分钟内完成。

（2）绘画各种蔬菜（不少于 5 种），并运用到教学过程中。

题目分析：

通过审题可以分析出这是一道健康领域饮食营养类的教学活动，没有规定年龄班，考生可以自选年龄班，需要注意的是目标难度和年龄班发展水平要匹配。另外，在考查健康教学活动实施的过程中同时考查了美术绘画技能。

教案设计：

【活动名称】

大班健康活动"我爱吃蔬菜"。

【活动目标】

1. 知道常见蔬菜的营养价值。

2. 喜欢吃各种蔬菜。

3. 通过动手操作，发展精细动作能力。

【活动重难点】

1. 重点：知道常见蔬菜的营养价值。

2. 难点：掰大小适宜的菜花。

【活动准备】

1.物质准备：萝卜、菜花、胡萝卜、西红柿、南瓜、黄瓜、芹菜、油麦菜、藕、白菜、紫甘蓝、紫薯等。

2.经验准备：认识菜花，具备一定的手部力量。

【活动过程】

一、引入活动，激发幼儿活动兴趣

教师拿出一个信封，问："小朋友们，我今天收到了一封信，你们想知道是谁给咱们班寄来的吗？"教师拆开信封拿出信件，向幼儿展示蔬菜图片。

提问："你们认识这些蔬菜吗？""哪位小朋友能说一说它们的名字是什么？"

二、了解各种蔬菜的营养价值

引导语："小朋友们，你们都吃过这些蔬菜吗？这些蔬菜有什么营养呢？"

请保健医老师介绍各种蔬菜的营养。

三、小组讨论

引导语："小朋友们，刚才听了保健医老师的讲解，谁来说说这些蔬菜都有什么营养？"

幼儿自然分成小组，进行自由讨论。

四、经验分享与总结

引导语："我们小朋友发现了，西红柿、胡萝卜和南瓜都是属于橙红色蔬菜，它们都有胡萝卜素和维生素C。""黄瓜、芹菜、油麦菜属于什么类型的蔬菜？对，都是绿色蔬菜，绿色蔬菜也有许多的维生素C，同时还有膳食纤维，有助于肠道蠕动和排便。""萝卜、菜花和藕属于白色蔬菜，富含膳食纤维以及钾、镁等微量元素，有利于提高免疫力。""紫甘蓝和紫薯富含花青素，对提高机体的免疫力有一定的帮助。"

五、动手操作

引导语："今天幼儿园中午的食谱是肉片炒菜花，我们一起帮助食堂的师傅来掰菜花吧！"幼儿分组掰菜花。

引导语："掰菜花的时候要注意什么呢？对，要掰得小一点，方便小朋友放入口中。"

六、结束活动

引导语："小朋友们，我们把菜花送到厨房吧！"

二、语言领域

学前儿童语言活动是为了实现语言教育目标，有目的、有计划、有组织地对幼儿开展语言教育的过程，它是语言教育的主要方式。语言领域活动分为谈话活动、讲述活动、早期阅读活动、书写准备活动、听说游戏活动。在设计语言类教学活动中，要把握师幼互动、听说与读写结合、注重过程、与其他领域适度结合的原则。初学者或青年教师容易犯"一言堂"的问题，整节语言活动都是教师说话，幼儿表达时间较少，也容易简单无目的地和其他领域结合，搞成与社会、健康、音乐、美术的"大杂烩"，这些在活动设计中都是不可取的。

面试题目中涉及谈话、讲述和书写准备类型的较少，大多数是早期阅读和听说游戏类型，文学作品欣赏中以讲故事和儿歌较常见。因此，本书重点介绍讲故事、儿歌和语言游戏的设计与组织，其他内容不做赘述。

（一）讲故事类

1. 讲故事类考情分析

在考试中，考生抽到语言类题目的概率大约是 50%，可以说语言类考题是实实在在的"网红"题目。题目不仅考查语言活动的教学方法，而且同时考查表演、绘画、手工制作等艺术技能。

下面这道真题就是一道为幼儿讲故事的教学活动，考题要求设计教学活动并为幼儿表演，表演需要根据故事内容使用不同的语气、语调。考生需要在短短的 20 分钟之内准备好教案并背好大段落的故事，这对考生来说难度较大。

1. 题目：故事《借你一把伞》。
2. 内容：
（1）实施故事的教学活动。
（2）模拟为幼儿表演一段故事。
3. 要求：
（1）模拟故事表演。表演内容从"小蚂蚁爬过来了，跟娜娜说……"到"大熊的这把伞娜娜也不能用"。普通话标准，语气、语调、动作、表情符合角色形象，有感染力。
（2）完整展示教育活动过程。

在复习时，建议考生多看一些幼儿故事，时间允许的情况下尽量多背，这样在考试中能够有的放矢。

2. 讲故事类活动设计思路

讲故事类教学活动设计大致可分为以下五个环节。

第一步，引入活动，创设语言活动情境。引入活动形式有很多，如猜谜语、手指游戏、儿歌、游戏、回顾已有经验等，在考试中，只要引入活动与本节活动有关，能够起到激发幼儿兴趣的目的即可。

第二步，欣赏文学作品。教师声情并茂地讲故事。

第三步，理解文学作品。教师通过提问、动作体验的方式让幼儿理解故事的内容和教育意义。

第二步和第三步可以依照文学作品形式、内容推进、语言风格进行混搭教学。比如，如果故事较短，可以先完整讲述故事，再进行提问；如果故事较长，教师可以按照故事情节为故事划分段落，每讲完一个段落就进行提问，然后再讲下一个段落后再提问；如果故事有明显的情节转折，可以先讲转折前的内容并提问，再讲转折后的内容并提问（图 3-2）。总之，第二步和第三步没有固定的组织形式，一切以完成教学目标为目的。

在理解故事内容的环节，教师经常会使用提问的方法，常见的提问方式主要有以下五种。

（1）问故事内容。问故事内容是指教师直接针对故事本身进行提问，主要问的是"4W"，即 When（时间）、Who（人物）、Where（地点）、What（发生了什么事情）。例

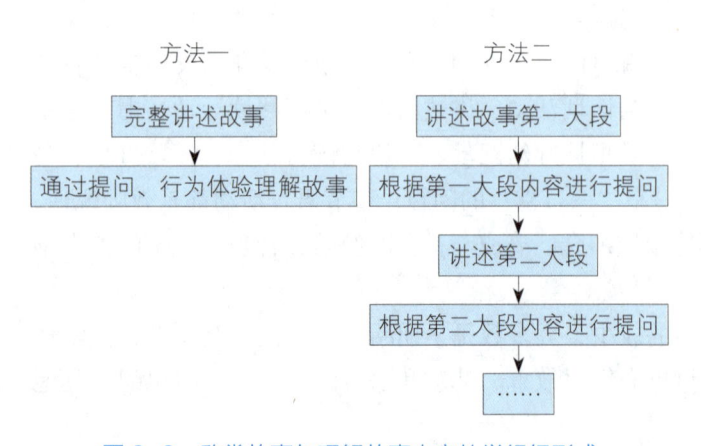

图 3-2 欣赏故事与理解故事内容教学组织形式

如，故事里都有谁？他们做了什么事情？发生了什么事情？

（2）问故事发展。问故事发展是指教师根据故事情节的发展走向向幼儿提出问题，请幼儿大胆猜测故事后续发生了什么事情。例如，小兔子之后有没有躲过大灰狼呢？小猪们是否安全了呢？

（3）问故事内涵。问故事内涵是指教师通过提问，使幼儿更深刻地理解故事中人物的特征、思想变化等。例如，狐狸现在的心情怎么样？你是怎样看出来的？你觉得狐狸是一个什么样的人？你认为什么是快乐？

（4）问故事意义。问故事意义是指教师对幼儿提出更深层次的问题，帮助幼儿理解故事的教育意义，也就是故事的中心思想。例如，故事告诉我们什么道理？你学到了什么？你有什么样的体会？

（5）问语言表达。问语言表达是语言活动特有的提问，旨在帮助幼儿理解文学语言的表达艺术，一般是对幼儿难以理解的词、句进行提问，也可以是对故事中一些特殊的语言表达进行提问。例如，故事的名字为什么叫《狐狸爸爸鸭儿子》呢？狐狸怎么会是鸭子的爸爸呢？这两个提问就是让幼儿理解故事名字的趣味性与合理性。再如，"狐狸找到犰狳说……"这句话中的"犰狳"就是小朋友不理解的词语，教师可以问"你们认识犰狳吗？"然后可以提供图片供小朋友观察。

除了提问，还可以使用动作体验的方法对故事进行理解，对于小、中班的幼儿来说，他们理解较为抽象语言的能力有限，教师可以采取让幼儿学一学、动一动的方式，加强对故事内容、语言表达的理解。例如，在讲《狐假虎威》的故事时，可以请小朋友学一学老虎、狐狸的动作和神态，在环节设计中请小朋友学一学"盛气凌人"是什么样子的。

第四步，迁移作品经验。围绕故事的中心思想进行讨论，结合幼儿的年龄特点和生活经验，把故事中的情感、中心思想或是文学表达方法等运用到生活中。第四步可根据作品的内容、中心思想和教学目标而自主确定，是否设计该环节，该环节如何组织，都不做强制性要求。

迁移作品经验有以下途径和方法。其一，运用故事中的词语或句型仿编故事情节。例如，故事中的句型结构是"在森林里……，突然好听的音乐传到……（谁）的耳朵里，……（发生了什么事情）"，教师可以请小朋友按照这个句型为故事继续仿编出更多的情节。其二，合理想象，续编故事结尾。例如，在《姜饼人》的故事结尾只剩下狐狸和姜饼人了，之后会发生什么样的故事呢？其三，大胆想象，创编故事情节。例如，在《会飞的抱抱》的结尾处，猪奶奶给了邮差一个拥抱后，故事就结束了。教师可以让幼儿大胆想象"这个拥抱能否成功寄给小猪呢？""中间又会发生什么故事呢？"教师可以让幼儿通过绘画的方式进行创编，然后把幼儿创编的故事汇集成册，编成一本新的故事书。

第五步：结束环节。在这一环节中，教师总结、提升幼儿的各种经验，包括阅读的经验、生活的经验等，此环节语言不必过多，能够起到活动"点睛之笔"的作用即可。

3. 各年龄班的发展特点

各年龄班欣赏故事的发展特点如表3-14所示。

表3-14 各年龄班欣赏故事的发展特点

小班	中班	大班
1. 喜欢听成人讲故事 2. 能够在教师的帮助和提示下复述较为短小的故事 3. 对词意的理解比较表面化和具体化	1. 能够听懂一段话的意思 2. 能理解故事的中心意思 3. 从需要教师帮助逐渐过渡到独立复述故事	1. 能理解较为复杂语句的含义 2. 能够欣赏优美的艺术语言 3. 能有顺序地、有表情地复述 4. 会仿编、创编诗歌和进行创造性讲述

大多数题目只有故事名称和内容，而没有提及年龄班，这就需要考生自行判断该内容属于哪个年龄班，然后才能拟定适宜的教学目标。怎么判断这个故事适合哪个年龄班呢？不同年龄班的幼儿适合不同类型的故事。

小班幼儿适合句子简短、篇幅较小、主题单一、情节简单、词句有反复重叠的故事，如《小熊请客》《一园青菜成了精》《三只熊》等。

中班幼儿适合富有生动形象的词汇和语句的故事，情节可稍复杂，如《猴子捞月亮》《好朋友》《和甘伯伯去游河》等。

大班幼儿适合情节曲折、人物情感丰富、想象力丰富、可具有浪漫主义或现实主义或超现实主义的故事，如《森林大熊》《一根羽毛也不能动》《大猩猩》等。

4. 真题解析

真题重现：

1. 题目：故事《借你一把伞》。
2. 内容：
（1）实施故事的教学活动。
（2）模拟为幼儿表演一段故事。

借你一把伞

下雨了，糟糕了，娜娜没有带伞，站在雨中。

小蚂蚁拿着小小的草叶走过来，说："借你一把伞。"娜娜拿着，小蚂蚁的伞真小啊，原来它是一片小树叶。它只能为小蚂蚁挡住雨水，对娜娜可没用。

青蛙拿着瓜的叶子跳过来，说："借你一把伞。"青蛙的伞是漏斗伞，因为小青蛙根本不怕下雨，娜娜可不能用这把伞。

小兔子蹦过来了，对着娜娜说："借你一把伞。"小兔子的伞会漏雨。哦……她的伞原来是有叶子的胡萝卜。

这时小山狸拿着芋头叶给娜娜，小山狸的伞是不是刚好呢？撑着撑着，啊，雨漏下来了，娜娜和小动物跑了起来。

大熊拿着大大的荷叶过来说："借你一把伞。"大熊的伞好大好重啊。娜娜可没有大熊的力气那么大，所以大熊的这把伞娜娜也不能用。

小狗强强拿着伞跑了过来，说："借你一把伞。"啊，那就是娜娜的伞嘛！是妈妈刚刚为娜娜买的小红伞。雨水打在伞上，发出叮咚叮咚的声音。娜娜高兴极了，说："这才是我的伞呢。"雨还在继续下着，娜娜和她的朋友们一起撑着伞排队走。还有谁没有伞吗？一起来吧！

3. 要求：
（1）模拟故事表演。表演内容从"小蚂蚁爬过来了，跟娜娜说……"到"大熊的这把伞娜娜也不能用"。普通话标准，语气、语调、动作、表情符合角色形象，有感染力。
（2）完整展示教育活动过程。

题目分析：

该故事来源于绘本《借你一把伞》，但在考题中只有文字部分，没有图画部分，因此考生结合文字部分进行教学设计即可。该故事主题单一，情节较为简单，但是篇幅较长，人物较多，而且故事送伞情节与每个小动物的特征相关。综合以上分析，教学活动适合中、大班幼儿。

题目要求展示教学过程，并进行故事表演，因此把故事表演设计在教学活动过程中为宜，这样的安排使得试讲环节紧凑、结构性强。

在备考时考生除了写教案以外，还要背熟需要表演的情节语句。怎样在短时间内背熟故事呢？建议考生使用思维导图法（图3-3）。

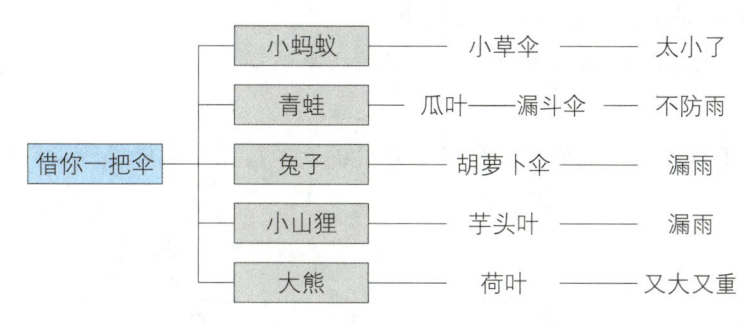

```
                ┌── 小蚂蚁 ── 小草伞 ──── 太小了
                ├── 青蛙  ── 瓜叶──漏斗伞── 不防雨
借你一把伞 ──────┼── 兔子  ── 胡萝卜伞 ─── 漏雨
                ├── 小山狸 ── 芋头叶 ──── 漏雨
                └── 大熊  ── 荷叶 ────── 又大又重
```

图3-3 《借你一把伞》故事背诵思维导图

教案设计：

【活动名称】

中班语言活动"借你一把伞"。

【活动目标】

1. 了解故事情节，理解故事语言的节奏美。
2. 能够通过思维导图方式厘理清故事发展脉络。
3. 体会帮助他人的快乐。

【活动重难点】

1. 重点：理解故事情节。
2. 难点：厘清故事发展脉络。

【活动准备】

1. 物质准备：故事插图。
2. 经验准备：已经认识故事中出现的小动物。

【活动过程】

一、引入活动，激发幼儿活动兴趣

1. 引导语："小朋友们，今天我们认识一位新朋友，她的名字叫娜娜，她和她的小伙伴们发生了什么事呢？"

2. 教师模拟雨滴的声音："滴答，滴答。""小朋友们，你们猜猜这是什么声音？""对啦，是下雨的声音，娜娜在雨中发生了什么事情呢？"

二、教师完整表演故事

三、讨论

1. 提问："刚才，你在故事中都听到了什么故事？""都有谁借给娜娜雨伞了呢？"帮助幼儿回忆故事情节。

2. 教师随着幼儿回答出示相应的动物图片。"对啦，在故事中有小蚂蚁、兔子、小山狸、大熊、青蛙，都借给娜娜伞了。"

3. 明确故事发展顺序。"小朋友能不能说一说，他们谁先借的伞，谁后借的伞呢？"

教师根据幼儿的回答正确排列动物的出场顺序。

4.讨论小动物的伞不适合娜娜的原因。

引导语:"既然这么多小动物都借给娜娜伞了,娜娜为什么不用呢?"

教师帮助幼儿回忆故事情节,找出每把伞的特征,以及不适合娜娜的原因。

教师随着幼儿说出原因,在每个动物的下方粘贴对应的符号。

5.引导幼儿观察思维导图,鼓励幼儿讲述故事。

引导语:"小朋友,谁能看着图试着讲一讲娜娜的故事呢?"

四、总结与延伸

提问:"好听的故事讲完了,你能为这个故事取个名字吗?""你觉得娜娜会顺利到家吗?还会发生什么事情呢?"

附思维导图:

图 3-4　教学用思维导图

(二)学儿歌类

儿歌是一个人最早接触的文学形式。儿歌的基本特点是词句简短、结构单纯、内容生动、想象丰富、有优美的节奏。儿歌的样式多样化,有摇篮曲、游戏歌、数数歌、问答歌、连锁调、绕口令、颠倒歌、字头歌、谜语等。

1.学儿歌类考情分析

儿歌类考题的抽中概率很高,也是考生需要重点准备的内容之一。通常来说,儿歌类考题考查考生朗诵、表演、演唱的技能,同时还可能兼顾考查美术技能,在教学能力上考查学儿歌、仿编儿歌的教学方法。下面的真题《小蚂蚁》就是既考查了表演技能,也考查了绘画技能。

1.题目:儿歌《小蚂蚁》。

2.内容:

(1)表演儿歌。

(2)模拟组织活动。

小蚂蚁

小蚂蚁,小蚂蚁。
见面碰碰小虎须。
你碰我,我碰你。

报告一个好消息。

齐步走，一二一。

大家一起去抬米。

3. 要求：

（1）为儿歌配画，使儿歌生动有趣。

（2）教授幼儿儿歌内容。

（3）以上内容在10分钟之内完成。

儿歌类考题有的规定年龄班，有的不规定年龄班。规定年龄班的题目，考生要严格按照题目要求进行教学活动设计；没有规定年龄班的考题，考生需要先分析儿歌适合哪个年龄班，然后再设计教学活动。儿歌《小蚂蚁》的真题就是没有规定年龄班的。

2. 儿歌类活动设计思路

儿歌类的教学活动一般考查怎样教会幼儿儿歌的内容，包括学习儿歌的语言、节奏、动作、表情、语气，另外考查利用儿歌进行仿编和创编。仿编通常是根据儿歌的语言节奏，仿照编写同样结构的语句，组成一首新的儿歌。创编包括看图创编儿歌和儿歌表演创编。

（1）学儿歌

第一步，引入活动，激发幼儿兴趣。在活动引入部分，采取多种方式营造气氛，如观看图片、玩游戏、猜谜语、创设情境等，只要与本节活动相关的内容都是可以的。

第二步，欣赏儿歌，初步感知儿歌内容。欣赏儿歌包括感受儿歌的语词、节奏和重音、动作与表情。教师通过声情并茂地朗诵儿歌让幼儿初步感受作品。教师在朗诵时，注意使用普通话、吐字清楚、发音准确，同时在朗诵时还要注意儿歌节奏的表现，让幼儿通过欣赏儿歌感受儿歌的节律性。

第三步，理解儿歌。理解儿歌包括对内容的理解和对儿歌文学形式的理解。对儿歌内容的理解包含理解基本的词语和句式、基本内容；对儿歌文学形式的理解包含理解儿歌独特的节奏感，以及儿歌中表现的童趣。在理解儿歌这个部分，教师可以通过提问的方式理解儿歌内容，也可以通过观看图片的方式理解儿歌的童趣和优美意境，还可以通过朗诵诗文体会作品的节奏感。

第四步，练习儿歌。在练习儿歌环节，教师可以采用多种有趣的组织方式，切忌机械式的简单训练。教师可以采取完整跟读、分句跟读、边做动作边朗诵儿歌、小组合作朗诵、轮唱式跟读等方法。总之，教师的组织方法要灵活多样，既能教会幼儿儿歌，又能不失游戏性。

第五步，结束活动。结束活动的内容选择也要紧扣本次活动的内容，可以采用以儿歌为词的律动，也可以采用以儿歌为主题的游戏等。

（2）仿编儿歌

仿编儿歌是依照已有的儿歌形式进行模仿创编，要求在原句式结构、语言形式和主题的基础上展开想象，进行表达创作。仿编儿歌的教学活动应当在学儿歌的活动之后，因为在学儿歌的活动中，幼儿能够详尽了解儿歌的风格、结构、语言形式，便于之后的仿编活动。常见的仿编儿歌形式有固定句式编内容和固定节奏编内容两种。

固定句式编内容举例：

家

蓝蓝的天是白云的家，

密密的树林是小鸟的家，

绿绿的草地是小鸟的家，
清清的河水是小鱼的家，
红红的花儿是蝴蝶的家，
快乐的幼儿园是小朋友的家。

这首儿歌的句式结构是"……（什么样的什么）是……（谁）的家"，在仿编的时候就是用这个固定句式创编。在创编中还要注意主语与宾语的关系，如"蓝蓝的天"之所以是"白云"的家，是因为白云在天空中；"清清的河水"之所以是"小鱼"的家，是因为小鱼生活在水里。

固定节奏编内容举例：

×× ×× ×× ×
小鸡 小鸡 叽叽 叫，
小鸭 小鸭 嘎嘎 叫，
……

这首儿歌的固定节奏是"×× ×× ×× ×"，小朋友仿编的儿歌需要符合该节奏，朗读起来节奏感较强。

（3）创编儿歌

创编儿歌是幼儿根据一种主题素材自主编写儿歌。创编儿歌是面试中很常见的考查形式，大部分的考题是根据一幅或几幅儿童画所体现的主题编写儿歌。创编儿歌类型包括实物创编、故事创编和情境创编。

实物创编儿歌是指利用生活中常见的物品、食物的形状、颜色、功能等创编儿歌，如水果、家电、蔬菜等。例如，西瓜西瓜圆又圆，红瓤黑子在里面，咔嚓一下切开它，吃到嘴里滋滋甜。

故事创编儿歌是指借助故事、图书等，在理解其内容、情节的基础上概括创编儿歌。故事创编儿歌的教学活动必须在讲故事的教学活动之后，是因为儿歌创编是建立在对故事深入了解的基础之上的。例如，以《借你一把伞》为素材创编儿歌。

哗啦啦，下雨了，
娜娜没伞，着急了。
小蚂蚁，走过来，
拿个小草当小伞。
小青蛙，漏斗伞，
淋湿身上也不怕。
小兔子，蹦蹦跳，
胡萝卜，当小伞。
小花狸，跑过来，
芋头叶，当小伞。
大熊过来拿着伞，
荷叶笨重拿不动。
小狗强强来送伞，
撑起伞来往家走。
雨点滴答叮叮咚。
好朋友们拉着手。

情境创编儿歌是指在参与活动或者创设活动情境后创编儿歌，可以有拟人化的创编和游戏化的创编。情境创编对于幼儿来讲难度较大，教师可以引导幼儿提炼活动的时间、地点、人物，然后创编活动情境，最后表达自己的情感体验。

3. 各年龄班的发展特点

各年龄班学儿歌的发展特点如表 3-15 所示。

表 3-15 各年龄班学儿歌的发展特点

小班	中班	大班
1. 愿意跟读儿歌 2. 简单的动作能够帮助幼儿更好地记忆和理解儿歌	1. 能够感受儿歌的韵律美 2. 朗诵儿歌富有感情 3. 能够学习和仿编诗歌	1. 仿编、创编诗歌，并能进行创造性的讲述 2. 朗诵儿歌表情生动，并能进行表演

考题中的儿歌有可能没有规定年龄范围，需要考生根据各年龄班的发展特点判断儿歌适合哪个年龄班。下面对适合小、中、大班儿歌的特点进行总结。

适合小班幼儿的儿歌比较简短，每一句不超过 10 个字；儿歌押韵、节奏感强；与幼儿生活息息相关。例如：

洗 手

哗哗流水清又清，
洗洗小手讲卫生，
伸出手儿比一比，
看谁洗得最干净。

适合中班幼儿的儿歌比小班幼儿的长一些，但一般不超过 8 句；语言节奏多变；儿歌内容更具有童趣和想象力。例如：

伞

下雨了，下雨了，
快快撑开美丽的伞。
红红的花朵是蜜蜂的伞，
黄黄的树叶是蚂蚁的伞，
绿绿的荷叶是青蛙的伞，
白色的蘑菇是小兔的伞。
下雨了，下雨了，
大家都有一把伞。

适合大班幼儿的儿歌长度比中班幼儿的略长；类型也更加丰富，比如有绕口令等；内容更加丰富，信息量较大；使用更多的夸张、拟人、比喻的手法。例如：

圆圆和圈圈

郑春华

有个圆圆，
爱画圈圈，
大圈像太阳，

小圈像雨点。
晚上,圆圆睡了,
圈圈想圆圆,
悄悄地,慢慢地,
滚进圆圆的梦里面——
一会儿变摇鼓,
逗着圆圆玩;
一会儿变气球,
围着圆圆转;
……
圆圆睡醒了,
圈圈眨眨眼,
变成大苹果,
躲在枕头边。

4. 真题解析

真题重现:

1. 题目:儿歌《夏夜》。

2. 内容:

(1)为儿歌配图。

(2)展示一节教育活动过程。

夏 夜

露珠在荷叶上睡觉,
星星在天空中睡觉,
宝宝在小床上睡觉。
露珠的梦是绿的,
星星的梦是亮的,
宝宝的梦是甜的。

3. 要求:

(1)为儿歌配图。根据儿歌内容画插图,插图符合儿歌的意境、造型生动、富有童趣,便于幼儿理解。

(2)设计一节 5~6 岁幼儿的教学活动。

题目分析:

该题目是学习儿歌的教学内容,明确规定是"5~6 岁"幼儿的教学活动,因此,教学目标和过程的设计要符合大班幼儿的年龄特点。题目还要求考生进行诗歌配图,配图可在备考室内完成。

教案设计:

【活动名称】

大班语言活动"夏夜"。

【活动目标】
1. 感受儿歌的韵律美，体会儿歌的句式结构。
2. 尝试按"谁在哪睡觉，谁的梦是什么样的"的句式创编儿歌。
3. 通过小组学习的方式，体验互助、分享的快乐。

【活动重难点】
1. 重点：体会儿歌的句式结构。
2. 难点：按照句式结构创编儿歌。

【活动准备】
1. 物质准备：绘画一幅，句式结构图，音乐。
2. 经验准备：有夏季夜晚的体验。

【活动过程】
一、引入环节
引导语："小朋友们，请你们仔细听听这一首小诗。"
"荷花塘，荷花香，鱼儿欢跳捉迷藏。
小青蛙，呱呱唱，坐在荷叶乘风凉。
花蜻蜓，来拍照，拍了很多真漂亮。"
"猜猜是什么季节？""对了，是一首关于夏天的小诗，你们见过夏天的夜晚吗？"

二、教师完整朗诵诗歌

三、诗歌分析
提问："刚才你在诗歌里听到了什么？""用什么样的语言描述的？""你有什么样的感觉？"

四、集体朗诵诗歌
引导语："我们小朋友刚才说了，你觉得这个诗歌很优美，并且感觉静静的，所以，我们在朗诵的时候声音要轻柔，但是也要吐字清晰。"

五、创编诗歌
提问："诗歌的句子有什么规律？""前三句和后三句有怎样的关系？""你还能按照诗歌的韵律怎样创编诗歌？"
引导语："请小朋友分成小组，每个小组编一首诗歌，要求一首诗歌有六句，结构模仿《夏夜》。"

六、诗歌朗诵会
引导语："小朋友们都创编完了，下面我们举办一场诗歌朗诵会，展示各组的创编成果吧！"

（三）听说游戏类

1. 听说游戏考情分析

近几年的考题呈现"游戏化"的趋势，题目往往写成"游戏《×××》"，考生拿到题目后经常会感觉束手无措，缺少应对策略，最终导致通过率较低的情况。

在应对听说游戏类考题时，对于考生最大的挑战就是判断考题属于哪一个领域（因为游戏类考题通常不明确规定领域，需要考生自行判断）。听说游戏是用游戏的方式组织语言教育活动，这种特殊形式的语言教育活动含有较多的规则游戏的成分，能够较好地吸引幼儿参与到学习语言的活动中去，并在积极愉快的活动中完成语言学习的任务。总结来说，听说游戏也是教学活动，可以按照教学活动的流程与方式进行教案准备。它的独特之处在于体现规则游戏的特点，即游戏具有明确的玩法与规则。听说游戏包含以下特点。

第一，听说游戏包含语言教育目标。每一个听说游戏都包含对幼儿语言学习的具体要求，因此考生在复习时务必按照一节完整的教学活动进行准备。听说游戏包含的教育目标有一定的特殊之处：听说游戏目标具有具体的特点，如区分 z、c、s 和 zh、ch、sh 的发音，教师通过游戏设置学习卷舌音的发音技巧；听说游戏目标具有练习的特点，游戏往往不对幼儿提出某个新的语言学习任务，而是通过游戏复习已学的内容；听说游戏目标具有含蓄的特点，与其他语言教学活动相比，听说游戏将教育目标贯穿在游戏活动之中，让幼儿在边听边说边玩的过程中完成学习目标。

第二，听说游戏将语言学习的重点内容转化为一定的游戏规则。只要是听说游戏都属于规则游戏，都有特定的游戏规则，游戏规则体现教学目标。听说游戏根据规则划分，可分为有竞赛性质的游戏和无竞赛性质的游戏。

第三，在活动组织中有逐步加强游戏的成分。在此类活动的引入部分，仍是与其他语言活动组织形式一致，经过介绍游戏规则、组织游戏开展，最后以游戏方式结束。

听说游戏的种类包括：第一，练习听力的游戏。这类游戏能培养幼儿分辨各种大小、强弱等不同性质的声音，发展幼儿的听觉，提高其辨音能力。第二，练习正确发音的游戏。这类游戏把几个难发的音同时组织到一个游戏中，游戏的内容、规则和过程需根据不同年龄的特点来确定。第三，练习正确使用词汇的游戏。这类游戏能训练幼儿反义词、近义词、礼貌用语、方位词等各类词汇在语言中的运用。第四，练习口语表达能力的游戏。这类游戏能培养幼儿使用固定句式造句、词语接龙等的能力。第五，游戏性儿歌。游戏性儿歌是配合游戏内容或动作而编写的儿歌，一般都是幼儿在游戏过程中边说边做，使游戏富有节奏感，如"你拍一，我拍一，一个小孩开飞机……"

2. 听说游戏活动设计思路

第一步，引入活动，激发幼儿的兴趣。可以使用多种方式营造活动氛围，如看图片、猜谜语、创设情境等。

第二步，交代游戏规则。在讲解游戏规则环节，教师可以通过语言解释和动作示范相结合的方式，告知幼儿游戏的基本规则、步骤和要求。教师应使用幼儿易于理解的语言，对于难以理解的部分可以使用动作示范、画图等方式辅助。

第三步，教师组织幼儿游戏。教师组织幼儿游戏是以教师为主导的游戏过程，教师常用的组织游戏方法有分组轮换法、示范游戏结合法。分组轮换法是把幼儿分成两个大组，一组先和教师一起游戏，另一组观察游戏的规则，然后两组轮换。轮换法的优点是幼儿以观察者的身份能够更清楚地了解游戏规则。示范游戏结合法是指教师边带着幼儿游戏边强调游戏的规则与方法，这个方法适用于规则较为复杂的游戏。

第四步，幼儿自主游戏。在这一环节，幼儿已经充分地了解了游戏的规则，幼儿成为本环节的主体。教师在旁边进行观察，会发现在游戏中幼儿出现的诸类问题，如幼儿间的冲突、违反游戏规则等。教师在观察中还要起到激励幼儿的作用，进一步激发幼儿的兴趣。

第五步，结束环节。教师根据前面游戏的情况进行简短的总结，然后自然结束游戏活动即可。

3. 各年龄班的发展特点

各年龄班听说游戏的发展特点如表 3-16 所示。

表 3-16　各年龄班听说游戏的发展特点

小班	中班	大班
1. 个别发音不够准确 2. 不能用完整语句表达 3. 对动词的理解是与具体动作联系的，对名词的理解是依靠具体实物的	1. 词汇的掌握数量迅速增加 2. 能够掌握名词、动词、形容词、数量词、人称代词。有些幼儿还能在后期掌握一些虚词 3. 能够使用简单句表达，语言逐渐连贯	1. 能够清楚地发出母语的全部语音 2. 能够听懂更多较为复杂的句子 3. 能够使用介词、连接词表达因果、转折、假设的句子 4. 使用复合句式越来越多 5. 能够描述事件的发展顺序

4. 真题解析

真题重现：

1. 题目：游戏《猜猜我是谁》。
2. 内容：
（1）组织 3~4 岁幼儿开展游戏。
（2）在 10 分钟内完成。

题目分析：

通过题目可知教学活动属于游戏类，没有提及属于哪个领域，这就要考验考生平时的总结与积累了。《猜猜我是谁》是小班常见的听说游戏，如果在考试中能够准确判断出该题目是语言领域类游戏，那么通过考试的概率很大。万一不知道这个游戏的考生，也需要回想平时的教案积累，在短时间内设计一个名为《猜猜我是谁》的游戏，只要内容合理、目标适宜，也是可以通过考试的。

教案设计：

【活动名称】

小班语言活动"猜猜我是谁"。

【活动目标】

1. 能够辨别不同的声音。
2. 遵守游戏中保持安静的规则。
3. 喜欢参与听说游戏。

【活动准备】

1. 物质准备：儿童用眼罩一副、动物手偶（这个手偶是经常当作教学用具的，幼儿比较熟悉）、遮挡布帘。
2. 经验准备：知道全班小朋友的名字。

【活动过程】

一、引入活动

教师在遮挡布帘后持手偶，说："小朋友们，你们猜猜我是谁啊？"

引导语："你们怎么猜对的呢？"

二、介绍游戏规则

引导语："今天我们一起玩一个好玩的游戏，叫作《猜猜我是谁》，每次请一名幼儿坐在全班最前面的椅子上，头戴眼罩。老师任意指一位小朋友，前去猜的小朋友背后，说'猜猜我是谁？'猜的小朋友可以与这名幼儿对话一次，如果猜不出来，可以请猜的幼儿表演节目，如果猜出来了，就换人继续游戏。"

三、教师组织游戏

1. 提出游戏要求:"第一,当游戏的时候,其他小朋友要保持安静,这样能够让猜的小朋友听清楚是谁在和他说话。第二,其他的小朋友不能告诉猜的人哦。"

2. 引导语:"谁愿意来当猜的小朋友?"

教师根据情况随机选择一名幼儿,并给他戴上眼罩。教师随机指一名幼儿来拍拍猜的人的肩膀。

3. 当猜的人猜对了,就请下一位小朋友当猜的人。如果猜的人没猜对,就请他表演节目。

引导语:"刚才你是怎样猜出来的呢?"引导幼儿知道通过不同的声音辨别。

4. 游戏反复三次。

四、幼儿自主游戏

请上一轮猜的小朋友选择下一轮猜的小朋友,并为他蒙上眼罩。

游戏根据时间可反复数次。每次猜的时候教师都要问"你是怎样猜出来的?"

五、结束活动

引导语:"小朋友们,今天我们玩了什么游戏?""你们是怎样猜出小朋友的名字的呢?"

三、社会领域

学前儿童社会教育是以发展儿童的社会性为主要目标,以增进儿童的社会认知、激发社会情感、引导社会行为为主要内容的教育。学前儿童社会教育的内容分为自我意识、人际交往和社会学习三个方面。自我意识包括自我认识、自我体验和自我调控三个方面;人际交往包括同伴关系、亲社会行为和攻击性行为三个方面;社会学习包括社会规则与行为规范、社会环境、社会角色、社会文化的认知四个方面。

(一)自我意识

自我意识是指对自己以及自己与客观世界关系的一种意识,包括自我认识、自我体验和自我调控。自我认识包括自我概念和自我评价。自我概念是对自己的认识,包括对身高、体重、性别等的认识。自我评价是对自己的评价、价值判断等。自我体验是个体对自己持有的一种态度,包括自尊、自信等。自我调控是对自己的思想、情感和行为的调节和控制,包括独立、自主、坚持性等。

1. 自我意识类考情分析

纵观近几年考题,社会领域的考题都是以"游戏"形式出现的,题目中往往没有提到"社会"二字,导致许多考生领域判断错误,游戏组织不当。但其实在幼儿园的真实教学情境中,自我意识类的社会活动非常多见,因此考生在复习的时候也要全面准备。

2. 自我意识类活动设计思路

第一步,引入活动,创设情境。在本环节,教师从幼儿的经验出发,通过观看图片、情境表演的方式引入活动。

第二步,提出讨论问题,引导幼儿在讨论中认识自己。通过与幼儿的讨论,可以让幼儿不断提升对自己的认识。

第三步,情境实践游戏。在本环节以游戏的形式进一步认识自己,这样的方式更具有直观性,幼儿便于理解。另外,既然是游戏,就要体现本环节的游戏性,一般以规则性游戏为主要组织形式。

第四步，结束环节。在本环节，教师做简单的归纳总结，升华已有经验。

3. 各年龄班的发展特点

各年龄班自我意识的发展特点如表3-17所示。

表3-17 各年龄班自我意识的发展特点

小班	中班	大班
1.认识自己身体各部位的特征和作用 2.知道自己的姓名、性别、年龄 3.知道自己的需求、喜好、意愿、想法、简单的情绪	1.能够了解自己与同伴的异同 2.开始尝试自我评价 3.计划性、坚持性有所增加 4.尝试调控自己的情绪和言行	1.客观地评价自己和他人 2.展示自己的长处，获得自尊心和自信心 3.逐渐学会独立解决各种困难和冲突 4.更好地调控自己的情绪和言行

4. 真题解析

真题重现：

1.题目：游戏《我长大了》。

2.内容：

（1）设计2个情境游戏。

（2）制作一件教具。

3.要求：

（1）设计4~5岁幼儿的游戏。

（2）10分钟之内完成。

题目分析：

该题目要求是根据"我长大了"主题设计2个情境游戏，并规定年龄段为4~5岁的中班幼儿。从题面上来看，没有明确规定游戏的领域，需要考生进行判断。通过主题，能够分析出这是一道社会领域的考题。

还曾出现过一道考题"游戏《克服恐惧》"，这道考题的迷惑性很大，考生不易辨别领域，有可能是体育、健康，或者是社会。对于这类不易辨别领域的考题，考生要背熟《指南》和《纲要》，保证迅速准确地判断出来。

教案设计：

【活动名称】

中班社会活动"我长大了"。

【活动目标】

1.通过游戏，感受自己的成长，懂得自己长大了。

2.能够用较为完整的语句表达。

3.通过游戏体验长大的快乐。

【活动重难点】

1.重点：能够认识到自己长大后的身体变化。

2.难点：能够通过照片、实物等具体形象知道长大后的变化。

【活动准备】

1.物质准备：幼儿在小班时期的照片、衣物。

2.经验准备：幼儿熟悉自己好朋友的外貌特征。

【活动过程】

一、引入活动

引导语："小朋友们，你在班里有好朋友吗？他们小的时候是什么样子的呢？""今天我们一起玩一个游戏，通过照片来找一找你的好朋友。"

二、游戏1：看照片，找朋友

教师展示一些小朋友的照片，让大家猜猜这是谁。

引导语："你们怎样猜出来的呢？""长大了以后，他有什么变化？"

三、游戏2：观察去年穿的衣物，意识到自己长高了

教师拿出一些幼儿在小班时期穿着的服装，请小朋友找一找哪件是自己曾经穿过的衣服，并让幼儿试穿，问："这些衣服还能穿吗？""你们都有什么变化呢？"

四、总结

引导语："升入到中班，小朋友们都长高了，长胖了，比原来都长大了一岁。"

引导语："小朋友们，我们已经升入中班了，已经成为小班小朋友的哥哥姐姐了。你们比小班的时候又多了很多的本领，这些本领和老师、家长的帮助是分不开的。"

（二）人际交往

对幼儿进行的人际交往教育的主要内容包括：了解、认识父母长辈、老师、同伴及其他社会成员；学会同情、关心他人，发展对父母长辈、老师及同伴的爱；能积极与他人交往，学会礼貌待人，与他人友好相处，乐意与同伴共同游戏、活动，发展合作、分享、互助、轮流、等待、谦让等亲社会行为；有解决冲突的策略。

1. 人际交往类考情分析

在社会领域的面试考题里，人际交往类的题目非常多，抽中的概率较大，考生要进行细致的准备。这类考题的呈现方式仍然是"游戏"，如"组织促进幼儿合作能力的游戏""设计如何解决矛盾冲突"等，不管是以什么样的形式出现，按照一节的教学活动准备即可。

2. 人际交往类活动设计思路

第一步，引入活动，创设活动情境。通过情境模拟、观看视频或图片等方式引发幼儿的兴趣和思考。

第二步，通过讨论，分享观点。结合第一步的情境、视频或图片，教师有针对性地提出问题，进一步引发幼儿思考，并结合自己的经验和感受进行讨论。

第三步，游戏体验。教师通过"设置问题情境，幼儿运用问题解决策略模拟情境"的方法实践在上一环节的讨论结果，强化已有的认知。

第四步，结束活动。教师总结在游戏中幼儿获得的经验。

3. 各年龄班的发展特点

各年龄班人际交往的发展特点如表3-18所示。

表3-18　各年龄班人际交往的发展特点

类型	小班	中班	大班
同伴关系	1.依赖父母和家人，对同伴的需要还不明显 2.和同伴一起游戏时处于平行游戏阶段 3.能够使用简单的礼貌用语	1.喜欢玩角色游戏 2.人际关系交往开始冲破亲子和师生关系，向同伴交往过渡 3.能够使用礼貌用语与他人交往 4.在成人的帮助下解决同伴间冲突	1.具有更多的同伴交往行为 2.形成比较固定的伙伴团体 3.能够自己解决同伴间冲突
亲社会行为	1.不能理解合作的真正意义 2.仍以自我为中心，不会、不愿把自己的物品与他人分享 3.能够感受他人的焦虑心情，产生同情、助人的意念 4.没有助人的观念，助人行为在没有强化下很快消退	1.联合游戏为主，没有真正的合作行为 2.具有一定的分享意识，在教师引导下能够与他人分享 3.能够产生对他人的同理心，给予需要帮助的人以帮助 4.助人观念初步形成，助人意识发展快于助人行为发展	1.能开展有目的、有组织的合作游戏 2.具有主动分享的行为，但分享有一定的偏好和选择性 3.能分辨善恶是非，不随便对他人或物施以同情 4.能够识别他人的情绪，并提供帮助
攻击性行为	身体攻击较多，多以"工具性攻击"为主，其目的是争夺玩具	1.身体攻击减少，言语攻击增多 2.从"工具性攻击"逐渐向"敌意性攻击"转化	"敌意性攻击"的对象直接指向人

4. 真题解析

真题重现：

1.题目：《解决幼儿矛盾》。

2.内容：

当两个小朋友因为争夺玩具发生攻击性行为后，请设计解决方法。

3.要求：在10分钟内完成。

题目分析：

虽然在题目中没有规定领域，但是很容易判断出是社会领域的教学活动。本题的难点在于题目是《解决幼儿矛盾》，这看起来不像是一节教学活动，也不是一个社会类的游戏，考生在备考的时候感到很迷惑，不知怎样写教案，导致在考试中失利。其实只要把它当成一节教学活动准备即可，从目标入手然后写出解决矛盾冲突的过程就可以了。

在本书结构化提问（第二章第二节的教育策略类）的讲解中，真题"儿童独霸玩具怎么办？"的解析中提示了，请参看那部分内容。下面介绍High Scope（高瞻课程）的冲突解决策略，请考生务必背熟。

教案设计：

【活动名称】

中班社会活动"解决幼儿矛盾"。

【活动目标】

1.认知自己的情绪，学习矛盾解决冲突的策略。

2.能够用语言表达自己的情绪、想法。

3.建立矛盾冲突可通过协商解决的意识。

【活动准备】

1.物质准备：类似轮盘、转盘类的玩具。

2. 经验准备：幼儿会"石头剪刀布"的游戏。

【活动过程】

一、制止伤害，分开有冲突的幼儿

在第一步，教师首先要分开有冲突的幼儿，防止发生进一步的伤害。

二、教师安抚幼儿情绪

在第二步，教师尝试安抚幼儿的情绪，等待幼儿情绪稳定后再开始解决矛盾冲突。在本环节教师需要做两件事情：共情和情绪表达。

共情是指教师能够体验幼儿的内心世界，理解他的情绪。教师可以使用"我知道你很伤心""你很难过，一定有什么事情让你难过""我曾经也像你一样"的语言尝试安抚幼儿的情绪。切忌说"没关系，没什么可哭的""就是一个玩具，一会老师再给你找一个""别哭了，老师不喜欢哭的孩子"这样"劝不哭"的语言，这会让幼儿感觉到自己的情绪不被他人理解，情绪更加激动而拒绝后续的交流。

共情后就是让幼儿表达情绪。情绪表达是指让幼儿把自己的情绪感受用语言表达出来。教师可以使用"你生气了，把情绪说出来"的引导语。帮助幼儿表达情绪是让幼儿能够正确认知自己的情绪，而后能够接纳、处理自己的情绪。

三、收集信息和同理心的构建

待幼儿情绪稳定后，教师可以开始帮助幼儿解决冲突，在这一环节教师需要做的是收集信息和同理心构建。

收集信息是指教师通过询问幼儿事件发生的经过，收集幼儿发生冲突的原因。建议教师使用"发生什么事情了""是什么事情让你难过/生气/……""你知道是怎么回事吗"的语言向幼儿进行提问。需要注意的是，教师不能因已经目睹了事件发生的过程而减少或忽略此过程，此环节是为了让幼儿回忆、梳理、组织语言并表达事件的发生与发展，能锻炼幼儿的思维能力和语言表达能力。

在倾听幼儿的过程中，教师要做好同理心构建。所谓同理心构建，就是让幼儿感觉到教师能够感觉到自己的情绪和情感。教师需要做的是重复幼儿的话，但这个重复并不是"复读机式"的简单重复，而是在重复中表示自己正在认真倾听，同时这也是在帮助发生冲突的幼儿互相理解意图。

例如：

轩轩：刚才，刚才，他抢我的玩具。

教师：哦，亮亮抢了你的玩具。

亮亮：不是，我没抢他玩具。

（以上三句是教师对轩轩的话进行了同理心构建，在重复幼儿话的时候，也让亮亮知道了轩轩的想法，而后亮亮反驳了轩轩的话）

教师：哦？亮亮，那你说说是怎么回事？

亮亮：是我先玩的，他抢我的玩具。

教师：你认为是轩轩抢了你的玩具？轩轩是这样的吗？

轩轩：是亮亮抢我的。

（这是两位幼儿对事件的不同理解，都认为是对方抢了自己的玩具，教师要帮助幼儿还原事件的发生过程）

教师：别着急，咱们一起回忆一下。一开始是谁拿着玩具？

亮亮：是我先玩的，然后轩轩过来把我的玩具抢走了，然后我又抢回来了。

教师：哦，那就是亮亮先拿的玩具，然后轩轩抢过来，你又抢回去。轩轩，是这样的吗？

轩轩：嗯。

（教师通过和幼儿还原事件过程，让两位幼儿都能认可事件发生的经过）

四、问题确认

在上一环节中已经收集了冲突事件发生的过程，由于幼儿的表达能力有限，教师还需要帮助幼儿再次确认问题，把众多事件进行总结归纳后，确认冲突的关键所在，教师可以使用"所以问题是……"这类的语句。

五、提出解决方案

在本环节，教师不宜直接提出解决方案，而应先让幼儿思考解决方案。教师引导语为"你们觉得这个问题应该如何解决呢？""你们有解决问题的办法吗？"教师让幼儿提出问题解决方案的目的是锻炼幼儿的思维与语言表达能力，同时通过思考积累冲突解决的策略。

当年龄较小的幼儿不能自己提出解决方案时，教师需不断提出解决方案供幼儿选择，帮助幼儿学习遇到问题是要寻找策略来解决问题的。

常见的冲突解决策略有：通过转轮盘的方式学习轮换的策略，通过"石头剪刀布"的方式积累游戏顺序的策略。

六、提供后续支持，确保策略获得执行

当幼儿提出解决策略并得到双方同意后，教师还要提供对策略解决的后续支持，确保策略能够执行。因为在策略执行过程中，幼儿可能还会出现新的问题，教师需要再次介入并予以指导，直至冲突全部解决。

（三）社会学习

社会学习是指幼儿在参与社会活动的过程中形成的对社会的了解与认知，以及由此形成的对社会的积极情感和良好的社会行为。对幼儿进行社会学习教育的目的是促进幼儿初步了解与认知基本的社会规则、社会环境、社会角色以及社会文化等简单的、主要的社会生活常识；萌发爱集体、爱家乡、爱祖国等积极情感；学会遵守基本的社会行为规范与文明行为规范，爱护公物和环境，发展良好的品德行为，增强社会适应能力。

1. 社会学习类考情分析

纵观近几年考题，社会学习类题目多次以设计游戏活动的形式呈现，多是让考生设计 2~3 个游戏情境，以促进幼儿某种能力的发展。虽然是一道题，但是因为要呈现 2~3 个游戏内容，所以就是要准备同一目标的 2~3 个小教案，共同组成一个完整的教案。因此，考生在备考的时候要全面思考、书写迅速。下面是一个考试真题案例，可以看出题目简单明了，考查教学设计的同时还考查手工制作技巧。

1. 题目：《用报纸玩角色游戏》。

2. 内容：

（1）使用报纸做围裙和领结分别扮演爸爸和妈妈。

（2）设计 2 个角色游戏。

3. 要求：

（1）使用报纸制作游戏材料。

（2）10 分钟之内完成。

社会领域教育活动的内容大致可分为认识社会环境、体验社会角色、遵守社会规则、感受社会文化四个部分，近几年以体验社会角色为主要考点，如娃娃家游戏、超市游戏等。在复习时以体验社会角色游戏活动组织为主，其他为辅。在复习时间充裕、精力允许的情况下，不分主次，统统复习最好。

2. 社会学习类活动设计思路

（1）体验社会角色游戏

体验社会角色主要是通过参观、模拟情境等方式帮助幼儿了解不同社会角色的行为模式和职业特点，引导幼儿体会劳动者的辛苦，培养其角色认知能力。体验社会角色游戏的活动步骤如下。

第一步，引入活动，激发幼儿兴趣。教师创设情境，运用视频、图片、故事的方法激发幼儿参加活动的兴趣。

第二步，观察或回忆社会角色行为。根据角色游戏的内容，观察或回忆不同社会角色的特征与行为，如社会角色的服装、所需工具、语言、行为等。

第三步，讨论对社会角色的认识与理解。教师通过提问帮助幼儿梳理、整合生活中的经验，不仅形成对该社会角色的全面认知，而且辅助幼儿锻炼思维和语言表达能力。

第四步，做游戏体验社会角色行为。教师通过设置近似真实社会的游戏情境，尤其要准备丰富的游戏操作材料，帮助幼儿体验社会角色及其行为。在游戏中，教师应从社会角色行为角度启发幼儿不断拓展游戏向更加复杂的阶段发展，切实体验该角色在社会中的作用，加强对角色的深刻理解。

（2）认识社会环境游戏

认识社会环境主要是引导幼儿了解自己接触到的周围社会环境，这是幼儿作为社会个体适应社会生活的重要内容。让幼儿了解社会环境的物质环境和人文环境，如超市、菜市场、小学等，帮助幼儿了解社会环境对其成长的意义，为其适应社会生活奠定基础。认识社会环境一般通过参观、访问的方式开展，实地考察机构或场所的物质环境和人文环境，活动步骤如下。

第一步，为参访做出计划。教师组织幼儿通过讨论、书写、论证的方式制订适宜的参访计划。在制订计划时，首先应让幼儿通过观看图片、网络查询或前期考察等方式搜集该场所的资料信息，如地点、开放时间、场地大小、人员情况等，在了解基本情况的基础上，写上参观的目的、内容和方式等。

第二步，实地参访。按照小朋友们制订的计划开展参访活动。教师在参访之前要叮嘱幼儿熟悉参访的目的和内容，因为年龄较小的幼儿更容易被周围事物吸引，忘记了参访的目的和内容。在参访时，教师引导幼儿使用不同的方法记录观察的内容，教师也应鼓励幼儿大胆地访谈工作人员和其他访客（如超市的工作人员和顾客），以获得自己想要了解的信息。

第三步，总结分享参访感受。教师可以采用分组的形式让幼儿分享参访的收获。在分享时，教师可以采用以下集中方式进行组织：第一，展示不同的调查方法。各个小组在参访时使用了不同的调查方法，教师可以请使用不同调查方法的小组展示自己的结果。以组织幼儿参观超市为例，A组幼儿通过访谈店长得知该店铺的顾客来源是本小区的住户，B组幼儿通过观察发现小朋友最爱吃的零食都放在了比较方便拿取的位置，C组幼儿通过计数的方法发现在10分钟内有5个人买饮料，每个小组的幼儿使用了不同的调查方法都得到了自己想要调查的内容。小朋友可以通过讨论来分享调查方法的使用情况。第二，分享调查的结果。在参访之前，每个小组制订了参访计划，其中包括了目的和内容，因此每个小组的侧重内容并不相同，在参访之后分享结果十分重要。第三，分享参访经验。这部分内容也是参访后分享的重要内容,分享自己在参访中遇到了哪些困难,困难是怎样解决的,获得了哪些成功或失败的经验等。分享的经验能够让他们在之后的类似活动中运用经验解决问题,这在他们社会性发展上是难能可贵的宝贵经验。

(3) 遵守社会规则游戏

遵守社会规则游戏是让幼儿认识规则、遵守规则的教学活动。幼儿生来并不具备遵守规则的意识和能力,因此遵守社会规则必须通过教育的方式来实现。遵守社会规则的活动步骤如下。

第一步,引入活动,激发幼儿活动兴趣。在引入环节,教师可采用多种方式激发幼儿的好奇心和参与活动的兴趣,如观看图片或视频、朗诵儿歌、猜谜语等形式引出活动内容。

第二步,学习、认识社会规则。教师通过创设情境让幼儿学习社会规则的要求,可以结合不同的情境与幼儿讨论遵守规则的方法以及遵守规则的原因。

第三步,在游戏中体验社会规则。教师应创设与日常生活相类似的游戏情境,幼儿在游戏中体验规则和行为规范。如果创设情境受到场地等因素的限制,教师也可以提供图片供幼儿分析与讨论。

(4) 感受社会文化游戏

感受社会文化是帮助幼儿了解各种节日和民族文化,学会接纳和尊重多元文化,萌发爱祖国、爱家乡的情感。感受社会文化的活动步骤如下。

第一步,引入活动,激发幼儿活动兴趣。教师通过多种形式展开活动,如观看图片或视频、品尝民族食品、穿着民族服装等,激发幼儿参与活动的兴趣。

第二步,讨论社会文化特点。教师根据社会文化的特征预设提问,和幼儿一起讨论文化的特征,辨析、总结各文化的特征,如服饰特色、地域特点、饮食文化、生活习惯等。

第三步,体验社会文化。幼儿亲自体验社会文化,进一步加深对文化的理解。例如,在中秋节、元宵节制作月饼和元宵,学习不同民族的舞蹈,制作不同民族的服饰等。

3. 各年龄班的发展特点

各年龄班社会学习的发展特点如表3-19所示。

表3-19 各年龄班社会学习的发展特点

类型	小班	中班	大班
社会角色	了解自己家庭情况和家庭成员的职业	了解亲人的职业和该职业的特点	了解不同社会职业的角色以及和生活的关系
社会环境	熟悉幼儿园和班级的环境	能够开始理解周围的、常见的社会机构、设施	能够对社会中的机构设施感兴趣,并尝试了解与认识
社会规则	1. 了解班级常规,能在教师的引导下遵守规则 2. 了解简单的交通规则常识	1. 遵守基本的交通规则 2. 遵守公共卫生规则	能够遵守文明行为规范、社会道德规范
社会文化		1. 了解自己的家乡 2. 认识国旗,能唱国歌	开始了解世界其他国家、民族的文化

4. 真题解析

真题重现:

1. 题目:《娃娃家游戏》。

2. 内容：

设计不同的情境进行游戏。

3. 要求：在10分钟内完成。

题目分析：

从题目来看，表述简洁，信息较少。当考生拿到考题后先要判断考题为社会领域，正确判断领域，试讲就成功了一半，然后考生还要分析一下短小的题目中还有什么有效的信息。另一个信息就是设计"不同的"情境，也就是说，考生至少要设计两个情境才能达到这个要求。最后考生还要预设一个年龄班，因为各个年龄班的教学内容与要求不同。为了体现考生的专业性，最好几个情境适用于同一个年龄班。

教案设计：

【活动名称】

中班社会活动"娃娃家游戏"。

【活动目标】

1. 通过娃娃家游戏情境，萌发社会角色意识。

2. 通过游戏情境学习与他人交流的方法。

3. 在娃娃家游戏中感受游戏的快乐。

【活动重难点】

体会角色任务，萌发角色意识。

【活动准备】

娃娃家必备游戏材料、生日蛋糕模型、面粉、水、仿真娃娃。

【活动过程】

情境一：过生日

一、引入活动

引导语："小朋友们，今天是宝宝的生日，我们一起来为宝宝庆祝生日吧！我们需要做些什么呢？"

二、小朋友讨论

小朋友讨论过生日准备的材料、流程和人员。

总结："刚才小朋友们已经说了，过生日要准备生日蛋糕，还要请自己的好朋友，要唱生日歌，许三个愿望。"

引导语："爸爸妈妈应该做什么？客人应该做什么？宝宝应该做什么？""那我们就一起为宝宝开一个生日party吧！"

三、小朋友们一起为宝宝过生日

情境二：包饺子

一、引入活动

引导语："小朋友们，马上就要过年了，过年你们家里都吃什么啊？""对了，是饺子。今天娃娃家的小朋友就一起来做过年的饺子吧！"

二、和面

引导语："和面需要什么材料？""对了，要面粉和水，那我们一起尝试一下吧。在这之前，我们要先去洗手。"

小朋友感知和面的方法，体验面粉和水的关系。

三、擀皮

引导语："面已经和好了，怎么变成饺子呢？哪位小朋友指导呢？""哦，轩轩知道，他在家里和爸爸妈妈一起做过饺子，把面先做成剂子，然后团圆、压扁、擀成圆片。我们小朋友一起来试一试吧。"

四、包饺子

引导语："怎样把饺子捏起来呢？""对了，把面皮对着，然后捏紧，小朋友一起来试一试吧。"

情境三：为宝宝洗澡

一、引入活动

引导语："宝宝该洗澡了，爸爸妈妈一起给宝宝洗澡吧。"

二、讨论

引导语："爸爸妈妈的分工是什么？为宝宝洗澡要做些什么？""放洗澡水，准备换洗的衣服，给宝宝脱衣服，给宝宝洗头、洗身体，擦干净，穿衣服。"

三、为宝宝洗澡

引导语："好了，爸爸妈妈快点帮宝宝洗干净吧。"

教师注意指导两个人的任务分配和在操作中的协商，提醒孩子们对待宝宝要轻柔，不要弄伤了宝宝。

四、科学领域

学前儿童科学教育的内容包括科学活动和数学活动两个部分，科学教育对发展幼儿的认知能力，提高他们的思维水平有特别重要的意义。科学领域的题目在近几年的面试考题中也渐渐显现了身影。因此，考生在复习时也应当给予重视。

（一）科学活动

科学活动的教学方法包括科学游戏、科学实验、科技制作、观察、分类与测量、种植和饲养、早期科学阅读。根据面试的出题惯例进行推测，出题概率较大的类型有科学游戏、科学实验和科技制作。

1. 科学游戏

科学游戏是指在教师的指导下，运用一定的物品材料，包括水、石、沙、土、树叶、木、竹、贝壳以及科技产品、玩具、图片等，以对儿童进行科学教育为目的的有规则的游戏。科学游戏分为感知类游戏、图片类游戏、活动性游戏、语言性游戏、棋牌类游戏、记忆类游戏。

感知类游戏是让幼儿通过感觉器官感知、辨别自然物体的属性和功能。例如，幼儿通过看、听、摸、闻、尝的全感官来感知核桃，充分了解核桃的特征、味道等。

图片类游戏又可以分为配对游戏、接龙游戏、拼图游戏、拼摆游戏、看图识物游戏、看图辨物游戏。配对游戏是将绘有科学内容的小图片分发给幼儿，游戏双方的图片内容有一定的联系，双方根据图片内容进行配对。例如，一个幼儿拿兔子，一个幼儿拿胡萝卜，这两张图片就配对成功了。配对的范围包括事物的名称、特征、功用、习性等。接龙游戏有两种：一种是把一张长方形图片按短边对折分为两个部分，左右两个部分画上不同动物的半身，幼儿可以通过动物的特征找到另一张图片进行接龙；另一种是按照动植物的发展顺序或事物的发生发展顺序进行接龙。拼图游戏是把绘有科学内容的整幅图片分割成若干部分，游戏时拼为整体。拼图游戏按材料形状可分为平面拼图和立体拼图，按内容可分为画面拼图和事件拼图。平面拼图是指把一张平面图分为几个部分，然后再进行拼接；立体拼图是指使用材料拼出立体的作品。幼儿能够独立操作的一般是六面画拼图，把一个长方体平均分为几份，每一份都有一个图案，每一面都可以单独拼为一个完整的图片。画面拼图拼成的图片仅仅是一张图片；事件拼图较为复杂，需要根据事件内部的逻辑关系进行拼图。拼摆游戏是指使用不同形状、不同种类的材料拼摆不同的图案，如七巧板、蘑菇钉、磁力拼板等。看图识物游戏是指幼儿根据要求识别图片中的物体，如找相同的两个图形、找同类的物品等。看图辨物游戏是指幼儿通过观察、辨认找出图片中的不合理、不科学的内容。

活动性游戏一般具有体育游戏的特点，同时将科学教育的内容寓于其中，如捉影子、放风筝、吹泡泡、玩风车、玩陀螺等。

语言性游戏是指幼儿在具有感性经验的基础上，脱离实物和图片，运用口头言语进行的游戏。例如，老师问"什么动物水里游"，小朋友答"小鱼小鱼水里游"。

棋牌类游戏包括象棋、围棋、五子棋、军棋、跳棋等，以及教师自制的游戏棋。棋牌类游戏能够发展幼儿观察、分析、判断的能力，培养幼儿遵守游戏规则的习惯。

记忆类游戏是指通过游戏锻炼幼儿记忆能力的游戏，如配对记忆棋，把棋子先正面朝上，让幼儿记忆棋子画面的位置，然后把棋子倒扣在桌子上，要连续翻出相同的两个图案。

（1）科学游戏类考情分析

科学游戏类是近几年"新晋"考题，虽然现有题目数量不多，抽中概率不高，但可能随着题库的逐步扩充而被更多考生抽中，因此考生在科学游戏部分也要做相应的准备。考题的出题形式依然是以"游戏"的面貌展现在考生面前，考生仍是需要先行判断领域，再进行游戏环节设计。

（2）科学游戏设计思路

第一步，引入环节，激发幼儿参与兴趣。教师可以采用多种形式激发幼儿的活动兴趣，如情境模拟、角色扮演、观看图片或视频等，总之要使用"开门见山"的方法引入游戏。

第二步，介绍游戏玩法与规则。科学游戏属于规则游戏，有固定的玩法和规则，在本环节教师要向幼儿清楚地介绍游戏的玩法和规则。需要注意的是，教师既要使用简洁、易理解的儿童化的语言进行表述，又要把规则讲述清楚、完整。

第三步，教师带领幼儿尝试游戏。本环节以教师为主导进行游戏，教师指导幼儿能够按照游戏的玩法和规则开展游戏。

第四步，幼儿自主游戏。本环节以幼儿为主体进行游戏，教师做观察和个别指导。幼儿游戏可以采用小组式、个别式的方式进行组织。

第五步，分享与总结。在游戏的最后，幼儿分享游戏中获得的经验、心得，教师在遵守游戏规则、解决问题、小组协作等方面进行总结。

（3）各年龄班的发展特点

因科学游戏涉及多门学科，如物理、化学、生物、地理等，幼儿也需要综合运用各种技能，如记忆、想象、逻辑分析等，因此应该从规则意识、记忆水平、思维水平三个方面总结各年龄班科学游戏的发展特点。各年龄班科学游戏的发展特点如表3-20所示。

表 3-20　各年龄班科学游戏的发展特点

类型	小班	中班	大班
规则意识	受认知水平限制，规则意识差	能够在教师的要求和提醒下遵守游戏规则	大部分幼儿能够自觉遵守游戏规则，但在涉及胜负时有可能出现不遵守规则的现象
记忆水平	无意记忆占优势，被记忆事物常是直观的、鲜明的	在游戏和生活中，有意记忆的效果较好	有意识记和追忆能力逐步发展
思维水平	直觉行动思维	具体形象思维	具体想象思维为主，抽象思维开始萌芽

2.科学实验

在幼儿园进行的科学实验不能称之为严格意义上的科学实验。这些实验活动属于儿童科学小实验，它是指教师或儿童在人为控制的条件下，利用一些材料，通过简单的演示或操作，引起某种自然现象的产生或变化，帮助幼儿观察、发现某一现象产生的原因，了解事物间的联系，学习科学的一种方法。

（1）科学实验考情分析

从近几年出现的考题分析，科学实验类的题目鲜有出现，但不意味着科学实验类不在考题的出题范围之内，有可能随着题库的扩充或题目难度的增大，科学实验类的题目也会出现在考卷上。

（2）科学实验设计思路

科学实验类的教学活动有固定的设计步骤，它与科学家的科学研究步骤基本一致。

第一步，发现并提出问题。教师引导幼儿在生活中发现有价值的、可探究的研究问题，如"冰块在什么温度下会化成水？""水果可以导电吗？"这些问题并不同于科学家提出的问题，科学家提出的是未知世界待研究、待解决的问题，幼儿提出的问题虽然是早有结论，但这些问题对于幼儿来说是需要发现和学习的。因此，只要是有探究价值的问题都是值得做实验的。

第二步，提出并解释假设。幼儿针对遇到的问题，运用已有经验猜想可能的情况、结果或将要发生的事情。教师鼓励幼儿对问题提出假设并进行记录，小班幼儿可以请教师代为记录，中、大班幼儿可以自己记录在表格中。教师也应鼓励幼儿说出自己假设的理由，这是幼儿主动学习和建构知识重要的教育策略，不管幼儿的假设正确与否，教师都应持积极、鼓励的态度，也不要告诉幼儿正确的答案。

第三步，实验操作与验证。因为幼儿的认知水平有限，在实验之前教师应根据科学理论知识设计科学的实验方法。在此环节，幼儿通过实验操作尝试验证自己对结果的假设，教师根据实验的要求、特点可进行教师实验演示或幼儿动手操作，一般来说，在保证安全的情况下，尽可能让幼儿亲手操作。在组织实验时，教师可以根据实际需求把幼儿分成若干小组，保证每一名幼儿都能参与实验过程，清楚地观察到实验结果。

第四步，记录结果与讨论。实验结束后，每个小组记录自己的实验结果。实验结果的表格最好与记录假设的表格设计为一张表格，这样便于幼儿能够对比假设与验证的结果。然后，教师组织全体幼儿对实验结果进行汇总和讨论。讨论可以从实验的结果呈现、对结果的原理解释、事物间的联系、根据结果得出结论几个方面进行讨论。

第五步，实验结果推广。实验结果的推广是指把实验结果能够迁移到生活中，解决生活中的问题，这也是科学研究的价值所在，因此本环节中的讨论必不可少。教师可以引发幼儿思考在生活中是否遇到了这样的现象，这样的原理是否已经运用在生活中等。

（3）各年龄班的发展特点

各年龄班科学实验的发展特点如表3-21所示。

表3-21 各年龄班科学实验的发展特点

小班	中班	大班
1.正处于不分化的混沌认知状态 2.通过模仿认识事物 3.认识带有拟人化倾向 4.认识具有片面性和表面性的特点	1.对世界感到十分好奇，经常会问"为什么" 2.能够初步理解科学现象中的表面现象和简单的因果关系	1.能够初步了解科学现象中的内在的、隐蔽的因果关系 2.能够进行合作学习 3.科技制作

科技制作是指学前儿童根据科学原理，利用材料和工具制作科技玩具或科学制品的活动，如制作风车、不倒翁、磁力小车等。

（1）科技制作考情分析

从现有的考题分析，目前没有出现科技制作类的题目，但科技制作类题目的特性非常符合面试的出题思路，既考查考生组织活动的能力，也考查作为幼儿教师的手工技能，因此考生不要掉以轻心，需做全面准备。

（2）科技制作活动设计思路

第一步，引入活动，激发兴趣。教师通过展示制作成品、观看相关的视频等方式，激发幼儿参与科技制作活动的兴趣。

第二步，讲解制作步骤，并做演示。教师可以通过出示、演示制作的成品，让幼儿明确制作要求，通过向幼儿讲解或演示制作中较难的步骤和方法，让幼儿明确知道怎样做。根据作品的难度不同，教师可以采用不同的组织策略。对于比较简单的制作，教师可以先完整介绍步骤后让幼儿独立操作；对于比较复杂的制作，教师可以把整个制作分成若干大环节，用"演示一部分，制作一部分，再演示一部分，再制作一部分"的方式进行。第二步和下面的第三步可穿插进行。

第三步，幼儿制作。如果教师使用先讲解后制作的组织方法，那么在此环节教师要提供足够的操作材料，供幼儿独立制作。教师不能用演示代替幼儿的制作过程。

第四步，总结与分享。在此环节，教师可以从制作方法、幼儿合作、问题解决等方面展开总结和分享，要鼓励幼儿多用语言进行表达。

第五步，制品使用或游戏。在最后，教师组织幼儿使用自己制作的玩具进行游戏，这个环节可以结合幼儿园的一日常规安排进行，如幼儿制作了风车后，教师可以利用户外活动时间开展风车游戏。

（3）各年龄班的发展特点

科技制作活动是手部动作和大脑思维的共同活动。幼儿各年龄思维特点在科学游戏与科学实验部分已做介绍，在科技制作部分重点总结幼儿各年龄班的精细动作发展水平特点。幼儿精细动作水平一般通过绘画手工或者自理生活体现出来，因此，对于精细动作发展的年龄特点也将从这两个方面阐述。在科技制作活动中，教师应根据幼儿在这两个方面的表现投放不同层次的操作材料。各年龄班科技制作的发展特点如表3-22所示。

表 3-22　各年龄班科技制作的发展特点

小班	中班	大班
1.可以尝试对边折或对角折，但并不能对齐边和角 2.可以画出类似于脸部的图形 3.可以一手移动纸张，另一手用剪刀剪出形状	1.使用工具与握持材料的手做到相互配合 2.可以画长方形或正方形，但不够标准	1.会画三角形 2.手指操控能力更为精细，可以绘画细节，捏出更为精细的形状

3. 真题解析

真题重现：

1. 题目：游戏《踩影子》。
2. 内容：设计游戏情境。
3. 要求：10分钟之内完成。

题目分析：

考题以"游戏"的形式出现，这就需要考生判断教学领域。首先，我们通过题目核心词进行分析，"踩影子"这三个字的核心词是谁呢？无外乎有两个选项，即"踩"和"影子"。如果定位为"踩"则为大肌肉活动，属于健康领域，幼儿通过"踩"的活动能锻炼四散追逐跑的能力。如果定位为"影子"则为科学活动，科学活动目标为"认识周围事物和现象"，"影子"现象正是生活中常见的现象，是科学领域的学习内容。通过分析，考生既可设计为一节体育游戏活动，也可设计为一节科学游戏活动，因此，只要目标与内容相匹配即可。在此，设计为一节科学游戏活动供考生参考。

另外，还需要判断游戏活动的年龄班。探索光影是学前教育阶段小、中、大班均可开展的教育活动，因此，只要目标符合幼儿年龄特点即可。下面的示范设计是小班科学领域的游戏活动。

教案设计：

【活动名称】

小班科学活动"踩影子"。

【活动目标】

1. 了解光与影的关系，知道物体在有光的地方才有影子。
2. 在游戏中遵守游戏规则。
3. 喜欢探索光与影的游戏。

【活动重难点】

了解光与影的关系。

【活动准备】

1. 物质准备：较宽阔的场地、不透明的玩具、晴朗有阳光的上午或下午。
2. 经验准备：能够四散跑。

【活动过程】

一、引入活动，激发幼儿兴趣

引导语："小朋友们，今天我们一起来玩一个好玩的游戏。"

二、观察影子

引导语："请小朋友看一看，地面上都有什么啊？"小朋友观察自己的影子和玩具的影子，观察成人和同伴的影子。

提问:"小朋友,请你说说老师和小朋友的影子有什么区别?"

引导语:"请你跳起来试试,看看影子有什么变化?"

总结:"小朋友们说得非常好,老师的影子比小朋友的影子长,小朋友的影子比玩具的影子长。当小朋友跳起来的时候,影子和脚就分开了。"

三、踩影子

引导语:"刚才小朋友们都发现了影子的秘密。下面我们一起玩一个踩影子的游戏。"

游戏规则如下:两个小朋友一组,其中一名幼儿手拿玩具站在固定的圈里,另一名幼儿踩玩具的影子。拿玩具的小朋友通过变化玩具的位置,不让对方踩到玩具的影子。

四、藏影子

引导语:"现在我们再来玩一个游戏。"

提问:"你能让你的玩具影子消失吗?有什么好办法?请小朋友们试一试。"

幼儿用自己的身体和其他物体挡住阳光把玩具的影子藏起来。

提问:"刚才你用了什么样的方法,把玩具的影子藏起来的?"引导幼儿感受光与影的关系。

(二)数学活动

学前儿童数学教学的内容包括感知集合、10以内数概念、10以内加减运算、量的认识、几何形体认识、空间方位认识、时间认识七个部分。在教学中应着重把握核心概念。核心概念是指对于儿童掌握和理解某一学科领域的一些至关重要的概念、能力或技能。对于数学领域而言,核心概念是幼儿在学前阶段可以获得的最基础、最关键的概念和能力。核心概念具有以下三个标准:必须是最核心并系统化了的教学内容、必须与幼儿的思维保持一致、能够影响未来的学习。核心概念的掌握有利于教师更为科学地设计教学方案,灵活地掌握教学内容,更为有效地开展师幼互动。

在五大领域教学中,数学活动对教师的挑战性较大,这是因为开展数学活动需要具备数学知识和数学教学知识,而大部分教师的科学素养欠佳,导致数学教学水平不高。数学活动的复习策略应该全面地从数学概念入手,然后过渡到每一个概念的教学方法。

1. 数学活动考情分析

数学活动在面试中的题目较少,考生抽到的概率较低,但是考生在复习时仍不能忽略此部分的复习。应重点复习的知识点如表3-23所示。

表3-23 数学活动复习知识点一览表

教学内容	知识点	小班	中班	大班
感知集合	"1"和许多	√		
	集合的分类	√	√	√
	比较两组物体相等或不相等	√		

续表

教学内容	知识点	小班	中班	大班
10以内数概念	10以内数的实际意义		√	√
	数的守恒		√	√
	计数	√	√	√
	相邻数		√	√
	序数		√	√
	数的组成			√
	认读和书写阿拉伯数字			√
10以内加减运算				√
量的认识	比较大小、长短、高矮，比较粗细、薄厚、宽窄、轻重	√	√	√
	量的正、逆排序	√	√	√
	量的守恒			√
	量的相对性和传递性			√
	自然测量			√
几何形体认识	平面图形	√	√	
	立体图形			√
	图形之间的简单关系		√	√
空间方位认识	空间方位：上、下、前、后、左、右	√	√	√
	空间运动方向：向前、向后、向左、向右、向上、向下		√	√
时间认识	认识时钟			√
	区分早晨、晚上、白天、黑夜	√		
	区分昨天、今天、明天		√	
	知道一星期七天的名称及其顺序			√

2. 数学活动设计思路

数学活动的设计流程因不同的教学内容而各有不同，但总体来说也会具有一个相对固定的设计流程。

第一步，创设环境，激发兴趣。教师创设与本次数学活动相关的游戏情境，形式多样，如使用出示直观教具的方式，利用猜谜语、说儿歌、提出问题等语言方式，运用游戏或表演的形式。

第二步，学习新知，解决重难点。在本环节，教师根据教学内容的核心概念要求设计教学流程。教学环节需要兼具游戏性和科学性的特点。

第三步，游戏巩固，寓教于乐。在本环节，教师通过组织各种游戏，练习巩固教学内容。游戏组织可以有集体游戏、小组游戏和个人游戏。教师也可准备各种游戏材料，如各种卡片。

第四步，联系实际，运用生活。在最后一个环节，教师务必要让所学内容与日常生活联系起来，让幼儿通过数学思维和方法解决生活中的问题。

3. 各年龄班的发展特点

学前期儿童思维处于具体形象思维阶段，到了大班才逐渐向抽象思维过渡。为了能够更准确地了解幼儿在数学领域的年龄发展特点，本部分将以每个教学内容为划分维度，呈现各个年龄班在各个教学内容的思维、能力水平，如表3-24所示。

表3-24　各年龄班数学概念的发展特点

教学内容	小班	中班	大班
感知集合	逐步感知集合的界限，对集合中元素的知觉从泛化向精确过渡	准确感知集合及元素，能初步理解集和子集的包含关系	能更好地理解集和子集的关系，能按照物体的两个特征进行分类
10以内数概念	1.学会计数的方法 2.初步理解数的实际意义	1.巩固计数能力 2.数概念初步形成	认识数的关系及数群概念的初步发展
10以内加减运算	不会加减运算	会自己动手将实物合并或取走后进行加减运算	通过注视物体，心中默默地进行逐一加减运算
量的认识	正确区分大小和长短，具有初步的知觉恒常性	1.区分粗细、薄厚、宽窄、轻重等 2.对一组物体进行量的区分和排序	1.理解量的相对性和传递性 2.理解长度、面积、容积、体积守恒的现象
几何形体认识	1.对平面图形有较好的配对能力 2.认识正方形、圆形、三角形	1.认识长方形、椭圆形、梯形、半圆形 2.能理解平面图形的基本特征，能做到图形守恒 3.能理解平面图形之间的简单关系	1.进一步理解图形之间的关系 2.认识立体图形，理解其基本特征
空间方位认识	能够辨别上下	能够辨别前后	能够辨别左右
时间认识	掌握初步的时间概念：早晨、晚上、白天、黑夜，并且这些概念的获得必须与其生活相联系	能正确地确定间隔不长的时间单位：昨天、今天、明天	1.认识钟表 2.建立时间周期性的概念 3.理解间隔较长的时间：月、季度、年

4. 真题解析

真题重现：

1. 题目：游戏《正方形、三角形、圆形》。
2. 内容：设计多种游戏情境。
3. 要求：10分钟之内完成。

题目分析：

首先判断题目的所属领域为科学领域中的数学活动，其次判断教学年龄班为小班，最后根据小班的年龄特点确定教学方法应该注重体现操作性和游戏性的特点。另外，题目中要求"多种游戏情境"，那么在设计教案和组织游戏时应至少预设两个游戏。

教案设计:

【活动名称】

小班数学活动"正方形、三角形、圆形"。

【活动目标】

1. 理解正方形、三角形、圆形的基本特征,并能根据其特征进行分类。
2. 能够用语言表述图形的基本特征。
3. 通过游戏体验数学活动的有趣。

【活动重难点】

理解正方形、三角形、圆形的基本特征。

【活动准备】

1. 物质准备:布袋子,大小各异的正方形、三角形、圆形。
2. 经验准备:具有游戏规则的意识,会玩吹泡泡、听指令跑的游戏。

【活动过程】

游戏一:摸摸猜猜

一、引入活动

引导语:"今天老师给小朋友带来了一个神秘礼物。"教师出示布袋子,布袋子里放各种图形。"你们猜,这里面的东西是什么?"教师摇晃布袋子,让小朋友听听声音。

二、通过游戏感知物体的形状

1. 摸图形。引导语:"哪位小朋友想要摸一摸袋子里有什么?"教师请一名幼儿把手伸进袋子里,摸一个图形。

2. 猜图形。教师引导幼儿不要把手拿出来:"你说说你摸到的是什么?它有几条边?几个角?是什么图形?"

3. 教师可反复请多名幼儿摸摸猜猜,引导幼儿说出图形的特征和名称。

三、图形大集合

引导语:"现在每位小朋友都摸到了一个图形,现在我们要组成图形小队,请拿圆形的小朋友到前面集合。"教师依次请手拿各种图形的幼儿排队。

四、游戏结束

引导语:"小朋友们,图形小队集结完毕,我们一起去户外活动啦。"

游戏二:图形赛跑

一、引入活动

引导语:"小朋友们,今天我们来到了图形王国,每个小朋友都是图形王国里的图形公民。"

二、复习对平面图形的认识

1. 引导语:"小朋友们,图形王国的国王为我们准备了许多图形,一会儿每位小朋友选择一个你喜欢的图形。"

2. 教师组织幼儿选择图形。

引导语:"图形宝宝分散在大树的下面,请小朋友选择一个自己喜欢的图形。"

(因图形分散在操场四周,减少了拥挤、等待的情况,因此所有小朋友可以同时选择)

3. 游戏。

(1)引导语:"是不是所有小朋友都选择了自己喜欢的图形?现在请你把图形挂在脖子上。我们要玩一个小游戏,游戏的名字是'图形赛跑'。现在我们一起吹泡泡,泡泡吹大了,泡泡吹圆了。"教师组织幼儿围成一个圆圈。

(2)教师介绍游戏玩法:"小朋友们,一会我们一起说儿歌'图形王国真热闹,各种图形来赛跑,请王老师当裁判,看看现在让谁跑',然后,老师让什么图形跑,什么图形就绕着圆圈跑一圈,然后回到原位。"

(3)教师组织幼儿游戏2~3次。在发布指令时,可以使用图形名称,如"圆形""三角形",也可以使用图形的特征,如"三条边的图形""四个角的图形",目的是让幼儿能够充分了解图形的特征。

(4)幼儿自主游戏。请幼儿当裁判,教师观察幼儿游戏。

4. 放松身体,总结提升

教师边组织幼儿放松腿部肌肉,边和小朋友说:"今天图形王国的国王太开心了,小(1)班的小朋友都能认得图形王国的图形宝宝,他还要邀请我们再来王国做客呢。"

五、艺术领域

(一)音乐活动

幼儿园音乐活动的类型包括歌唱活动、韵律活动、音乐游戏、打击乐活动和音乐欣赏活动。歌唱活动一般发展幼儿以下能力:歌词记忆、音域、节奏、音准、呼吸、表情、独立歌唱、合作协调歌唱、创造性表现;韵律活动和音乐游戏一般发展幼儿以下能力:动作、随乐能力、合作协调能力、创造性表现、规则意识;打击乐活动一般发展幼儿以下能力:乐器操作、随乐能力、合作协调、创造性表现;音乐欣赏活动一般发展幼儿以下能力:倾听、理解、创造性表现、兴趣与爱好。

教师在组织不同类型的音乐活动时,应结合幼儿的发展需要和活动类型的特点,有目的、有计划地设计教学环节。

近现代音乐教育主要包括达尔克罗兹、柯达伊和奥尔夫三大体系,每个体系都具有其独特性。幼儿园音乐活动可以综合三大音乐教育体系的优势和特点进行设计和组织,不必拘泥于某一种的教学方式。

1. 音乐活动考情分析

音乐活动占据面试题目的半壁江山,考生抽中音乐活动的概率大约为50%。结合考试性质、场地和材料限制等因素进行分析,音乐活动出题更加偏向于歌唱活动、音乐游戏、韵律活动三种类型。因此,广大考生可重点准备这三类考试,如果时间、精力允许,可再准备打击乐活动和音乐欣赏活动。

值得注意的是,音乐活动面试几乎都要考查考生的钢琴演奏水平(包括识谱、左手配伴奏、边弹边唱等)和组织教学活动。弹唱歌曲能够综合考查学生识谱、视奏、儿童歌曲伴奏以及边弹边唱的能力;教学活动的组织能够考查考生对幼儿年龄特点的掌握程度和教学的组织能力。这些考题对于大多数考生来说并不简单,因为考生从抽到考题到走进考场,仅仅有20分钟的备考时间,在20分钟里考生需要完成教案的写作和演奏的简单练习。因此,为了能够在面对音乐活动时做到胸有成竹、遇题不慌,平时多加练习音阶、琶音和儿童歌曲伴奏是十分必要的。

2. 音乐活动设计思路

根据考情分析,在此部分将详述歌唱活动、韵律活动和音乐游戏的设计组织流程,简述打击乐活动和音乐欣赏活动。

（1）歌唱活动

歌唱活动是幼儿园常见的音乐教学活动之一，它具有陶冶情操、锻炼身心的美育作用，同时也能学习音乐知识和演唱技能，是培养幼儿音乐感受力和表现力的重要途径。歌唱活动的组织一般包括以下五个步骤。

第一步，音乐入室，创设情境。教师播放或弹奏音乐，带领幼儿进入活动教室。音乐的选择有以下途径：第一，选择本节课即将要学习的歌曲，让幼儿能够熟悉曲目的旋律；第二，选择幼儿学过的并与即将学习的曲目歌词内容相近的歌曲，引导幼儿熟悉歌曲的主要内容；第三，选择幼儿学过的并与即将学习的曲目节拍一致的歌曲，便于幼儿回忆节拍的特点。总之，入室音乐的选择要与本节课的教学内容有关。

第二步，发声练习。在此环节，教师弹奏钢琴来组织幼儿进行发声练习。幼儿发声不同于成人，幼儿声带发育尚未成熟，声音脆亮，声音弹性较弱，因此，发声练习应更具有情境性、游戏性，同时又能起到打开喉咙、快速进入演唱状态的目的。因此，幼儿发声练习的音乐素材需要教师进行精心筛选，幼儿发声曲目应遵循歌词、节奏简单，曲调平缓上升或下降的原则。发声练习应遵循"中声区—高声区—中声区—低声区"的原则。对于幼儿来说，一般只做中声区的练习，即小字一组 c^1 到小字二组 d^2 的区间，对于年龄较小的幼儿，如小班幼儿的练声区间在 $c^1 \sim a^1$ 之间即可。下面提供6首可作为发声练习的歌曲。

❶《火车来啦》（适合小班）

火 车 来 啦

1=C 2/4

佚名 词曲

| 5 6 5 4 | 3　4 | 5　5 | 5　— | 5　5 | 5　— ‖
| (师)火车火车来 | 啦，(幼)呜 呜 | 呜 | | 呜 呜 | 呜。|

❷《唱歌》（适合小班）

唱　歌

1=C 2/4

张俊 改编

| 3 2 3 4 | 5　— | 5　5 | 5　— | 5 4 3 2 | 1　— | 1　1 | 1　— ‖
公鸡唱歌歌　　喔 喔　　喔，　　公鸡唱歌歌　　喔 喔　　喔。
小鸭唱歌歌　　嘎 嘎　　嘎，　　小鸭唱歌歌　　嘎 嘎　　嘎。
小羊唱歌歌　　咩 咩　　咩，　　小羊唱歌歌　　咩 咩　　咩。

❸《我爱我的小动物》(适合中班)

我爱我的小动物

1=C 2/4

佚名 词曲

| 5 6 5 4 | 3 1 | 2 1 2 3 | 5 — | 3 3 3 | 5 5 5 | 3 3 2 2 | 1 — ‖

我爱我的小　羊，小羊怎样叫？咩咩咩，咩咩咩，咩咩咩咩咩。
我爱我的小　狗，小狗怎样叫？汪汪汪，汪汪汪，汪汪汪汪汪。
我爱我的小　猫，小猫怎样叫？喵喵喵，喵喵喵，喵喵喵喵喵。
我爱我的小　鸡，小鸡怎样叫？叽叽叽，叽叽叽，叽叽叽叽叽。

❹《叫声》(适合中班)

叫　声

1=C 2/4

佚名 词曲

| 6 6 5 5 | 6 6 | 3 — | 6 6 5 5 | 6 6 | 3 — | 6 5 | 6 5 ‖

早晨雄鸡起　身　早，伸长头颈高　声　叫，喔　喔　喔　喔。
树上飞来小　麻　雀，一边飞来一　边　叫，喳　喳　喳　喳。
墙头走来一　只　猫，一边走着一　边　叫，喵　喵　喵　喵。
鸭子也来凑　热　闹，摆着尾巴连　声　叫，嘎　嘎　嘎　嘎。

❺《大雨，小雨》(适合大班)

大雨，小雨

1=C 2/4

金潮 词曲

　　　f　　　　　　p　　　　　　f　　　　　p　　　　mf
| 5 3 4 2 | 3 — | 5 3 4 2 | 3 — | 5 3 4 2 | 5 3 4 2 | 5 3 4 2 | 1 1 |

大雨哗啦啦，小雨淅沥沥，哗啦啦，淅沥沥，大雨小雨快　快

　　　　　　　　f　　　　　　　　　　　　　p　　　　　　f　　　　　　　　p
| 1 — | 6 6 | 5 5 5 3 | 4 4 3 4 | 5 — | 6 6 | 5 5 5 3 | 4 4 3 4 |

下。　　大雨　哗啦啦，小雨淅沥沥，大　雨　哗啦啦，小雨淅沥

　　　　f　　　　　p　　　　　f　　　　　p　　　　mf
| 2 — | 5 5 5 3 | 5 5 5 3 | 4 4 4 2 | 4 4 4 2 | 5 4 3 2 | 1 1 | 1 — ‖

沥，　哗啦啦，淅沥沥，哗啦啦，淅沥沥，大雨小雨落　下　来。

❻《山谷回音真好听》(适合大班)

山谷回音真好听

1=C 2/4

汪爱丽 词曲

| 5 5 5 5 | 5 1̇ 5 1 | 3 4 | 5 - | 5 5 5 5 | 5 1̇ 5 1 | 3 2 | 1 - | *f* 1 2 3 4 | 5 - |
美丽山谷真稀奇， 真 稀 奇， 唱歌讲话有回音， 有 回 音。 啊！

p | 1 2 3 4 | 5 - | *f* 1̇ 6 1̇ 6 | 5 - | *p* 1̇ 6 1̇ 6 | 5 - | 5 5 5 5 | 5 1̇ 5 1 | 3 2 | 1 - ‖
啊！ 啊！ 啊！ 山谷回音真好听， 真 好 听。

　　第三步，新歌学唱。此环节是新歌学唱，教学涉及的内容有：学习歌词、节奏、歌唱形式；养成良好的歌唱习惯，如自然声音歌唱、正确的歌唱姿势、正确的呼吸方法等；练习简单的歌唱技能，如有感情地歌唱、能够在集体演唱中与他人良好合作等。值得关注的是，并不是每节课都要涵盖以上所有的内容，教师应结合作品本身的特点、风格进行具体分析和编排教学内容和组织形式。通常来说，新歌学唱组织的流程应遵循由易到难的原则，如先理解歌词、熟悉曲调，接着对较难节奏型进行讲解和练习，然后理解歌曲的情感。

　　第四步，歌唱练习。在此环节，教师带领幼儿以多种形式练习歌曲，切记不可机械训练。教师可以采用齐唱、对唱、轮唱、合唱歌表演、领唱齐唱等方式，引导幼儿有目的地练习歌曲。教师在指导歌唱活动时要注意歌词的发音、节奏的把握、自然声音歌唱。

　　第五步，音乐出室。在最后的结束环节，教师可带领幼儿边唱歌边做动作（动作可自行创编，简单、易模仿即可），走出活动教室。

（2）韵律活动

　　韵律活动是幼儿通过体态活动感受音乐、表现音乐的艺术形式。韵律活动能够发展幼儿的身体协调能力和对音乐的感受力与表现力。下面介绍韵律活动的组织流程与方法。

　　第一步，听音乐入室，营造音乐活动氛围。在韵律活动的第一环节，教师带领幼儿听音乐进入活动教室。音乐选择的途径有三种：一是选择本节韵律活动使用的音乐；二是选择与本节活动情绪较为相近的音乐；三是选择与本节活动节拍相同的音乐。总之，入室音乐的选择应与本节活动相关，并能为活动创设适宜的氛围。

　　第二步，感受音乐，体验音乐情感。在第二环节，教师带领幼儿先聆听音乐，感受音乐的情绪、节奏，引导幼儿使用语言、身体表达自己对音乐的感觉。教师可以使用以下提问："你有什么样的感受""可以用语言说一说吗？""如果用动作来表达你的感受，你会怎样做呢？"教师通过与幼儿的讨论，激发幼儿积极思考，感受音乐的特征。

　　第三步，表现音乐，表达音乐感受。在第三环节，教师引导幼儿使用多种体态方式表达对音乐的感受。体态律动表达可分为徒手和道具两种类型，教师可以先组织只使用自己的身体进行韵律活动，然后再使用道具进行韵律活动。

　　幼儿的律动动作包括基本动作、模仿动作和舞蹈动作。基本动作是指幼儿在反射动作基础上发展起来的动作，如跑、跳、点头、弯腰、招手等。模仿动作是指幼儿在表现特定事物的外在形态和运动状况时所用的身体动作，如小鸟飞、小鱼游、开汽车、洗脸、摘树叶等。舞蹈动作是指经过多年的演化和进步而形成的程式化的艺术表演动作。在律动动作的基础上，还可以增加律动组合，把基本动作、模仿动作和舞蹈动作进行合理的组织编排，形成一组韵律动作。

除了徒手进行的韵律活动外，还可以使用道具进行韵律活动，道具的使用能增加韵律活动的趣味性和幼儿的表现力。道具可以选用常见的手持乐器，如铃鼓、串铃等，也可以选择生活常用物品，如纱巾、帽子、纸杯等，还可以选择舞蹈常用的道具，如扇子、绸带等。

教师在本环节中应引导幼儿大胆想象、大胆表现，利用身体的各个部位和道具充分表达对音乐的理解。在幼儿表现的过程中，教师应鼓励幼儿的艺术表现，不要强求幼儿做固定动作。教师的引导语应多为开放式提问，如"我们可以用什么动作表现大象来着？""你会怎样表现开心？""你可以使用什么道具表现春天来了？"

第四步，活动结束，听音乐出室。韵律活动结束的组织方式有两种：其一，组织幼儿回顾本节课的精彩瞬间，如"你最喜欢你自己的哪个动作？""你做哪个动作时最开心？""你和小伙伴发生了什么开心的事？"；其二，提升幼儿对韵律活动的经验，如"你还有什么想法？""你能够用一组动作表现春天来了吗？"通过提问引发幼儿思考，为下一次活动做好铺垫。

（3）音乐游戏

游戏是幼儿的基本活动，音乐游戏是幼儿喜闻乐见的游戏形式。音乐游戏包括歌舞游戏、表演游戏和听辨反应游戏。歌舞游戏主要是侧重歌曲和韵律活动的游戏；表演游戏主要是侧重按音乐性质变化进行情节角色表演的游戏；听辨游戏侧重对声音或音乐的听辨结果进行快速反应，以培养幼儿对音乐的高低、快慢、强弱、音色、乐句的分辨能力。

通常来说，音乐游戏是规则游戏，具有明确的游戏规则和玩法，在教学活动的设计和组织时应注重游戏的指导。具体活动流程如下。

第一步，创设游戏情境，激发幼儿兴趣。教师营造与游戏活动相关的游戏情境即可，如语言引导类的猜谜语、说儿歌，情境体验类的情境表演、手偶表演等，只要与本节课活动密切相关即可。

第二步，讲解游戏规则，初次尝试游戏。第二步是游戏活动的关键环节，教师必须清楚地介绍游戏的规则和玩法。首先，教师先用幼儿可以理解的语言进行规则介绍，必要时可利用图片、动画、手势等方式帮助幼儿理解规则。其次，对于较为复杂的游戏规则，教师可以组织幼儿进行模拟活动，通过亲身体验了解游戏规则和玩法。

第三步，多次游戏体验，创新游戏玩法。在此环节，教师通过不同的组织方式开展多次、多层次的音乐游戏。第一，在游戏初期，教师可以作为游戏的主导者，带领幼儿开展音乐游戏，帮助幼儿熟悉游戏的规则和玩法。第二，待幼儿掌握了游戏规则之后，教师可以把游戏控制权渐渐交还给幼儿。幼儿可以自行组织游戏活动，教师在旁边观察，并在适宜的时机进行指导。第三，待幼儿已经熟练掌握游戏之后，教师可以提出新的游戏要求，如创新游戏玩法、创新游戏规则等。教师组织幼儿做进一步讨论，待与所有幼儿达成共识后，可以开展"升级版"的音乐游戏。

第四步，游戏活动结束，提升游戏经验。幼儿经过多次游戏后活动渐近尾声，在这个环节教师应带领幼儿放松身心，并可以与幼儿展开讨论，讨论可从遇到问题、解决问题、收获经验等方面开展。

（4）打击乐活动

打击乐活动也是幼儿学习音乐的重要途径之一。打击乐活动的主要内容包括认识乐器、形成打击乐的基本常规、打击乐曲。认识乐器和常规形成可以渗透在打击乐曲的活动之中，非必要时不必单独组织教学活动。下面介绍打击乐活动的步骤。

第一步，听音乐入室，创设游戏情境。在活动开始部分，教师播放音乐引导幼儿进入活动教室。音乐的选择可遵循以下方法：第一，选择与本节活动节拍一致的音乐；第二，选择与本节活动音乐风格相近的音乐；第三，直接选择本节活动所使用的音乐。

第二步，音乐感知，观察图谱。打击乐活动最重要的教具是图谱，图谱分为节奏图谱（图3-5）、身体声势图谱（图3-6）和乐器图谱（图3-7）。

图 3-5　节奏图谱

图 3-6　节奏、身体声势图谱

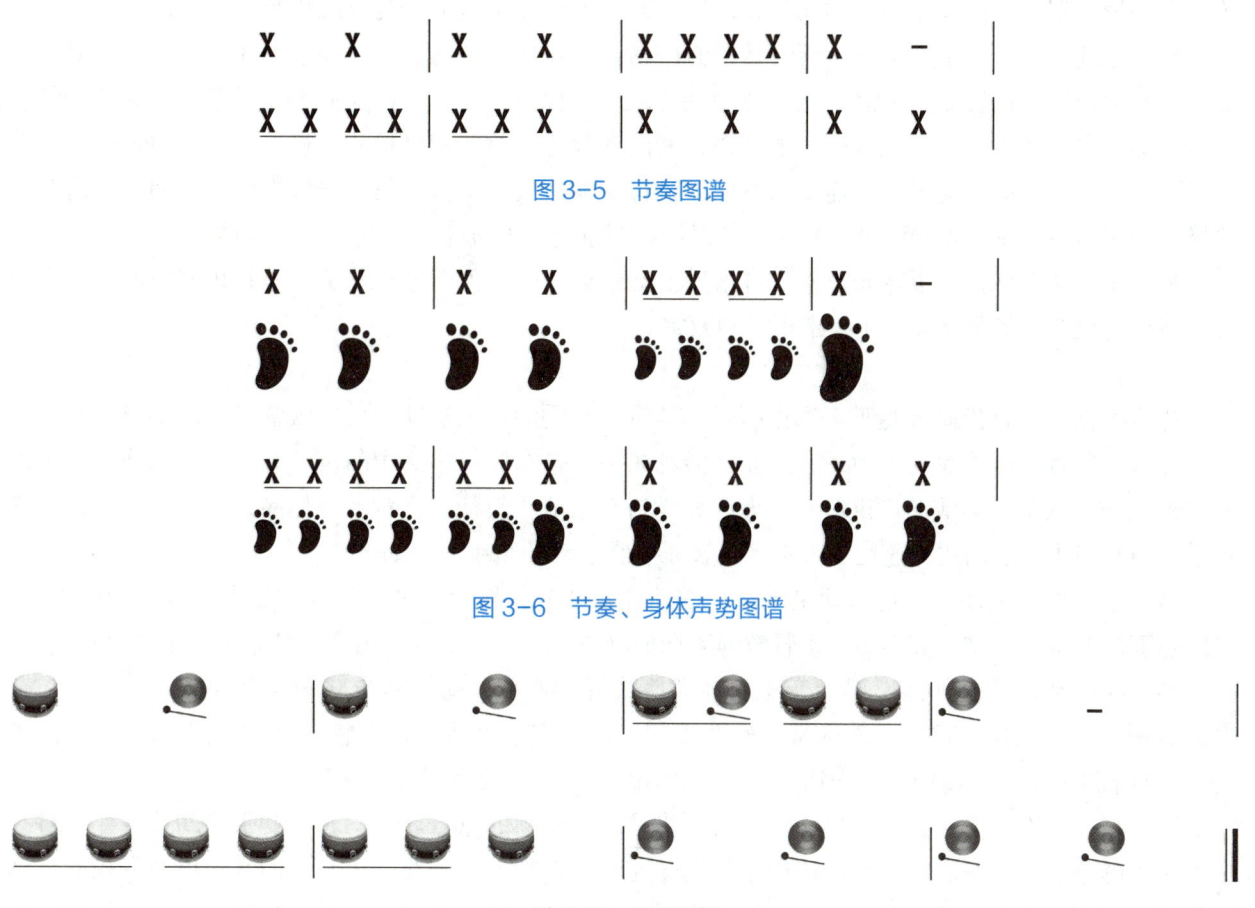

图 3-7　乐器图谱

节奏谱图可以帮助幼儿知晓每个乐器需要敲击的小节和敲击的节奏型。教师在本环节要边放音乐边用指挥棒跟随音乐播放进度同步指向节奏图谱的对应小节，引导幼儿感知音乐节奏。

听音乐感知节奏通常要重复三遍，这三遍并不是简单机械地重复，而是每一遍都要蕴含教育目标。第一遍听音乐，同步指图谱，意在使幼儿对乐曲的速度、风格、节拍等音乐要素形成初步经验。第二遍听音乐，同步指图谱时应重点体现乐曲节奏的重难点。在教师对节奏的重难点进行讲解后，第三遍再听音乐，同步指图谱。

在本环节值得注意的是，教师在讲解节奏的重难点时，应结合幼儿的年龄特点进行，使用具体形象的语言表述，必要时使用实物帮助幼儿理解节奏。

第三步，使用身体声势为乐曲伴奏。在熟悉了节奏图谱后，教师出示身体声势图谱，幼儿边看图谱边使用自己的身体部位敲击乐曲节奏。本环节的组织策略为：教师先介绍身体声势图谱，引导幼儿理解图谱所表达的含义；然后幼儿尝试使用身体声势为乐曲配伴奏，教师可适当做示范，且动作需较夸张；最后教师可以和幼儿共同改编图谱，再次为乐曲配伴奏。

第四步，使用打击乐器演奏乐曲。经过第二步和第三步的过程，幼儿已经熟悉乐曲的节奏，在本环节需要尝试使用打击乐器演奏乐曲。在打击乐演奏时，教师要注意培养幼儿的打击乐常规，如取放乐器、演奏文明、学看指挥等。教师组织幼儿演奏乐曲的流程如下。

第一，看乐器图谱，理解图谱含义。教师引导幼儿观察乐器图谱，知道每个图片符号代表的乐器名称，知道图谱中乐器大小代表的不同意义。第二，选择自己喜欢的乐器。这个环节既要尊重幼儿的选择意向，又要保持良好的演奏秩序，这就需要教师精心设计乐器摆放的位置。通常来说，教师提前按照声部把乐器摆放在椅子下，幼儿选择乐器就意味着选择了座椅，这样既满足了幼儿的需求，同时也井然有序地区分了声部。第三，听音乐，看图谱，看指挥，试奏。在此环节，还应引导幼儿养成良好的演奏常规——在演奏前（后），将乐器放在大腿上，保持安静。教师播放音乐并指挥幼儿使用打击乐器演奏，在指挥时应使用幅度较大的动作提醒幼儿起势、收势和击拍的时机。第四，更换乐器，多次演奏。更换乐器时，幼儿并不需要拿着乐器进行交换，只需把自己的乐器放在椅子下面，然后起立选择一个新的椅子拿起乐器即可。教师也可以请小朋友充当指挥角色，共同演奏乐曲。

第五步，结束活动，听音乐出室。打击乐活动结束后，教师引导幼儿听信号将乐器放回椅子下面或放回指定位置。教师播放音乐，走出活动教室。

（5）音乐欣赏活动

音乐欣赏活动是指通过聆听音乐作品以获得审美享受的音乐活动。音乐欣赏活动能够培养幼儿感知、理解、欣赏音乐作品的能力。音乐欣赏活动的内容包括倾听生活中的声音和欣赏音乐作品，下面只对音乐作品欣赏教学活动做讲解。在设计教学活动之前，教师应当对音乐作品进行深入分析，包括音乐的类别、乐种、曲式、速度、节奏等。音乐欣赏活动的组织流程如下。

第一步，引入活动，营造活动氛围。在活动开始部分，教师通过多种方式创设音乐活动的情境，如朗诵简短的诗歌、敲击节奏等。不管教师采用何种方式，引入活动的内容应与本节教学活动相关。

第二步，初步欣赏作品，感知音乐。教师播放音乐作品，幼儿初步感知作品的类型、速度、节奏、曲调等。在初次欣赏后，教师可向幼儿提问"你听完了以后有什么感受？""能用语言表达出来吗？""如果这种感受不能用语言表达，那么可以用什么动作或表情表达吗？"

第三步，多次欣赏作品，表达音乐。第三步是教学活动的重点环节，教师要引导幼儿对作品进行更加深入的感受。组织欣赏活动的原则是根据幼儿的年龄特点、幼儿音乐欣赏的水平以及音乐作品结构等的不同而做个性化的设计。一般来说，音乐欣赏活动能培养幼儿的感受力与表现力，但二者在音乐活动中是不能够分开的，通常是整合一体的。

音乐欣赏活动的组织策略有：

❶ 语言表达。教师通过提问的方式引发幼儿思考，用语言描述自己对作品的感受。教师的适宜引导语有"听了这个乐段，你觉得像什么动物？""你觉得你的心情是怎样的？"。

❷ 情绪表达。因为幼儿的语言表达能力有限，很多情绪无法使用精确的词语表达，因此教师也可以引导幼儿使用自己的情绪表达音乐作品体现出的情绪，如"你觉得这个曲子有什么情绪？能学一学吗？"

❸ 动作表达。动作表达也是幼儿音乐表现的一种重要方式，它可以辅助语言表达和情绪表达，更为深入地对曲目进行感受和欣赏。教师可以让小朋友模仿、创编动作，如乐曲《小老鼠与厨师》开始时，音乐表现轻快、活泼，小朋友可以把这段音乐想象成小老鼠跑跑跳跳的样子，并用动作跟着音乐学一学。

❹ 舞蹈表达。幼儿可通过舞蹈动作表达对音乐的理解。舞蹈表达区别于动作表达的关键在于舞蹈

表达涉及舞蹈的步伐、队形、手势等，较动作表达更具有舞蹈性。

第四步，结束活动，引发幼儿美好回忆。在活动的最后环节，教师可以利用多种形式自然结束音乐欣赏活动，如向亲子活动、户外活动或其他类型的音乐活动延伸等。

3. 各年龄班的发展特点

各年龄班音乐活动的发展特点如表 3-25 所示。

表 3-25 各年龄班音乐活动的发展特点

类型		小班	中班	大班
歌唱活动		适合 c^1~a^1 的歌曲	适合 c^1~b^1 的歌曲	适合 c^1~c^1 的歌曲
韵律活动		可练习小碎步、小跑步	可练习蹦跳步、垫步、踵趾小跑步、侧点步、翻手腕花	可练习进退步、溜冰步、交替步、跑跳步、跑马步、秧歌十字步、提压腕
音乐游戏		游戏内容的选择、规则制订应遵循幼儿身体发育、认识能力和发展水平的规律，具体参考本章第二节中"健康领域""科学领域"的幼儿发展特点，在此不再重复		
打击乐活动	乐器选择	铃鼓、串铃、沙球、碰铃、圆弧响板	木鱼、蛙鸣筒、钹、小锣	双响筒、三角铁、大鼓
	音乐选择	选择幼儿熟悉的音乐或歌曲，节奏简单，结构短小、单一	逐渐选择结构较为简单、幼儿不熟悉的音乐，或选择结构稍微复杂、幼儿较为熟悉的歌曲	选择结构稍复杂的整段音乐，如单二部曲式、单三部曲式、复三部曲式或回旋曲等
音乐欣赏活动		选择中、大班要学唱的歌曲作为欣赏曲目	选择少儿歌曲作为欣赏曲目	选择中外著名音乐作品选段作为欣赏曲目

4. 选配伴奏技巧

在音乐活动中，最考验考生音乐素养和技能的就是儿童歌曲的钢琴伴奏，这也是许多考生"见音乐色变"的主要原因，其实钢琴伴奏选配具有一定的规律可循，下面将介绍应对考试的策略。

（1）拿到乐谱，看音乐形象

当考生抽到音乐类题目时，不要着急选配左右伴奏，首先要分析音乐形象，包括调式、调性、节拍、节奏。从调式来看，幼儿歌曲大多都是大调式，但也有一些音乐除外，如日本歌曲《樱花》。从调性来看，幼儿歌曲常用的有 C 大调、D 大调、F 大调、A 大调，考生在准备考试阶段可主要练熟这四个大调的音阶、主三和弦琶音、属七和弦琶音。当然，也有例外，在考题中也曾出现过 bE 大调的歌曲，因此，在准备阶段的原则是能多练则多练。歌曲的节拍以拍、拍、拍和拍为主。在选择伴奏时不同的节拍适宜的伴奏型也不尽相同，伴奏型的选择在之后的部分将进行详解。从节奏来说，考生总览歌曲的节奏，找到较难的节奏型，这可能会成为教学活动的重点和难点，如前十六、后十六、附点、切分音等。

（2）确定形象，选择伴奏织体

伴奏织体是由和弦演化而来，是和弦在乐曲中音型化的体现，一般常用的有柱式和弦、半分解和弦、全分解和弦。当确定了音乐形象后，就要分析为每一个乐句或小节选配伴奏了。考生应考虑每一个小节的节奏和和弦音进行选配。

举例来说，拍和拍的歌曲多选择分解和弦或柱式和弦，拍和拍多选择半分解和弦。和弦音为 do、

mi、sol 时，应选择主三和弦，和弦音为 re、fa、si 时，可选择属七和弦。同时还要分析音乐的情绪，舒缓优美的音乐宜选择全分解和弦，欢快、活泼的音乐宜选择半分解和弦，雄壮有力的音乐宜选择柱式和弦。以上所列为基本原则，应做到具体问题具体分析。考生应在平时多加练习，在考场上方能胸有成竹。

另外，值得注意的是，还要为歌曲选配前奏。一般来说，乐谱中有前奏的直接使用乐谱中的前奏，没有前奏的选用歌曲的最后一个乐句作为前奏即可。

5. 真题解析

真题重现：

小 白 船

1=♭E 3/4

朝鲜童谣

中速 优美地

(1 - - | 5 - - | 3 - 5 | 6 - - | 5 3 1 | 5̣ - 2 | 1 - - | 1 - -)

5 - 6 | 5 - 3 | 5 3 2 1 | 5̣ - - | 6 - 1 | 2 - 5 | 3 - - | 3 - |
蓝　　蓝的天　空银　　河里，　有　只小　白船，
渡　　过那　条银　　河水，　走　向云　彩国，

5 - 6 | 5 - 3 | 5 3 2 1 | 5̣ - - | 6 - 1 | 5̣ - 2 | 1 - - | 1 - - |
船　　上有　棵桂　　花树，　白　兔在　游玩。
走　　过那　个云　　彩国，　再　向哪　儿去？

3 - 3 | 3 - 2 | 3 - 6 | 5 - - | 3 - 2 | 3 - 6 | 5 - - | 5 - |
桨　儿桨　儿看　不见，　船　上也　没帆，
在　那遥　远的地　方，　闪　着金　光，

1 - - | 5 - 5 | 3 - 5 | 6 - - | 5 3 1 | 5̣ - 2 | 1 - - | 1 - - ‖
飘　　呀　飘　呀，　飘　向西　天。
晨　　星　是灯　塔，　照　呀照　得亮。

1. 题目：歌曲《小白船》。
2. 内容：
（1）弹唱歌曲。
（2）模拟面对幼儿教唱歌曲。
3. 要求：
（1）完整、流畅地弹奏，节奏准确。
（2）有表情地歌唱，吐字清晰，把握准确的音高。
（3）教唱的方法基本适合幼儿的特点，能激发幼儿的兴趣，适合幼儿的能力水平。
（4）10分钟之内完成。

题目分析：

拿到考题之后，先分析乐谱。

①拿到乐谱看形象。歌曲《小白船》为 $^\flat$E 大调，降 si、降 mi、降 la，$\frac{3}{4}$ 拍。

②确定形象选织体。该歌曲是 $\frac{3}{4}$ 拍，并且歌曲是"中速、优美地"，宜选用半分解和弦或分解和弦。乐谱中带有前奏，演奏时可直接使用。

分析乐谱时考生也要综合考量自己的弹奏水平，然后进行合理的选配伴奏。假如考生不熟悉 $^\flat$E 大调的音阶和和弦，可以调整为 F 大调，这样相对来说简单一些。

分析乐谱之后，还要分析考题。本题是新歌学唱，教学的重点是歌曲的旋律、节奏、歌词以及歌曲情绪表现，因此教学的重点应放在以上四个方面。另外，在考题中没有提及年龄班，但在要求的第三条中提及了"适合幼儿的能力水平"，所以考生还要判断歌曲适合的幼儿年龄阶段。从歌曲的音域、结构、节拍、歌词难度综合考虑，该歌曲适合中、大班幼儿。如果选择中班幼儿作为教学对象，目标相对简单一些。如果选择大班幼儿作为教学对象，目标和教学内容可相对复杂。

教案设计：

【活动名称】

大班音乐活动"小白船"。

【活动目标】

1. 理解歌词意境，学唱歌曲。
2. 感受三拍子歌曲的柔美和悠扬。
3. 喜欢演唱歌曲。

【活动重难点】

1. 重点：歌曲学唱，掌握三拍子"强—弱—弱"的演唱方法。
2. 难点：理解歌词意境。

【活动准备】

1. 物质准备：钢琴、图片、纱巾、绸带。
2. 经验准备：知道关于月亮的神话故事，如《嫦娥奔月》。

【活动过程】

一、引入活动，听音乐入室

播放《小白船》的伴奏音乐，教师带领幼儿按节奏踏点步进入教室。

二、发声练习

教师弹琴，带幼儿进行发声练习。

三、新歌学唱

引导语："刚才进入教室的时候，我们听了一首好听的歌曲，它的名字叫《小白船》，今天我们就来学习这首歌曲。"

1. 理解歌词。

（1）教师边弹琴边演唱歌曲第一段。

（2）提问："刚才你们听见歌曲中都唱了什么？""小白船是什么？桂花树是什么？为什么会有白兔？"教师帮助幼儿理解歌词的意境美。

（3）教师和幼儿一起跟随节奏朗读第一段歌词。

2. 学唱旋律。

（1）教师边弹琴边演唱歌曲第二段。

（2）提问："你们听到这个歌曲有什么感受？"——优美的、荡漾的。

如果幼儿不能用语言表达，也可尝试用身体动作表达自己的感受。

引导语："对，这就是三拍子的歌曲。它的特点是强—弱—弱，强—弱—弱。"

（3）教师弹琴，幼儿哼鸣演唱。

3. 逐句学唱。

（1）教师出示图片，帮助幼儿记忆歌词。

（2）教师弹琴，幼儿演唱。教师逐句教幼儿学唱。

（3）完整演唱一遍。

4. 分组演唱。

（1）第一遍：请女孩演唱第一段，男孩演唱第二段。

（2）第二遍：请1、2、3组演唱第一段，4、5、6组演唱第二段。

5. 表演唱。

教师组织全体幼儿演唱歌曲，并挑选自己喜欢的道具跟随音乐进行律动。

四、结束活动，听音乐出室

引导语："小朋友们，今天的歌曲你们喜欢吗？在晚上的时候唱给爸爸妈妈听吧。"

教师播放伴奏音乐带幼儿踏点步走出教室。

（二）美术活动

1. 美术活动考情分析

美术活动也是面试的重点考点之一，在此类考题中重点考查考生的美术技能与素养，以及美术类活动的教学方法。常见的考题有绘画、手工和欣赏活动，通常来说，绘画和手工是考题的重点。绘画活动在幼儿美术活动中占据重要的地位，在活动中要注重指导幼儿绘画作品的造型、构图、设色等。

造型是美术作品的创作基础，教师要注重引导幼儿观察、理解物体的形态结构，从而再现该结构。教师可使用以下教学策略帮助幼儿实现形态结构的再现：第一，多感官感知绘画物体。教师引导幼儿通过视觉和触觉的共同协作，充分感知物体的外形特征。第二，用动作模仿物体的姿态或动作。第三，用语言描述物体的外形特征，加深对其特征的认识。第四，示意方法绘画。教师引导幼儿用手在画纸上空画物体的外形。第五，图形拼摆。通过把复杂形状拆分成几个简单的形状，然后使用图形拼摆的方法，这样能够有助于幼儿较好地造型。

构图要重点指导幼儿理解空间关系。空间关系是数学的概念，请详见本章科学领域中的详细解析，在此不做赘述。另外，教师要带领幼儿欣赏绘画作品，观察、了解作者是怎样进行构图的。

幼儿运用色彩有两种方法——涂染法和线描法。涂染法是指不勾画形象的轮廓线，直接用笔蘸颜料涂画形象。线描法是指先用线条勾画形象的轮廓线，然后再涂上颜色的方法。在指导幼儿设色时，教师应指导幼儿注重以下方面：其一，使用不同的颜色大胆填涂；其二，运用色彩区别主次；其三，对于年龄稍大的幼儿，使用色彩表达情感。

手工活动的内容和形式非常丰富，包括泥塑、纸工、拼贴、染纸、编织、拓印等。面试考题通常涉及泥塑和纸工，其他的手工制作形式考题较少，因此，下面重点介绍泥塑和纸工。泥塑的基本技能包括搓长、团圆、压扁、捏合、挖泥、分泥、镶接、抻拉等。纸工包括剪纸、折纸和纸造型，面试考题常见的是剪纸和折纸。剪纸需要教师引导幼儿学会剪刀的使用方法和剪纸方法，剪纸方法包括目测剪、沿线剪和折叠剪。折纸要学习折法和术语，能够听懂教师的讲解。指导折纸活动最重要的是边讲解边示范，幼儿必须跟随教师一步一步进行折叠，因此，教师可以使用步骤图的方法教授折纸方法。

欣赏活动的内容包括美术作品、自然景物、环境布置等。幼儿园组织的欣赏活动主要以美术作品为主，美术作品包括一般性的美术作品，如绘画、雕塑、建筑、工艺品等，还包括幼儿的作品，可以选用国内外优秀的幼儿美术作品进行欣赏。

2. 美术活动设计思路

根据面试考题常见的内容，在教学活动设计部分重点介绍绘画和纸工活动，简要介绍欣赏活动。

（1）绘画活动

在面试考题中涉及的绘画作品主要有三种形式：写生画、创意画和命题画。下面一一介绍活动设计的流程。

❶ 写生画活动设计流程

第一步，引入活动，激发幼儿参与活动的兴趣。教师可与幼儿谈论与写生主题相关的话题，激发幼儿绘画的兴趣。

第二步，细致观察写生物体。本环节是整个教学活动的重点环节，教师要引导幼儿仔细观察写生物体，学会从上向下、从下向上、从前向后、从后向前、从外向内、从整体向局部的观察方法，观察之后组织幼儿进行充分讨论。教师可以引导幼儿思考以下问题："观察的物体是什么形状？长的什么样子？什么颜色？什么动作？"

第三步，实物写生。在观察的基础上，幼儿则开始对实物进行写生，教师指导幼儿边观察边画。教师不可让幼儿按照教师的示范画进行绘画。

第四步，作品分享与评价。幼儿绘画结束后，教师可组织幼儿进行集体或小组交谈，可就造型、构图和设色方面进行分享和评价。

❷ 创意画活动设计流程

第一步，引入活动，激发幼儿参与活动的兴趣。教师可与幼儿谈论与创意主题相关的话题，激发幼儿绘画的兴趣。

第二步，大胆想象，讨论创意成果。在此环节，教师组织幼儿对创意画的主题进行充分的想象与讨论，教师要重点鼓励幼儿抛开固有的思维模式大胆想象。例如，在以"海底世界"为主题的创意画创作中，教师可以向幼儿提问："你觉得海底会有什么？在更深的海域会出现什么？除了鱼类还有别的生物吗？除了生物还有其他的非生物吗？它们都长什么样子？你能用语言表达出来吗？"

第三步，幼儿绘画创作。在想象的基础上，教师为幼儿提供多种材料进行绘画创作，如各种画笔、画纸，幼儿可随绘画作品的需求选择合适的材料。教师在指导中不能让幼儿临摹示范画，如果时间充裕可以把幼儿的创意用文字记录在画作的后面。

第四步，绘画作品分享。在活动的最后环节，教师组织幼儿进行作品的分享与评价。教师可组织幼儿就作品的创意、造型、构图、设色等方面进行讨论。

❸ 命题画活动设计流程

第一步，引入活动，激发幼儿参与活动的兴趣。教师可与幼儿谈论与命题主题相关的话题，激发幼儿绘画的兴趣。

第二步，观察绘画主题。教师组织幼儿通过照片、视频、实物等方式了解绘画对象。通常来说，幼儿观察的对象首选实物，视频和照片次之。在进行观察指导时，教师要注意引导幼儿观察人物或动物的形态和神态。

第三步，幼儿自主绘画。在充分观察的基础上，幼儿进行绘画创作。教师在指导中不能让幼儿临摹示范画。可以使用投影设备把之前观察的图片进行循环播放，便于幼儿能够再现实物。

第四步，绘画作品分享。幼儿绘画结束后，教师可组织幼儿就作品的造型、构图、设色等方面进行讨论。

（2）手工活动

下面重点介绍泥塑和纸工的教学活动设计流程。

❶ 泥塑活动设计流程

第一步，创设情境，激发兴趣。本环节教师可使用泥塑作品欣赏、故事讲述等方式引入活动，激发幼儿学习的兴趣。

第二步，观察塑形物体。教师组织幼儿观察塑形物体的形态，以观察实物为最佳，其次为观察照片。教师可使用以下引导语："它是什么形状的？动作是怎样的？四肢与身体的位置是怎样的？"

第三步，学习泥工的基本技能。教师根据本节课的技能目标，可在幼儿创作泥塑作品之前教授较难的基本技能，如中空体的塑形、组合体等。教师可综合运用语言讲解法、示范法和图示法解决技能难点。

第四步，幼儿泥塑创作。幼儿自行创作泥塑作品，教师进行指导。教师指导时需要注意：第一，在幼儿创作之前提出具体的操作要求，如操作习惯要求、创作要求等；第二，为幼儿提供充足的材料和作品展示场地；第三，对于大班幼儿来说，使用陶土塑形后需要着色描绘，教师可指导幼儿在作品干透后再使用水粉上色。

第五步，作品分享与评价。首先，教师组织幼儿把泥塑作品进行摆放展示。教师可提前制作摆放布景，如本次活动是"捏小动物"，教师可提供农场、森林等布景供幼儿展示作品。其次，教师组织幼儿分享作品，组织幼儿讲述作品的名称、创作的方法等。评价作品时让幼儿就塑形、技法、创意、设色等方面展开自评和互评。

❷ 纸工活动设计流程

第一步，创设情境，激发兴趣。教师可采用多种形式引入活动，如纸工作品欣赏、说儿歌、讲故事等，时间不宜过长。

第二步，学习手工基本技巧。教师根据本次活动的重点和难点，重点讲授本次活动所需要的手工技能。教师可以综合运用讲解法、示范法和图示法。教师在组织时可边讲解边示范,然后让幼儿一步一步练习,待学会了基本技能后再进入下一环节。

第三步,幼儿手工制作。在本环节,应根据幼儿的年龄特点采取不同的组织方法。对于年龄较小的幼儿,教师可采用边讲解、边制作、边指导的方法,一步一步带着幼儿操作。对于年龄较大的幼儿,教师可采用先讲解后制作或指导幼儿看图例制作的方法。

第四步,作品展示与评价。教师为幼儿提供适合展示作品的场地,并组织幼儿分享。教师可请幼儿讲述自己的作品,也可组织幼儿从作品的技巧、创意等方面进行自评和互评。

(3) 欣赏活动

欣赏活动设计的流程如下。

第一步,创设情境,激发兴趣。在本环节,教师通过讲故事、看视频、已有经验回顾等方式激发幼儿参与欣赏活动的兴趣,内容和组织形式不限。

第二步,欣赏美术作品。教师向幼儿展示美术作品,让幼儿初步谈论对作品的感受。教师可通过以下引导语进行提问:"你看到了什么?这个美术作品给你什么样的感受?你喜欢它吗?"在此环节只做初步的谈论,不必进行详细的赏析。

第三步,赏析美术作品。在本环节,教师带领幼儿从艺术领域的关键经验方面进行欣赏和分析。教师可采用谈话法、综合法和游戏法开展赏析活动。

谈话法是教师经常使用的教学方法。教师可以从以下几个方面引导幼儿欣赏美术作品:第一,叙述内容。教师引导幼儿叙述作品的内容,包括人物、事物、在做什么事情,以及具体的其他特征。第二,分析作品的形式与风格。教师引导幼儿观察作品的线条、图形、构图、色彩、明暗关系等,对不同的作品可设计不同的问题,如乔治·修拉的《大碗岛的星期天下午》是一幅世界经典名作,其主要特点是使用了"点彩画法",教师在组织幼儿赏析时可做重点讲解与讨论。第三,与作品产生情感共鸣。教师引导幼儿回忆已有经验,与美术作品产生共鸣,如《熊猫竹石图》中,吴作人用中国传统水墨画展现了熊猫憨态可掬的样子。教师可以提问幼儿:"你见过熊猫吗?它们都在做什么?"通过提问,帮助幼儿回忆熊猫的体态和其对熊猫喜爱的情感。第四,了解作品的背景知识。教师可向幼儿介绍画家的生平、作品风格以及该作品的创作背景等,以加深幼儿对作品的理解。

综合法是把其他的艺术形式和美术作品相结合,以加强对美术作品的感受,即选取合适的音乐、诗歌等,边听边看,让幼儿体会到同一种事物在不同的艺术作品中的表现形式,从而加强幼儿对美术作品的理解。例如,在欣赏徐悲鸿的《奔马图》时,辅以二胡名曲《赛马》,给幼儿呈现一种万马奔腾的景象。

在采用谈话法和综合法欣赏作品后,教师可以组织幼儿进行游戏,这也是幼儿熟悉美术作品的好方法。例如,拼图法,教师把美术作品的复制品剪成几片,让幼儿进行拼图。又如,分类配对法,教师把美术作品打乱,让幼儿根据不同的规则进行分类,如中国画与西洋画、人物画与风景画等。

第四步,活动延伸。在本环节,教师可结合本次欣赏活动进行延伸,如在美工区临摹大师作品、创编作品故事等,让幼儿对后续的活动充满期待。

3. 各年龄班的发展特点

各年龄班美术活动的发展特点如表 3-26 所示。

表 3-26　各年龄班美术活动的发展特点

类型			小班	中班	大班
绘画活动			1. 能够绘画点—线—圆—涂色，逐步开始用图形与线条组合创作 2. 能够熟悉简单的工具，能够初步控制手的动作，不强调力度	1. 选配颜色更有目的性，颜色深浅与彩度变化的识别率提高 2. 能够使用各种图形的组合方法，表现物体的基本部位与主要特征	1. 能够利用多种绘画材料创作 2. 色彩敏感性增强，能够使用深浅、冷暖颜色进行搭配 3. 能够表现物体的动态结构和简单情节
手工活动	泥塑		搓长、团圆、压扁	捏合、挖泥、分泥、镶接	抻拉
	纸工	折纸	对边折、对角折	双正方折、双三角折、集中一角折、四周向中心折	双菱形折、组合折
		剪纸	目测剪（随意探索）	1. 目测剪（剪几何图形） 2. 沿线剪（老师画的） 3. 折叠剪（拉花、窗花）	1. 目测剪（花边、生活中的常见事物、人物） 2. 沿线剪（自己画的）
欣赏活动			能够说出美术作品中物体的名字和动作，但看不出其间的关系	1. 能够区别主要形象和环境景物 2. 能够简单概括情节，但不连贯，主次顺序颠倒	1. 能够连贯描述作品中的人物、时间、情节等 2. 能够看出画面的空间关系 3. 能够简单地评价作品，但不能讲出原因

4. 真题解析

真题重现：

1. 题目：《春天来了》。

2. 内容：

（1）用绘画的方式配合开展"春天"的活动。

（2）引导幼儿完成绘画作品。

（3）在 10 分钟内完成以上两项任务。

3. 要求：

（1）请配合作画的形式展开本次活动，要求绘画富有童趣、有创意。

（2）教学基本适合幼儿的特点，绘画内容能激发幼儿的兴趣，适合幼儿的能力水平，教师讲清绘画要求，且能够预设幼儿在绘画中的不同问题，对幼儿进行指导。

题目分析：

从题目内容可知，需要考生设计一节主题为"春天"的绘画类美术活动，但从考题中无法获知教学活动的年龄班，因此，考生在设计教案时可任选年龄班，活动目标与内容符合该年龄班的特点即可。

从题目中的要求可知，需要教师在设计活动时注重活动的组织，提前预设幼儿的提问及教师回答，因此，在试讲过程中要有所体现。

教案设计：

【活动名称】

大班美术活动"春天来了"。

【活动目标】
1. 仔细观察春天的景色，用水彩描绘眼中的春天。
2. 学习透视构图，理解近大远小。
3. 感受春天温暖、生机勃勃的氛围。

【活动重难点】
1. 重点：春天景色写生。
2. 难点：透视构图法。

【活动准备】
1. 物质准备：水彩颜料、画板、画纸、水桶、各式毛笔。
2. 经验准备：能够有序观察物体。

【活动过程】
一、引入活动，激发幼儿参与活动的兴趣
教师播放歌曲《春天在哪里》。
引导语："小朋友们，你们还记得这首歌曲吗？春天在哪里呢？对，就在小朋友的眼睛里。""今天，我们要一起去户外画春天。"教师带领幼儿来到操场。

二、观察春天的景色
提问："请小朋友仔细观察，说说你们都看到了什么景色。"幼儿可四散到操场的各个角落进行观察，然后进行讨论。
提问："你们是从哪个角度看的呢？"从上向下（俯视）、从下向上（仰视）、平视。
提问："除了这个景物，你还看到了其他的吗？"教师引导幼儿观察主体物的背景。"背景和你观察的景物的大小是怎样的？怎样才能分辨出那是远处的小朋友，这是近处的小朋友？"
总结："小朋友们说对了，在较远处的人或物比在近处的要小一些，所以，你在绘画的时候要注意远处的景物要画得小一些。"

三、幼儿自主绘画，教师指导
引导语："小朋友们，你们可以选择自己喜欢的地方进行作画，边观察边绘画。"教师在幼儿之间巡视。

四、作品分享
引导语："画完的小朋友可以把画展示在咱们班的美工区。"
提问："哪位小朋友向我们讲一讲你画的是什么？你是怎样画的？"教师重点点评幼儿的构图、造型、设色。
引导语："今天小朋友画的春天真是太美了，明天我们把画作稍做装饰，展示在幼儿园的大厅好吗？向其他的小朋友介绍你眼中的春天。"

第三节　教学活动试讲的答辩

一、试讲答辩概述

答辩又称非结构化面试，没有固定的模式、框架和程序，考官随机向考生提问，相较于结构化提问更具有灵活性和随机性，意在重点考查考生的综合素质。

答辩环节的测评要素包括心理素质、仪态仪表、语言表达、交流沟通、逻辑思维、随机应变、专业素质、答辩态度。其中，心理素质、仪态仪表、语言表达和交流沟通将在第四章进行详细解读。因此，下面重点讲述逻辑思维、随机应变、专业素质和答辩态度。

（一）逻辑思维

逻辑思维能力是整个面试过程中的考查重点，在答辩环节的体现尤为显著，重点考查考生能否围绕题目回答问题、条理是否清晰、逻辑是否自洽。首先，考生听到考题时不要着急回答问题，可思考5~10秒钟后再开始作答，让自己有时间梳理自己的思路。其次，在梳理回答思路时不必考虑每一句话如何说，只要考虑回答的框架即可，具体语言的组织可边说边思考。再次，回答问题时要体现回答的思路，使用"第一、第二、第三……""首先、其次、再次……"等词汇，让考官能够准确捕捉回答的思路，少用"然后……然后……"这样的话语。

（二）随机应变

考官非常注重考生随机应变的能力，但随机应变正是新手教师缺少的素质之一，因此在复习准备时要提前做好应对预案，如没有听懂考官的问题、不会回答考官的问题、面对冷场局面等。当没有理解考官的问题时，不要过于惊慌，可以请考官再重复一遍问题，如"您可以再说一遍吗？"更为有技巧的方法是转述问题，如"我这样理解问题是对的吗？"当不会回答考官的问题时，更要冷静思考，切忌不回答，可以和考官说"好的，我思考一下"。当试讲完毕，考官没有主动发问时，考生可以向考官说"请各位老师批评指导"。当考官对试讲提出质疑时，如"你认为美术活动就是老师带着幼儿画画吗？"考生应迅速思考教学中的失误，通过答辩环节进行弥补。

（三）专业素质

答辩提问大多倾向于专业知识，如课程评价、活动组织、活动目标等，考生要从学前教育专业的角度进行作答，不要说"外行话"。因此，考生在参加面试之前应该再复习笔试考试的内容，增强理论素质，使回答能够具有理论高度。

（四）答辩态度

态度在面试中也是非常重要的，在此重点强调实事求是和谦虚谨慎。考官可能会提问涉及考生的学业或是家庭情况，考生应实事求是地进行作答，切忌弄虚作假。例如，考官会问："你在学校喜欢哪门科目？"考生只要根据自己的经历作答即可。当考官对考生的教案、试讲环节提出质疑或建议时，考生要虚心接受，不要急于辩解。

二、试讲答辩考情分析

（一）答辩时长和题目数量

答辩考试在面试中占 5 分钟的时间，1~2 题不等，根据考生回答问题的时间长短不一，题目数量也会有所不同。当只有一道答辩题目时，通常会就试讲的情况进行提问；如果考查两道题目，则不会出现同一类型的题目。

（二）答辩考查题型

1. 基本信息

考官会向考生提问一些基本信息，如"你是哪个学校毕业的？是在校生吗？有过工作经验吗？做过什么工作？"

2. 专业知识

专业知识类题目涵盖范围较广，包括幼儿园课程理论、幼儿园环境创设、幼儿五大领域活动设计原则与方法、幼儿评价方法等。因此，考生在复习阶段需要再背熟笔试考试的内容，可参考本书第二章结构化提问。

3. 活动设计

考查考生的活动设计题目是常见题型，主要考查考生对试讲题目的目标和重难点、幼儿年龄特点把握、教学设计流程的思路与掌握情况。

4. 反思评价

在答辩题目中，让考生反思评价自己的教学活动也是常见题型，重点考查考生的反思能力。反思活动可从两个思路进行展开：其一，从教学设计入手；其二，从教学特点入手。

反思教学设计的方法：第一，反思目标设定。结合幼儿的年龄特点和考题的内容要求，反思自己的教案与试讲是否完成了教学目标、重点和难点。第二，反思教学过程的优点与不足。结合之前试讲的情况，对教学环节的设计、师幼互动的情况进行反思。第三，反思调整策略。可根据试讲中的不足进行教学策略的调整，如"下次如果再进行此类活动，我将……"。

反思教学特点的方法：第一，反思教学策略的使用是否得当。可以结合自己的教案和试讲情况，总结自己的教学策略，如游戏法的使用是否适宜、多感官感知物体的优势等。第二，反思教学设计特点。根据试讲情况反思自己的教学设计有哪些特点，如注重发展幼儿的学习品质、养成良好的学习习惯、运用全语言教育理念、奥尔夫音乐教学法等。

5. 失误补充

当考生在试讲中出现了失误或是讲解不清的情况下，考官会提问此类问题。考生当听到这类问题时，应该把握好弥补试讲不足的机会。例如，刚才你试讲的结尾部分没有完成，你能再展示一下吗？请你把歌曲边打节奏边唱一遍。

三、试讲答辩真题示例

（一）基本信息

题目1：你有学前教育相关的工作经验吗？

答题思路：

如果考官提问这类问题，一般有三种情况：第一种是考生在试讲环节非常优秀，考官想要了解考生的从业经历；第二种是考生在试讲环节差强人意，考官质疑考生的专业性，如果是非学前教育专业的考生，考官会酌情打分；第三种是考官仅仅想了解考生的基本信息，所以考生遇到此类问题不要惊慌，实事求是地回答即可。

答题示范：

老师您好！我现在就读于×××大学，学前教育专业本科，现在是大四学生。我在这个学期根据学校的要求在×××幼儿园参加实习，实习的内容包括保育实习和教育实习。在实习阶段，我曾经独立组织过幼儿园的半日活动，在实习期末我还进行了教学活动展示。虽然我现在的工作经验不多，但是我非常热爱幼儿教育事业，我相信在我真正从事了幼儿园教师工作后，我会有更大的进步。

（二）专业知识

题目2：在语言活动中，你可以使用什么方法引入活动？

答题思路：

这道题目重点考查考生组织幼儿园教学活动的教学方法与策略，考生结合语言活动教学方法的理论和实践策略进行作答。作答时不仅要从考题入手，还应该全面地对语言领域活动的引入策略进行阐述。

答题示范：

语言活动的引入环节非常重要，它的作用包括激发幼儿参与活动的兴趣、回忆已有的经验、引发活动主题等。引入环节的组织方法有很多：可以用实物或直观教具创设情境，老师组织幼儿观看图片或视频，出示玩具或教具等，激发幼儿参与活动的兴趣；也可以使用语言创设情境，如老师朗诵一段诗歌、歌谣、绕口令等，引发幼儿回忆已有的经验；还可以使用游戏或情境表演创设情境，引发活动的任务或主题。

（三）活动设计

题目3：你这节活动的目标是什么？你在教学环节中是怎样完成目标的呢？

答题思路：

本题重点考查考生教学设计的思路和能力，如果被问到该题目，一般会有两种情况：第一，考官仅仅询问考生的目标和教学内容的设计思路，考查考生是否对该教学内容有比较完整、深入的思考；第二，考官可能对考生的试讲不太满意，通过答辩环节了解考生设计目标和完成目标的想法，如果是这样的情况，考生要引起重视，在答辩环节弥补试讲的不足。

答题示范：

我本次活动的教学目标分为三个维度：知识与技能、行为与习惯、情感与态度。目标一是理解绘本内容，能够用语言简单讲述。目标二是通过细致观察绘本图画，初步感知单页多图的阅读方式。目标三是养成喜欢阅读图书的习惯，提高和他人分享的意识。在教学活动中，我通过三个策略完成目标：一是教师提问，引导幼儿进行猜想，能够锻炼孩子们的语言表达能力；二是通过仔细观察画面，把单页单图和单页多图进行对比，理解单页多图的阅读方式，并引导幼儿能按从左到右的方式进行简单讲述；三是给幼儿留任务，让幼儿自己阅读第二至第十五页，养成自主阅读的能力，给孩子们想象的空间，并互相说一说。最后，把四幅插图放在一起让幼儿更清楚地回忆小熊做的四件错事，并完整讲述故事的内容。

（四）反思评价

题目4：请你反思一下你的试讲课。

答题思路：

考生可以从两个思路展开反思：思路一，反思内容，可以从教学目标、环节实施、幼儿表现等方面进行反思；思路二，反思过程，可以从回顾教学、分析优缺点、分析原因、寻找策略、调整教学设计五个方面入手进行反思。

答题示范：

我将从三个方面对音乐活动"龟兔赛跑"试讲进行反思。

第一，本次活动结合《纲要》中对小班幼儿的发展要求，选取了有特点的节奏，并运用舞蹈律动激发幼儿参与音乐活动的兴趣。歌曲的选用结合了故事的情节，使幼儿能够更好地体会乐曲的节奏特点，并能用动作表现出来。

第二，在活动设计上体现了趣味性、游戏性和层次性。对于小班幼儿来说，创设丰富有趣的音乐环境是十分重要的，因此，在活动设计上运用了动画和动态课件，激发幼儿的兴趣，在活动中注重让幼儿动静交替，用音乐游戏的形式帮助幼儿感知音乐的节奏。

第三，在媒体运用上，同时运用了白板课件和PPT课件各自的优势，吸引了孩子们的注意，帮助幼儿理解了音乐的旋律和节奏，提高了幼儿的有意注意能力。较之传统的音乐教学活动来说，教师减少了烦琐的材料准备，能让教师从"材料"中解放出来。

（五）失误补充

题目5：你的这节活动的主要内容是音乐，但是用了大部分时间在讲故事，你能解释一下吗？

答题思路：

当考官提出此类问题，考生一定予以重视，因为考生在试讲中肯定出现了较大的失误。因此，在回答问题时应先谦虚地向老师道谢，然后立即用5分钟的时间对试讲内容进行弥补。

答题示范：

谢谢老师给我提出问题，确实是我在展示教学活动时有些喧宾夺主了。我的意图是在活动开始的阶段为幼儿讲一小段故事，激发幼儿的兴趣，帮助幼儿理解歌曲的情境。但是在试讲中，讲故事环节我使用的时间过多，应该把教学重点放在新歌学唱的环节。

第四节　教学活动试讲的教案示例

一、健康领域活动的试讲教案

（一）小班

1. 活动一：小班体育游戏"大风和树叶"

【活动目标】

（1）知识与技能：练习走跑交替，能够听信号做动作。

（2）行为与习惯：养成遵守游戏规则的品质。

（3）情感与态度：能够在较冷天气参与体育游戏。

【活动重难点】

能够听信号练习走跑交替。

【活动准备】

大风头饰一个。

【活动过程】

（1）开始部分

教师边说儿歌边带领幼儿做准备活动，包括上肢运动、踢腿运动、腹背运动、跳跃运动。

引导语："冬爷爷来啦，看到许多树被风吹得摇啊摇；冬爷爷跑呀跑，看到许多小朋友在踢球；冬爷爷跑呀跑，看到许多小鸡在啄食；冬爷爷跑呀跑，看到许多小兔子在蹦蹦跳跳。"

（2）基本部分

①向幼儿说明游戏规则

引导语："冬天到了，大风呼呼地吹。今天我们来玩一个游戏，名字叫'大风和树叶'。"

教师向幼儿提出活动要求："老师来做大风，小朋友做树叶蹲在地上。当老师说'起风了'，小朋友站起来；当老师说'风大了'，小朋友快快地跑；当老师说'风小了'，小朋友要慢慢走；当老师说'风停了'，小朋友们蹲下不动。"

②教师组织幼儿游戏

请全体小朋友根据游戏规则试玩游戏一次，教师观察幼儿是否掌握了游戏规则，根据幼儿出现的问题再一次强调游戏规则。

集体游戏 2~3 次，要求幼儿走、跑协调。

③游戏小结

教师评价幼儿游戏，重点强调是否遵守游戏规则。

（3）结束部分

教师带领幼儿放松整理身体。

复习游戏"小不点睡了"，教师边念儿歌边带幼儿放松身体。

幼儿站在教师的周围，教师念儿歌："小不点睡了，二胖子睡了，大个子睡了，你睡了，我睡了，我们大家都睡了。小不点醒了，二胖子醒了，大个子醒了，你醒了，我醒了，我们大家都醒了。"边念儿歌边用右手将左手的手指依次从小指到拇指使其弯曲，表示睡了，再从小指到拇指依次将其伸直，表示醒了。

引导语："小树叶们，我们快回到教室里补充水分吧。"教师带领幼儿学小鸟飞的样子回到教室。

【答辩题目】

（1）请你反思这节课。

本节课的内容符合小班幼儿的年龄特点，以走和跑为活动的重点，以遵守游戏规则为活动的难点，活动环节设计流畅，能够有效解决重难点。在活动组织时，我能根据小班幼儿的"泛灵化"特点使用拟人化的语言，吸引幼儿参与游戏。

（2）你认为体育活动对幼儿的发展起到什么作用？

我认为体育游戏能够促进幼儿的身体发育，通过走、跑、跳、投、钻、爬、平衡等技能的练习，增强幼儿的协调能力，提高身体素质，并且在体育游戏中能够锻炼幼儿的意志品质，让幼儿能够适应在较冷环境下的体育活动。

2. 活动二：小班体育游戏"有趣的跳圈"

【活动目标】

（1）知识与技能：练习双脚并拢跳进圈内。

（2）行为与习惯：倾听老师发出的游戏指令。

（3）情感与态度：体验游戏中放松和紧张的不同情绪。

【活动重难点】

学会双脚并拢跳进圈内。

【活动准备】

跳圈人手一个，小羊、老狼头饰若干。

【活动过程】

（1）开始部分

跳圈练习——幼儿手拉手站成一个大圈，人手一个小圈放在自己的面前。教师带领幼儿练习双脚跳进和跳出小圈。

教师带领幼儿边念儿歌边做相应的动作。儿歌："吹泡泡吹泡泡，泡泡飞呀飞得高，飞到了天空中，问声太阳好，你好。"

引导语："当儿歌说到'你好'时，请小朋友们看看老师是怎么做的。"

经验梳理：双脚并拢跳进小圈里，游戏进行2~3次。

（2）基础部分

①介绍游戏规则

引导语："小朋友们，跟老师一起玩一个好玩的游戏，叫作'狼来了'。"

教师向幼儿提出活动要求，老师扮演老狼，幼儿扮演小羊。

教师和幼儿一起念儿歌："从前有个放羊娃，有个放羊娃，经常这样骗大家，这样骗大家，狼来了，狼来了，狼来了。"

引导语："当念到'狼来了'，狼就会过来抓小羊，小羊要双腿并拢跳到'洞'里。"

②教师组织幼儿游戏

教师跟幼儿试玩游戏一次，观察幼儿是否双腿并拢跳，根据幼儿出现的问题再一次强调跳的方法。

集体游戏2~3次。

③游戏小结

评价幼儿的游戏,重点强调跳圈的方法——双腿并拢跳进圈内。

（3）结束部分

边唱歌曲边做动作,教师带领幼儿回到教室。

儿歌:"拉个圆圈跑跑,拉个圆圈跑跑,跑跑跑跑,看谁最先蹲下。

拉个圆圈走走,拉个圆圈走走,走走走走,看谁最先站好。"

【答辩题目】

(1) 请你反思这节课。

小班幼儿处于身体迅速发展的时期,而动作的发展又是其重要标志。由于骨骼肌肉的发展和大脑协调能力的不断增强,小班幼儿动作的进步是非常快的。《指南》在健康领域动作发展方面要求小班幼儿能身体平稳地双脚连续跳。我班幼儿在跳跃方面总是一脚前一脚后,或者不同时落地。因此,结合我班幼儿现阶段的发展需求,这节课的重难点是引导幼儿学会双脚并拢跳,符合幼儿的身心发展水平,具有一定的挑战性。环节设计流畅,能突出并解决重难点。

(2) 如何在体育活动中培养幼儿积极、愉快的情绪?

良好的情绪表现是心理健康的重要标志。良好的感受和体验是幼儿形成安定、愉快情绪的基础。教师要为幼儿营造温暖、轻松的心理环境,让幼儿形成安全感和信赖感,同时还要帮助幼儿学会恰当表达和调控情绪,帮助幼儿识别情绪、理解情绪和表达情绪,逐渐引导幼儿学习和掌握缓解、转移和控制消极情绪的方法。本节课我侧重通过大灰狼的情境和儿歌信号,让幼儿体验紧张和放松的情绪,引导幼儿正确识别不同情绪。

(北京市海淀区立新幼儿园　王雪珩)

3. 活动三:小班体育游戏"小蜗牛爬爬爬"

【活动目标】

(1) 知识与技能:练习双手双膝着地向前爬行。

(2) 行为与习惯:养成遵守游戏规则的意识。

(3) 情感与态度:喜欢参加爬行游戏,体验游戏带来的乐趣。

【活动重难点】

(1) 重点:能根据游戏规则进行游戏。

(2) 难点:练习双手双膝着地向前爬行。

【活动准备】

(1) 物质准备:自制蜗牛、黄鹂鸟头饰,50厘米的自制葡萄架,钻爬地垫,歌曲《蜗牛与黄鹂鸟》。

(2) 经验准备:幼儿参与"爬"的各种活动。

【活动过程】

(1) 开始部分

幼儿跟随歌曲《蜗牛与黄鹂鸟》做热身运动,头部、肩部、腰腹部、腿部热身运动,重点带领幼儿做下肢动作。

引导语:"葡萄园的小葡萄都长出来了。瞧,黄鹂鸟来找小蜗牛们一起去葡萄架下玩咯!"

（2）基础部分

①教师讲解游戏规则，幼儿自主尝试爬过葡萄架

引导语："葡萄架是蜗牛妈妈和小蜗牛亲手搭建的，上面结满了葡萄果实。看看哪只小蜗牛能快速地爬过葡萄架还能保护好我们的葡萄架和小葡萄，不碰到它们，有没有哪只小蜗牛想先试一试？"

②教师引导幼儿学习双手双膝着地爬的方法

引导语："刚才哪只小蜗牛在爬的时候没有碰到葡萄架和小葡萄？让这只小蜗牛再爬一次，我们看看他是怎么爬的。大蜗牛妈妈也来到了葡萄园，我们看看大蜗牛妈妈是怎么爬的。"

幼儿梳理经验："小蜗牛是双手双膝着地爬过去的。"

③集体游戏

教师引导幼儿根据正确的爬行方式进行游戏，遵守游戏规则，游戏进行2~3次。

④游戏小结

教师评价幼儿游戏，重点强调是否遵守了游戏规则。

引导语："表扬没有碰到葡萄架和小葡萄的小蜗牛宝宝，都是遵守规则的好宝宝。"

（3）结束部分

播放歌曲《蜗牛与黄鹂鸟》，幼儿自由放松身体。教师带领小朋友们学小蜗牛的样子回到教室。

【答辩题目】

（1）请你反思这节课。

这节课主要是引导幼儿能根据游戏规则进行游戏，不碰到葡萄架和小葡萄，从而练习双手双膝着地向前爬行，活动目标的设定符合幼儿的年龄特点。活动设计流畅，重难点突出，注重活动结束后对幼儿经验的提升。

（2）不同年龄阶段幼儿钻爬的发展特点是什么？

小班幼儿常以正面的钻爬动作为主，能够掌握一系列的屈膝、下蹲、低头弯腰、蜷身等动作。中班幼儿能够熟练协调地在60厘米高的障碍物下钻来钻去，能侧身钻和正面钻。大班幼儿能熟练协调地侧身、缩身钻进钻出障碍物，能手脚交替在攀藤架上爬上爬下，能在单杠或其他器械上做短暂的悬垂动作。

（北京市海淀区立新幼儿园　王雪珩）

4. 活动四：小班体育游戏"小火箭发射"

【活动目标】

（1）知识与技能：练习双手用力向高空投掷火箭。

（2）行为与习惯：学会在游戏中进行自我保护。

（3）情感与态度：愿意探索游戏的玩法。

【活动重难点】

（1）重点：学习投掷的方法。

（2）难点：愿意探索游戏的玩法。

【活动准备】

自制软布火箭人手一个，户外场地画起投线。

【活动过程】

（1）开始部分

幼儿和教师模仿火箭发射，进行转头、扭胯、原地向上跳、向指定地点跑等热身运动。

引导语："人形火箭就要发射了，小朋友们做好准备了吗？先转转火箭头，再扭扭火箭的身体，最后转转火箭的轮子向上跳。火箭能发射了吗？一、二、三，火箭发射！"

（2）基本部分

①幼儿自主探索火箭投掷的玩法

引导语："人形火箭已发射完毕，小朋友手里的小火箭也想发射得又高又远，你们有什么好办法吗？"（鼓励幼儿大胆表达自己的好想法）

②幼儿学习儿歌《发射小火箭》

引导语："老师有一个小秘诀，可以让火箭发射得又高又远，请小朋友仔细听老师的小秘诀。小手捏住火箭头，找到天上云姐姐，从后往前用力投，火箭发射到天空。"（幼儿跟随儿歌和教师的示范做动作）

③幼儿跟随儿歌一起投掷火箭，学会在游戏中进行自我保护

引导语："小火箭准备好了吗？老师数一二三时再发射，别早也别晚哦！小朋友捡火箭的时候要躲开发射的火箭，不要受伤哦！小手捏住火箭头，找到天上云姐姐，从后往前用力投，火箭发射到天空。一、二、三，发射！"

（3）游戏小结

教师引导幼儿探索火箭投掷的新玩法。

引导语："小火箭没油了，快点让火箭回家加油吧！希望小朋友回家想一想还有什么好办法可以让火箭投掷得又高又远！明天我们再来一起玩火箭吧！"

【答辩题目】

（1）你对本节课教育目标的设定有哪些思考？

《指南》中指出，3~4岁的幼儿能双手向上抛球，分散跑时能躲避他人的碰撞。本次活动中，在知识与技能方面侧重幼儿能向上抛火箭，同时在往返时能够有躲避的意识，具备初步的自我保护能力。同时鼓励幼儿积极思考，除了用力向上抛还能发明哪些新玩法，鼓励幼儿在集体活动中不断探索。

（2）体育游戏中如何培养幼儿的自主性？

良好的环境氛围能激发幼儿产生愉快的情绪，增强幼儿在活动中的自主性、自信心。在集体活动准备阶段，为幼儿提供充分的时间和空间，让幼儿能够按照自己的意愿选择游戏，积极调动幼儿的前期经验和道德观念，用幼儿的方式去解决矛盾问题。在教学活动中要留出充足的时间倾听幼儿的表达，为每个幼儿提供自我表现的机会。坚持经常性的交流总结，让幼儿在成功的体验中得到发展。

（北京市海淀区立新幼儿园　王雪珩）

5.活动五：小班体育游戏"小猫的一天"

【活动目标】

（1）知识与技能：初步练习走独木桥，锻炼身体的协调性。

（2）行为与习惯：过独木桥不推挤。

（3）情感与态度：克服胆小和恐惧的心理。

【活动重难点】
（1）重点：锻炼身体的协调性。
（2）难点：初步学会过独木桥。

【活动准备】
平衡木、纸做的小路、一封信、玩具马、小猫头饰若干、小鱼卡片若干。

【活动过程】
（1）开始部分
幼儿听音乐自然站队，做从头到脚的热身准备活动。
（2）基本部分
①创设情境
教师扮演猫妈妈，幼儿扮演猫宝宝。
引导语："猫妈妈早上收到了一封信（教师打开信封），信上说我们的好朋友小河马生病了，我们一起去看看小河马吧。"
②走"小路"
猫妈妈带着猫宝宝去看小河马，一个跟着一个走，突然发现前面出现了一条又窄又长的小路。（教师引导幼儿想到过小路的方法）到了小河马家，猫妈妈和猫宝宝询问小河马的病情，并说句祝福的话，然后按照原来的路走回去。
引导语："这条小路，猫宝宝有什么好方法能过去吗？"
经验梳理：引导幼儿整整齐齐一个挨着一个排成行。
③过"小桥"
教师引导幼儿边说儿歌边过小桥。
猫妈妈说："家里的鱼不多了，我们去河边捉鱼吧！"
到了河边，发现有一条又窄又长的小桥。
猫妈妈问："你们有什么好办法过小桥吗？"
教师请3~4个幼儿示范：小猫小猫要过桥，张开双臂走上桥，心不慌，身不摇，一步一步走过桥。其他幼儿认真观看。
幼儿从独木桥的一端走到另一端，捉到鱼后把鱼放到框里再循环游戏。
④游戏小结
强调走平衡木的方法和注意事项：整整齐齐一个挨着一个排成行，不推不挤；张开双臂一步一步走过桥。
（3）结束部分
太阳落山了，小猫们捉了好多好多鱼，可以跟猫妈妈回家啦！
幼儿听音乐中做整理动作，自然结束。

【答辩题目】
(1) 请问这节课的亮点是什么？
小班幼儿常常把假想的事情当作真实，这也是他们想象夸张性的表现。情境化的游戏活动能使幼儿沉浸在想象的世界中。这节课我创设"小猫看望小河马，再到河边捉鱼"的情境，满足了幼儿思维"拟人性"的特点，激发了幼儿的好奇心和学习的兴趣。

(2）体育游戏在幼儿良好行为习惯养成中的作用有哪些？

通过引领幼儿在体育游戏中与同伴和教师互动来加深幼儿对自我、他人以及环境的认知，并在体育游戏中加深规则意识、团队意识、竞争意识以及健康意识。在体育游戏的设计上要充分调动幼儿的兴趣、情感，在思考的基础上加强幼儿意识和观念的内化，促使幼儿形成良好的行为习惯。

（北京市海淀区立新幼儿园　王雪珩）

6. 活动六：小班健康活动"不做漏嘴巴"

【活动目标】

（1）知识与技能：知道吃饭时尽量不掉米粒在桌面上和地面上。

（2）行为与习惯：养成不掉米粒的好习惯。

（3）情感与态度：吃饭时注意力集中，不东张西望。

【活动重难点】

（1）重点：知道吃饭时尽量不掉米粒在桌面上和地面上。

（2）难点：养成不掉米粒的好习惯。

【活动准备】

故事书《不做漏嘴巴》。

【活动过程】

（1）倾听故事，组织幼儿讨论

引导语："故事里的小朋友叫什么名字？""后来谁来了？它来做什么？""小弟弟真的是嘴巴漏了吗？""后来小弟弟找大公鸡说了什么？"

教师边讲边提问，引导幼儿理解故事内容，充分讨论和交流故事情节。

（2）联系实际，理解内化

引导语："你们喜欢这个小弟弟吗？""你们吃饭的时候会漏嘴巴吗？""怎么做才能不漏嘴巴呢？"

教师引导幼儿独立思考，梳理经验。

（3）教师小结

教师边说边演示不漏嘴巴的方法，教师的演示要形象和生动："吃饭的时候，一只手扶着碗，一只手拿着勺子，专心地吃饭，不说话，不东张西望，不边吃边玩，饭菜就不会掉在下巴上、衣服上、裤子上、桌子上和地面上，这样就不是一个漏嘴巴的孩子了。"

（4）幼儿模仿操作

教师引导幼儿一只手扶着碗，一只手拿着勺子，模仿专心吃饭的样子。适时鼓励和表扬，随时根据模仿情况提出相应要求。

【答辩题目】

（1）简述本次活动的设计意图。

小班幼儿吃饭时经常地上、桌子上都是漏掉的饭菜，出现这一现象主要是因为幼儿良好的饮食习惯还没建立，需要在日常的进餐环节中不断巩固和培养。这节集体教学活动的目的是让幼儿明白漏嘴巴不是一个好习惯，让幼儿知道如何才能做到不漏嘴巴，以故事的方式让幼儿更乐于接受和理解。

（2）你认为健康活动对幼儿发展能起到什么作用？

健康包括身体健康和心理健康两个方面。健康教育活动可以提高幼儿健康知识水平，培养幼儿有益于个人、有益于社会的健康行为和习惯。密切关注幼儿的心理健康，让幼儿树立乐观、自信、坚强的品格，培养幼儿正确处理人与人之间的关系，为幼儿的未来健康生活奠定坚实的基础。

（北京市海淀区立新幼儿园　王雪珩）

（二）中班

1. 活动一：中班体育游戏"挤花生"（练习走、跑的游戏）

【活动目标】

（1）知识与技能：练习在一定范围内走、跑，提高动作的敏捷性和协调性。

（2）行为与习惯：养成遵守游戏规则的品质。

（3）情感与态度：体验体育游戏的快乐。

【活动重难点】

能按游戏规则在一定范围内走、跑。

【活动准备】

场地上画一个大圆圈。

【活动过程】

（1）开始部分——做动作，活动身体

幼儿分成四路纵队站好后，模仿教师的动作活动身体，如活动手腕、脚腕、膝关节、腰、腿等。

（2）基本部分——玩游戏"挤花生"

①教师交代游戏玩法和规则

引导语："小朋友们，你们知道花生是怎么变成花生油的吗？今天我们来玩一个游戏，名字叫'挤花生'。"

游戏玩法：幼儿站在圆圈上，教师站在圆圈外。教师带着幼儿边拍手边说儿歌——"花生长，花生短，花生剥壳咔咔响，生个宝宝红衣裳，聚一聚，挤一挤，挤出油儿炒菜香"说儿歌的同时幼儿要向圈内走。当说完儿歌后，教师立刻伸手去碰圈内的幼儿，但脚不能进入圈内。圈内幼儿尽量躲闪，不让教师碰到。被教师碰到的则变为花生油，走到圈外等候游戏结束。

游戏规则：进入圆圈内的幼儿脚不能出圈。若走出圈，则自动变为花生油，要在圈外等候，直至游戏结束；在圈内的幼儿注意安全，不能推别人，也不能踩别人；被教师碰到任何部位都算变成花生油，要退到圈外等候游戏结束。

②教师组织幼儿游戏

请全体幼儿根据游戏规则试玩游戏一次，教师观察幼儿是否掌握游戏规则，对出现的问题进行总结，再一次强调游戏玩法和规则。

游戏进行2~3次后，可以增加圆圈外的人数或缩小圆圈，增加游戏的难度。

③游戏小结

教师与幼儿共同回顾游戏过程，重点评价是否遵守游戏规则。

（3）结束部分——放松活动，游戏结束

教师带领幼儿做简单的整理活动，如转动手腕、脚腕、拍拍膝盖，按摩双腿等，放松身体，活动结束。

【答辩题目】

（1）请你反思这节课。

本节课的内容符合中班幼儿的年龄特点，活动环节设计流畅，能够有效地实现活动目标和解决活动重难点。在组织活动时，我能够根据幼儿游戏的情况及时组织幼儿进行小结，引导幼儿遵守游戏规则。同时，根据幼儿的游戏情况提升游戏难度，满足幼儿参与游戏的兴趣。

（2）你认为体育活动对幼儿的发展能起到什么作用？

可以增强幼儿体质，提高幼儿对环境的适应能力；提高动作的协调性、灵活性；培养幼儿坚强、勇敢、不怕困难的意志品质和主动、乐观、合作的态度。

（北京市海淀区立新幼儿园　黄倩）

2. 活动二：中班体育游戏"小鸟学本领"

【活动目标】

（1）知识与技能：学习从25~30厘米的高处往下跳，落地要轻、稳。

（2）行为与习惯：发展腿部肌肉的力量和身体的协调性。

（3）情感与态度：体验体育游戏的快乐。

【活动重难点】

学习从25~30厘米的高处往下跳，落地要轻、稳。

【活动准备】

高25~30厘米的长条凳。

【活动过程】

（1）开始部分——做动作，活动身体

教师和幼儿模仿小鸟做各种动作，如拍拍翅膀飞一飞、双脚跳一跳、弯腰屈膝转一个圈等，引导幼儿学做动作，活动身体。

（2）基本部分——玩游戏"小鸟学本领"

学习从25~30厘米的高处跳下。

①教师示范动作

引导语："小鸟长大后要离开妈妈自己生活，为了能自己寻找食物，现在要跟妈妈学习各种各样的本领。"

教师迈上平衡木，示范从高处跳下的动作，边示范边讲解动作要领：轻轻跳起，轻轻落地，落地时膝部稍弯曲。

②幼儿练习动作

幼儿利用摆放在场地四周的平衡木进行练习，教师注意观察幼儿的动作，提示动作要领。

③幼儿示范动作

请个别幼儿示范，引导其他幼儿观察。

④幼儿反复练习

幼儿利用平衡木反复练习。

（3）结束部分——放松活动，游戏结束

教师带领幼儿做简单的整理活动，如转动手腕、脚腕，拍拍膝盖，按摩双腿等，收拾整理材料，活动结束。

【答辩题目】

（1）请你反思这节课。

本节课的内容符合中班幼儿的年龄特点，活动环节设计流畅，能够有效地实现活动目标和解决活动重难点。活动中创设的"小鸟离开妈妈学本领"的情境能够激发幼儿参与活动的兴趣。

（2）你认为体育活动对幼儿的发展能起到什么作用？

可以增强幼儿体质，提高幼儿对环境的适应能力；提高动作的协调性、灵活性；培养幼儿坚强、勇敢、不怕困难的意志品质和主动、乐观、合作的态度。

（北京市海淀区立新幼儿园　黄倩）

3. 活动三：中班体育游戏"好玩的轮胎"

【活动目标】

（1）知识与技能：掌握在轮胎上平稳走的方法，提高钻、跑、爬等技能。

（2）行为与习惯：能遵守游戏规则。

（3）情感与态度：体验游戏的喜悦感与成功感。

【活动重难点】

提高钻、跑爬等技能。

【活动准备】

轮胎、红旗、音乐。

【活动过程】

（1）开始部分——做动作，活动身体

教师带领幼儿边听音乐边做上肢、体侧、体转、腹背、跳跃等动作，充分活动身体各个部位。

（2）基本部分——玩游戏"好玩的轮胎"

游戏一：滚轮胎

①教师交代游戏玩法和规则

引导语："今天我们一起玩轮胎挑战赛，小朋友们自由分成三组。"

游戏玩法：幼儿分成若干组（实际根据幼儿总数确定，一般不超过四组），竖立轮胎，单手或双手推行，幼儿依次进行，当前面的幼儿到达转弯处后，后面的幼儿才能出发。

游戏规则：第一位幼儿将轮胎推到5米处后，第二位幼儿才能跑过去，将轮胎推回起点等待；游戏结束，用时最少的一组获胜。

②教师组织幼儿游戏

第一次游戏后，教师讲评，对出现的问题进行总结。

游戏二：爬轮胎

①教师交代游戏玩法和规则

第一关：轮胎平铺在地上，连接成一排，所有小朋友要求踩轮胎的边缘依次通过，不要踩到地面。

第二关：增加轮胎的高度，变成双层，把轮胎摆成高低错落的样子。要求小朋友依次通过，不要踩到地面。先练习一下把幼儿分成四组，四个小组比赛，得第一的小组获得一面旗帜。

第三关：继续增加轮胎高度，加成三层，高低错落。要求小朋友依次通过，不要踩到地面。在较高的地方需要手脚并用，爬上爬下。先练习一下，然后把幼儿分成四组，四个小组比赛，得第一的小组获得一面旗帜。

②教师组织幼儿游戏

幼儿分成3~4组，同时进行游戏，提示幼儿遵守游戏规则。

③游戏小结

教师总结平稳走过轮胎路的方法。可根据幼儿的游戏水平调整轮胎路的长短和轮胎山的高度。

（3）结束部分——放松活动，游戏结束

播放音乐，教师和幼儿一起转动腰部、按摩双腿进行放松，收拾活动材料，活动结束。

【答辩题目】

（1）请你反思这节课。

活动设为竞赛的形式，能够激发幼儿的竞赛意识。活动中，根据幼儿的游戏情况，教师与幼儿一起设置和调整轮胎的摆放形式，提高游戏难度的同时也增加了幼儿参与活动的主动性，符合中班幼儿的年龄特点。

（2）你认为体育活动对幼儿的发展起到什么作用？

可以让幼儿在充满欢乐、不断克服困难取得成功的过程中发展各种优良品质，促进身心健康和谐发展。

（北京市海淀区立新幼儿园　黄倩）

4. 活动四：中班体育游戏"勇打灰太狼"

【活动目标】

（1）知识与技能：运用沙包进行投掷游戏，提高投掷的准确性。

（2）行为与习惯：能遵守游戏规则。

（3）情感与态度：体验游戏的喜悦感与成功感。

【活动重难点】

运用沙包进行投掷游戏，提高投掷的准确性。

【活动准备】

沙包、贴有"灰太狼"的露露罐。

【活动过程】

（1）开始部分——做动作，活动身体

利用沙包活动身体，如头顶沙包、单臂旋转沙包、背驮沙包、双腿夹沙包行进跳等。

（2）基本部分——玩游戏"勇打灰太狼"

①教师示范游戏玩法和规则

教师示范肩上挥臂投掷的动作，边示范边提示动作要领：两脚前后开立，用对侧手拿住沙包，屈肘于肩上，肘关节向前，眼看前方，用力将沙包投出，在投出的同时将重心从后脚移到前脚，击打前面的"灰太狼"。

游戏规则：每组游戏三人同时进行，三人分别站于起始线进行投掷，投倒"灰太狼"最多者为胜。（露露罐堆成三角形）

②教师组织幼儿游戏

游戏进行2~3次后，可让幼儿自由设计摆放露露罐的方式。

③游戏小结

教师与幼儿共同回顾游戏过程，重点评价投掷动作，讨论如何提高投掷的准确性。

（3）结束部分——放松活动，游戏结束

幼儿模仿教师拍拍肩膀、手臂、腿等动作，放松身体。

教师和幼儿一起收放玩具材料，活动结束。

【答辩题目】

（1）请你反思这节课。

本节活动的环节设置流畅。活动中，教师首先为幼儿做示范动作，为幼儿提供动作标准。其次，幼儿参与摆放活动材料，能提高幼儿参与活动的主动性。这些符合中班幼儿的年龄特点。

（2）你认为体育活动对幼儿的发展能起到什么作用？

可以让幼儿在充满欢乐、不断克服困难取得成功的过程中发展各种优良品质，促进身心健康和谐发展。

（北京市海淀区立新幼儿园　黄倩）

5. 活动五：中班体育游戏"安全屋"

【活动目标】

（1）知识与技能：练习单脚站立，保持身体平衡。

（2）行为与习惯：养成遵守游戏规则的品质。

（3）情感与态度：体验与同伴合作游戏的快乐。

【活动重难点】

练习单脚站立，保持身体平衡。

【活动准备】

废报纸若干。

【活动过程】

（1）开始部分——引导幼儿扮演小鸡，活动身体

引导语："小鸡们，我们一起捉虫子吃吧。"

教师带领幼儿活动腰部、腿部、脚腕，单脚站立跳一跳，活动身体。

（2）基本部分——玩游戏"安全屋"

①教师带领幼儿尝试第一遍游戏

幼儿扮演小鸡，教师扮演鸡妈妈。游戏开始，小鸡随着鸡妈妈在农场里走来走去捉虫吃。教师说："宝宝们累了吧，现在可以两人一起到安全屋休息一会儿。"幼儿两人一组单脚站立在安全屋（一张报纸）上。过了一会儿，教师说："把报纸对折好，我们继续捉虫去啦。"

小鸡围着安全屋捉虫，当听到鸡妈妈说"黄鼠狼来了"时，两只小鸡同时单脚站到安全屋上，并要保持身体平衡。接着，再对折报纸（减少安全屋面积），小鸡继续出安全屋捉虫子，听到口令，再次单脚站在安全屋上。游戏照此方法继续，直到安全屋不能同时站下两个人为止。

②教师带领幼儿总结游戏规则

一只脚站在安全屋上，身体保持平衡，另一只脚不能着地。

游戏中要不断减少报纸的面积。

③教师组织幼儿游戏2~3次

教师观察幼儿是否掌握游戏规则，对出现的问题进行总结。

④游戏小结

教师与幼儿共同回顾游戏过程，重点讲同伴之间如何保持身体平衡的方法。

（3）结束部分——放松活动，游戏结束

引导语："小鸡回到草地上，我们一起自由地玩吧。"

自然放松，活动结束。

【答辩题目】

（1）请你反思这节课。

本节课创设"安全屋"的情境，引导幼儿扮演小鸡，在轻松、愉快的氛围中练习单脚站立，锻炼了身体的协调性及平衡能力，同时也增强了幼儿的合作意识。本节课的内容符合中班幼儿的年龄特点，活动环节设计流畅，能够有效实现活动目标和解决活动重难点。

（2）你认为体育活动对幼儿的发展能起到什么作用？

可以增强幼儿体质，提高幼儿对环境的适应能力；提高动作的协调性、灵活性；培养幼儿坚强、勇敢、不怕困难的意志品质和主动、乐观、合作的态度。

（北京市海淀区立新幼儿园　黄倩）

6. 活动六：中班体育游戏"勇敢攀登"

【活动目标】

（1）知识与技能：发展攀爬能力，增强四肢的肌肉力量。

（2）行为与习惯：锻炼大胆、勇敢、不怕困难的精神。

（3）情感与态度：体验体育游戏带来的成功感和快乐感。

【活动重难点】

发展攀爬能力，增强四肢的肌肉力量。

【活动准备】

攀爬网、"宝物"贴纸。

【活动过程】

（1）开始部分——做动作，活动身体

幼儿分成四组模仿教师的动作来活动身体，如活动手腕、脚腕、膝关节、腰、腿等。

（2）基本部分——玩游戏"勇敢攀登"

①教师交代游戏玩法和规则

引导语："小勇士们，山的那边有许多的宝物，我们一起去寻宝吧。"

游戏玩法：在攀爬网的顶部挂上各种"宝物"，每组第一名幼儿向上攀爬，摘到"宝物"贴在衣服上然后下来跑回起点后，下一名幼儿出发。哪组幼儿最先全部完成任务，则获得胜利。

游戏规则：攀爬中注意安全，双手抓牢，双脚踩稳。完成任务的幼儿跑回起点后，下一名幼儿才能出发。

②教师组织幼儿游戏2~3次

教师观察幼儿是否掌握攀爬方法，对出现的问题进行总结。

可根据幼儿游戏情况，将"宝藏"散放到攀爬网上。

③游戏小结

看一看哪组获胜，请幼儿说一说玩游戏过程中的感受。

（3）结束部分——放松活动，游戏结束

教师带领幼儿做简单的整理活动，如转动手腕、脚腕，拍拍膝盖，按摩双腿等，放松身体，活动结束。

【答辩题目】

（1）请你反思这节课。

本节课的内容符合中班幼儿的年龄特点，活动环节设计流畅，能够有效实现活动目标和解决活动重难点。在组织活动时，我能够根据幼儿的游戏情况及时组织幼儿进行小结，引导幼儿遵守游戏规则。同时，根据幼儿的游戏情况提升游戏难度，满足了幼儿参与游戏的需要。

（2）你认为体育活动对幼儿的发展能起到什么作用？

可以增强幼儿体质，提高幼儿对环境的适应能力；提高动作的协调性、灵活性；培养幼儿坚强、勇敢、不怕困难的意志品质和主动、乐观、合作的态度。

（北京市海淀区立新幼儿园　黄倩）

7. 活动七：中班体育游戏"好玩的呼啦圈"

【活动目标】

（1）知识与技能：在游戏中发展小肌肉，使动作较灵活、协调。

（2）行为与习惯：能主动探索呼啦圈的多种玩法。

（3）情感与态度：形成不怕困难、勇于尝试的精神。

【活动重难点】

能主动探索呼啦圈的多种玩法。

【活动准备】

呼啦圈若干。

【活动过程】

（1）开始部分——做动作，活动身体

教师利用呼啦圈活动身体，幼儿模仿教师动作。

（2）基本部分——玩游戏"好玩的呼啦圈"

①幼儿自由探索呼啦圈的玩法

教师激发幼儿的想象力，随意想象呼啦圈的玩法。

②根据幼儿的玩法，引导幼儿尝试挑战

玩法一：滚一滚

幼儿自由分组，将呼啦圈单手立握，放到起跑线上，看谁滚得远。如此反复进行。

玩法二：跳荷叶

教师带领幼儿将所有呼啦圈平铺在地上形成两片荷叶林，幼儿分成两组依次单脚跳过荷叶林，再换脚单脚跳回。如此反复进行。

玩法三：钻山洞

幼儿分成A、B两组，两组面对面站好，先请A组幼儿每人双手立握一个呼啦圈在脚前，使多个呼啦圈形成一条山洞。当教师发出口令后，B组幼儿从排头开始依次侧面钻过山洞，B组幼儿钻完后，两组互换。如此反复进行。

玩法四：投靶游戏

一名幼儿单手在体侧举起呼啦圈，另一名幼儿看到呼啦圈举起后，马上对准呼啦圈投掷沙包，互换游戏，比比谁投掷的命中率高。

（3）结束部分——放松活动，游戏结束

教师和幼儿一起转转腰部，按摩双臂、双腿进行放松。

收拾整理玩具材料，活动结束。

【答辩题目】

（1）请你反思这节课。

本节课的内容符合中班幼儿的年龄特点，活动环节设计流畅，能够有效实现活动目标和解决活动重难点。活动中，鼓励幼儿大胆想象、积极探索呼啦圈的多种玩法，调动了幼儿参与游戏的积极性，满足了幼儿游戏的需要。

（2）你认为体育活动对幼儿的发展能起到什么作用？

可以增强幼儿体质，提高幼儿对环境的适应能力；提高动作的协调性、灵活性；培养幼儿坚强、勇敢、不怕困难的意志品质和主动、乐观、合作的态度。

（北京市海淀区立新幼儿园　黄倩）

8. 活动八：中班体育游戏"蔬菜营养多"

【活动目标】

（1）知识与技能：了解菠菜、胡萝卜、西红柿等蔬菜的营养价值，知道多吃蔬菜有益于健康。

（2）行为与习惯：能够大胆地用完整的语句表达自己的想法。

（3）情感与态度：乐意吃多种蔬菜。

【活动重难点】

了解菠菜、胡萝卜、西红柿等蔬菜的营养价值。

【活动准备】

多种蔬菜（菠菜、胡萝卜、西红柿等），音乐磁带、蔬菜头饰。

【活动过程】

（1）开始部分——设置情境，引起兴趣

播放音乐《买菜》，设置"逛超市"情境，引起幼儿兴趣。

引导语："小朋友，你们看这是什么地方？""我们看一看超市里都可以买哪些蔬菜吧？"

（2）基本部分——认识蔬菜，了解其丰富营养

教师依次出示菠菜、胡萝卜、西红柿等蔬菜，让幼儿说出名称，引导幼儿说说每种蔬菜对身体的好处。

引导语："长什么样子？谁喜欢吃菠菜？你为什么喜欢吃菠菜？有什么营养？"

幼儿：吃菠菜能使我们的皮肤变光滑，嘴里不会起口腔溃疡。吃胡萝卜可以使我们的眼睛更加明亮。吃西红柿能使我们的牙齿骨骼变得坚固，还能防止牙龈出血。

教师总结：每一种蔬菜所含的营养不一样，要让身体里的营养更多、更全，就要吃各种各样的蔬菜，小朋友身体就会越来越好。

（3）结束部分——玩游戏"找朋友"

幼儿头戴各种蔬菜的头饰，听《找朋友》音乐，音乐结束，找到好朋友后互相说一说对方蔬菜的名称、营养及其吃法。

【答辩题目】

（1）请你反思这节课。

本节课通过设置"逛超市"的情境，让幼儿了解几种蔬菜的营养。结束部分通过游戏的方式进一步让幼儿了解了各种蔬菜的名称、营养及其吃法，激发了幼儿参与活动的兴趣，在游戏中解决了本次活动的重难点。

（2）你认为体育活动对幼儿的发展能起到什么作用？

可以增强幼儿体质，提高幼儿对环境的适应能力；提高动作的协调性、灵活性；培养幼儿坚强、勇敢、不怕困难的意志品质和主动、乐观、合作的态度。

（北京市海淀区立新幼儿园　黄倩）

（三）大班

1. 活动一：大班体育游戏"老鹰捉小鸡"

【活动目标】

（1）知识与技能：练习灵活地躲闪跑的能力。

（2）行为与习惯：养成小组合作的意识，练习小组协调一致做动作的能力。

（3）情感与态度：喜欢玩集体协作游戏。

【活动重难点】

练习灵活地躲闪跑的能力。

【活动准备】

宽阔的户外场地。

【活动过程】

（1）身体准备活动

引导语："小朋友们，今天我们玩一个好玩的游戏'老鹰捉小鸡'，在游戏之前，我们先活动一下身体。"

教师带领幼儿活动四肢、关节部位，为游戏做好准备活动。

（2）讲解游戏规则

引导语："老鹰捉小鸡的游戏规则是，一人做老鹰，一人做鸡妈妈，九人做小鸡，鸡妈妈张开双臂和小鸡排成竖队，双手依次拉住前面小朋友的衣服，老鹰捕捉队尾的小鸡，被老鹰捉到的小鸡离开场地。在游戏之前我们再学一首儿歌：老鹰天上飞，小鸡地上跑，老鹰捉小鸡，就是捉不到。"

（3）教师指导游戏

教师把全班幼儿分成三组，每组十个人为宜。

引导语："每个小组可自行商量，选出一名老鹰、一名鸡妈妈。在老鹰开始捉小鸡前，所有小鸡一起念儿歌，儿歌结束后老鹰可以开始捉小鸡。"

教师指导幼儿随鸡妈妈左右移动，老鹰只能抓队尾的小鸡。教师观察幼儿遵守游戏规则的情况。

（4）幼儿自主游戏

引导语："每个小组可以更换角色，小组内部商量好以后，可以再次游戏。"

（5）放松身体，结束游戏

教师带领幼儿放松腿部肌肉。

【答辩题目】

(1) 大班幼儿练习跑步的类型有哪些？

大班幼儿可练习的跑步类型有很多，如听信号变速跑、快速跑、四散跑、躲闪跑、走跑交替等。本次活动就是锻炼幼儿的躲闪跑的能力。

(2) 在躲闪跑的练习中，教师指导的重点要素是什么？

第一，教师应着重指导幼儿做好身体准备，防止肌肉或韧带的拉伤、扭伤；第二，指导幼儿使用口鼻混合呼吸的方法，不要仅使用口部呼吸；第三，在躲闪跑中，提醒幼儿注意灵活转身动作，避免与他人相撞。

2. 活动二：大班体育游戏"勇闯鳄鱼湖"

【活动目标】

（1）知识与技能：练习助跑跨跳的动作，提高动作的灵敏性。

（2）行为与习惯：能够自觉遵守游戏规则，被抓到的幼儿主动停游戏一次。

（3）情感与态度：养成机智、勇敢的精神。

【活动重难点】

练习助跑跨跳的动作。

【活动准备】

用粉笔在场地上画一条蜿蜒的湖（最窄的地方为50厘米，最宽的地方为80厘米），鳄鱼和青蛙头饰。

【活动过程】

（1）引入环节，创设游戏情境

引导语："小青蛙们，一会儿和妈妈跳过一个鳄鱼湖。你们看，鳄鱼湖就在前方。"一名教师扮演鳄鱼在鳄鱼湖的范围内移动。

引导语："为了顺利跨过鳄鱼湖，我们要做一些身体准备活动。"教师带领幼儿活动身体各关节。

（2）讲解游戏规则

引导语："在游戏开始的时候，青蛙宝宝们一起念儿歌，念完后就快速跑到湖边找到时机跨跳过湖，不要被鳄鱼抓到，被鳄鱼抓到的青蛙宝宝要停游戏一次。"

儿歌：鳄鱼鳄鱼别神气，小小青蛙不怕你，勇敢跨过鳄鱼湖，高高兴兴做游戏。

（3）幼儿游戏

①一名教师扮演鳄鱼，初次尝试游戏

引导语："小青蛙们，鳄鱼湖很宽，我们需要助跑才能顺利通过，在到达湖边时不要停留，大步跨过去。"

教师组织幼儿念儿歌，然后进行跨跳练习。在本环节，鳄鱼应不抓或少抓青蛙，主要鼓励幼儿多练习跨跳的动作。

②两名幼儿扮演鳄鱼，再次进行游戏

引导语："小青蛙们，刚才鳄鱼都没有抓到青蛙，又找了一些小伙伴，谁想加入鳄鱼？"教师选出两名幼儿扮演鳄鱼。

引导语："现在鳄鱼的数量增加到两只，小青蛙们要注意鳄鱼的位置，我们一起勇闯鳄鱼湖吧。"教师组织幼儿再次进行游戏，可以更换鳄鱼人选，练习多遍。

(4) 身体放松，结束活动

引导语："今天小青蛙们都闯过了鳄鱼湖，赶紧放松一下吧。"教师带领幼儿放松腿部肌肉。

【答辩题目】

(1) 请详述场地布置方案。

选择一片较大的空地，在20米的范围内设置起点和终点，在起点和终点之间设置一条蜿蜒的鳄鱼湖，湖要宽窄不一，宽的地方不超过80厘米，窄的地方不超过50厘米，为不同水平的幼儿提供合适的游戏场地。

(2) 助跑跨跳的动作要领是什么？

助跑的目的是使身体获得一定的水平速度，为起跳做好准备，助跑的距离不宜过长，速度不宜太快，否则影响幼儿起跳的动作。跨跳属于单脚起跳，其中起跳腿要有蹬伸的动作，同时注意摆臂、提腰和摆动腿的动作。落地时注意缓冲，要点是踝、膝、髋关节要弯曲，并且注意保持平衡，不要摔倒。

3. 活动三：大班体育游戏"小老鼠偷粮食"

【活动目标】

(1) 知识与技能：练习钻的动作及追逐躲闪的能力。

(2) 行为与习惯：在集体游戏中能够自觉遵守游戏规则。

(3) 情感与态度：喜欢体育游戏活动。

【活动重难点】

(1) 重点：练习钻的动作及追逐躲闪的能力。

(2) 难点：明确并能自觉遵守游戏规则。

【活动准备】

四把儿童椅子，长绳或松紧带，沙包或玩具。

场地布置：把四把椅子背部拴好长绳或松紧带，围成一个正方形，沙包或玩具随意放在正方形场地中。

【活动过程】

(1) 引入环节，身体准备活动

引导语："小朋友们，今天我们要玩一个好玩的游戏，玩游戏之前先活动一下身体。"教师带领幼儿活动四肢、头部、腰背部、身体各关节。

(2) 讲解游戏规则

由四名幼儿扮演老猫，蹲在家里睡觉，其余幼儿扮演老鼠，老鼠集体念儿歌——"老鼠偷偷往外瞧，老猫呼呼睡大觉，老鼠轻轻钻进去，偷了粮食快快跑"。小朋友念到第三句就可以进去偷粮食，每人只能拿一袋。当念完第四句后，猫可以开始捉老鼠，捉到的老鼠带到猫家的角落处，停止游戏。

(3) 幼儿游戏

①幼儿初次尝试游戏

引导语："小朋友们，你们听明白游戏规则了吗？谁想当老猫呢？"教师通过随机点选的方式确定老猫的人选。"其他想当老猫的小朋友不要着急，一会儿我们还会再轮换角色。"

教师组织老猫和老鼠分别到达各自的场地，然后问老鼠："你们还记得儿歌吗？我们一起再复习一遍。老鼠在哪一句就可以去偷粮食？"教师问老猫："老猫在什么时候可以捉老鼠呢？""下面我们开始做游戏吧！提醒大家注意，要遵守游戏的规则。"

②幼儿多次反复游戏

引导语："刚才老猫抓住了几只小老鼠，我们现在更换角色，谁还想当老猫呢？"教师通过随机点选的方式确定四位小朋友当老猫。

当幼儿反复3~4次游戏后，游戏可自行结束。

（4）游戏结束，放松身体

引导语："今天我们玩了好玩的'小老鼠偷粮食'的游戏，我们一起放松一下身体。"教师带领幼儿放松腰背部、四肢。

【答辩题目】

(1) 在布置场地的时候，猫家的围绳高度是多少？

猫家的围绳高度应在幼儿的胸部位置，让幼儿能够充分练习钻的技能，如果要增加钻的难度，也可适当调整围绳高度，放在60厘米左右。

(2) 如果在游戏中幼儿不遵守游戏规则，怎么办？

在游戏之前，教师要向幼儿明确提出游戏要求，并确保每一位参与游戏的幼儿知晓。在游戏中，教师要指导幼儿遵守游戏规则，提醒不遵守游戏规则的幼儿。如果有的幼儿仍不遵守规则，教师可以根据游戏规则，让其停游戏一次。在活动后，教师要及时总结幼儿在游戏中遵守游戏规则的情况。

4. 活动四：大班体育游戏"过街老鼠"

【活动目标】

（1）知识与技能：发展幼儿投准的能力及躲闪跑的能力。

（2）行为与习惯：能够遵守游戏规则，在投掷时保护他人安全。

（3）情感与态度：养成机智、勇敢的品质。

【活动重难点】

发展幼儿投准的能力及躲闪跑的能力。

【活动准备】

与幼儿人数相等的沙包。

【活动过程】

（1）引入环节，身体准备活动

引导语："猫警长们，最近警局收到了报案，发现了许多老鼠出没，猫警长们，一起抓捕老鼠吧。"

引导语："在捉老鼠之前，我们仍然要做好身体准备。"教师喊口号，带着幼儿活动头部、腰部、四肢、关节部位。

（2）说明游戏规则

教师组织幼儿"1、2、1、2……"报数，把幼儿分成两大组，一组扮演老鼠，一组扮演猫警长。扮演猫警长的幼儿再分成两小组，距离5米，面对面站好。

引导语："猫警长们站在道路两侧，准备向路中的老鼠投弹，投弹的时候只能击打头部以下的部位。老鼠们站在起跑线上，当念完儿歌后冲过猫警长的区域，绕过锥形桶后原路返回，要尽量躲闪猫警长的攻击。"

儿歌：小小老鼠真狡猾，偷吃粮食毁庄稼，猫警长们看到它，齐心合力一起打。

（3）教师组织幼儿游戏

教师注意指导猫警长要迅速捡起对面投来的沙包，等到老鼠返回时进行第二次攻击。

（4）幼儿自主游戏

两组幼儿交换角色，游戏重新开始。游戏可多次进行。

（5）结束游戏，放松身体

引导语："猫警长你们辛苦啦，一起放松一下胳膊和腿部吧！"

【答辩题目】

(1) 游戏中使用的儿歌在什么时间、哪个环节学习呢？

在游戏过程中没有设计学习儿歌的环节，主要是考虑充分利用有效的集体活动时间开展游戏活动，因此，我在体育游戏之前已经对幼儿进行了儿歌的学习。

(2) 如果在游戏中出现某位幼儿不想扮演老鼠，怎么办呢？

在集体游戏中出现这样的情况非常常见，我认为教师不要强求幼儿扮演老鼠的角色，教师可以先做引导，如"小朋友轮换扮演老鼠和猫警长，这次扮演了老鼠，下次就扮演猫警长，你要不要和小伙伴一起扮演老鼠呢？"如果幼儿还是不愿意扮演老鼠，那就让幼儿扮演猫警长即可。

5. 活动五：大班体育游戏"平板运球"

【活动目标】

（1）知识与技能：发展手眼协调和身体平衡的能力。

（2）行为与习惯：能够按照游戏规则完成游戏。

（3）情感与态度：体验合作游戏的愉快。

【活动重难点】

发展手眼协调和身体平衡的能力。

【活动准备】

乒乓球、球拍、梅花桩、平衡木、平板。

【活动过程】

（1）引入环节，身体准备活动

引导语："小朋友们，今天向大家介绍一个新玩具——乒乓球，在游戏之前我们先活动一下身体。"教师带领幼儿活动身体各部位。

（2）幼儿游戏

游戏一：单人托球走

每位幼儿人手一个球拍和乒乓球，在往返20米左右的路上行走，保持平衡，保持球不落地，途中不能用手扶球。

游戏二：单人托球障碍走

在往返20米的路上摆放梅花桩和平衡木，幼儿使用球拍托球迈过梅花桩，走过平衡木。如果乒乓球落地，捡球后重新回到起点继续游戏。

游戏三：双人托球走

两名幼儿一组，共同抬着一块平板，把乒乓球放在板上，两人横走，共同把球运走，保证快速、平稳。

游戏四：组队障碍走

全班幼儿分成四组，进行托球障碍比赛，游戏规则为：一名幼儿完成托球走后，第二名幼儿接力，中途掉球时，回到起点重新出发，哪组最快哪组获胜。

（3）结束活动，放松身体

引导语："今天我们做了许多游戏，我们一起放松一下胳膊和手指吧。"

【答辩题目】

(1) 请对教学环节设计进行反思。

本节活动的目标是练习手眼协调和身体平衡能力。在活动中我设计了四个游戏来完成目标，第一个游戏是单人托球走，第二个游戏是单人托球障碍走，第三个游戏是双人托球走，第四个游戏是具有竞争性的组队障碍走。四个游戏的难度逐渐增大，从单人游戏到合作游戏，体现了大班幼儿的年龄特点。另外，根据体育游戏的要求，在游戏开始之前，带领幼儿做好身体准备活动，在游戏之后带领幼儿放松身体，使肌肉得以放松和舒缓。

(2) 在游戏中如何引导幼儿遵守游戏规则？

本节游戏活动属于规则游戏，在游戏中要求幼儿行进途中不掉球、不用手扶球，当中途出现掉球的时候，要求幼儿捡球之后重新开始游戏。大班幼儿喜欢比赛，好胜心强，在比赛的过程中往往出现不遵守游戏规则的现象，在活动组织时教师可采取以下策略：第一，设置裁判员角色，起到幼儿互相监督的作用；第二，在组织活动前教师务必和幼儿讲清游戏规则，同时要提醒幼儿如果不能遵守游戏规则，那么要停游戏一次。

6. 活动六：大班体育游戏"我是小小消防员"

【活动目标】

（1）知识与技能：练习在攀登架上爬上爬下，增强四肢肌肉力量，发展协调能力。

（2）行为与习惯：在攀登中能够确保自己和他人的安全。

（3）情感与态度：养成勇敢、坚强的良好品质。

【活动重难点】

（1）重点：四肢协调地爬上爬下。

（2）难点：避免自己受到伤害或伤害他人。

【活动准备】

红色皱纹纸作为火苗、两条长绳作为水管带、小水桶、布娃娃、钻圈、能装娃娃的背包。

【活动过程】

（1）引入环节，身体准备活动

引导语："小朋友们，今天我们来当小小消防员，我们先来认识一下消防员使用的物品。"教师逐一介绍水桶、水管带等的名称和使用方法。

引导语："小小消防员们，在救火之前我们先一起活动身体吧。"教师带领幼儿活动身体各关节。

（2）"救火"准备活动

引导语："小小消防员们，我们一起来进行消防员的基本训练。"教师带领幼儿提水桶，走平衡木，钻"火"圈，爬梯子。

（3）"救火"演习游戏

引导语："现在我们要开始灭火演习了，你们看前面大楼发生了火灾（攀登架处），我们要分工合作，四名消防员穿过障碍（平衡木、钻圈、爬行）拿着水带向楼上喷水，其余消防员爬上楼房进行援救（取下攀登架上的布娃娃），然后把娃娃放入背包，爬下攀登架。"

在游戏中提醒幼儿注意安全，从下向上爬时，应向上看，看是否有其他幼儿可能从上面下来；从上向下爬时，应向下看，看是否有其他幼儿的头或手正好处在自己准备踩踏的位置。

（4）总结活动，放松身体

引导语："消防员的救火演习结束了，不过要提醒小朋友们的是，万一在生活中遇到着火，必须迅速离开火场，不要贸然进入火场施救。"

教师带领幼儿放松身体的肌肉，活动结束。

【答辩题目】

（1）体育游戏对幼儿成长的作用是什么？

第一，体育锻炼能促进幼儿身体形态的发展，促进幼儿的身高和体重的正常增长，同时也有利于身体机能的发展，尤其是心肺功能的发展。第二，体育锻炼能促进幼儿运动能力的发展，提高身体素质。第三，体育锻炼能促进幼儿的智力发育，在婴儿时期，他们认识世界的方式就是通过动作进行探索的，对于婴幼儿的智力发展也有很好的促进作用。第四，体育锻炼也能提高幼儿的社会性发展，在体育游戏中能够促进亲子关系、同伴关系，同时能学习游戏的规则和处理矛盾的方法。

（2）组织体育游戏时应该注意哪些内容？

第一，在组织体育游戏时，让幼儿理解游戏的规则，并能够自觉遵守规则，以及当违反规则时的处理方法。第二，体育游戏是锻炼全身的体育活动形式，在设计游戏内容时，教师应重注上下肢走、跑、跳、投的综合运用。

7. 活动七：大班体育游戏"榻榻米多种玩法"

【活动目标】

（1）知识与技能：通过"一物多玩"的方式提高幼儿多种动作的协调性和灵活性。

（2）行为与习惯：发展创造性思维，大胆创新材料的玩法。

（3）情感与态度：喜欢具有创造性的体育游戏。

【活动重难点】

通过"一物多玩"的方式提高幼儿多种动作的协调性和灵活性。

【活动准备】

榻榻米若干。

【活动过程】

（1）引入环节，身体准备活动

引导语："小朋友们，今天我们一起玩一个好玩的玩具，你们猜猜是什么？"

引导语："在游戏之前，我们仍然要做好身体准备。"教师喊口号，带着幼儿活动头部、腰部、四肢、关节部位。

（2）初步探索榻榻米的玩法

引导语："刚才小朋友们已经猜到了，今天我们要和榻榻米一起做游戏。你们想一想，榻榻米可以怎样玩呢？"

幼儿自主探索榻榻米的玩法。

引导语："刚才小朋友们创造了许多的玩法，下面我们一一尝试一下。"

游戏一：头顶榻榻米

引导语："小明说，可以用头顶住榻榻米，双手侧平举，然后行走，看谁的榻榻米不掉下来，我们一起来试一试，小朋友要掌握好平衡哦。"

游戏二：换板行进

引导语："刚才文文说，可以使用两块榻榻米，踩着一块，然后将另一块放到前面，距离以自己能跳到板上为合适，依次轮换。请文文给我们做个示范，其他的小朋友也可以尝试。"

教师组织幼儿独自游戏，当幼儿已经熟练游戏的时候，把幼儿分成四组，组队进行比赛，要求按照规则换板行进，全组所有人到达终点即为完成任务。

（3）深入探索榻榻米的玩法

引导语："刚才我们已经探索了许多榻榻米的玩法，老师向你们提出一个高难度挑战。你们能不能试试把手里的榻榻米组合使用，变成一个大型玩具呢？"

幼儿自由组队，尝试合作游戏。

引导语："小朋友们，你们都创新了什么玩法？哪位小朋友说一说？"

游戏三：钻山洞

引导语："刚才亮亮小朋友说，他们组用榻榻米搭了一个山洞，邀请我们一起去钻山洞。"小朋友分成四个小组，分别通过用榻榻米搭的山洞。

游戏四：过小河

引导语："小新小朋友说，他们用榻榻米做成了一条小河，我们一起去过小河。"榻榻米摆成长条形，可以双脚跳过小河。

教师组织幼儿模仿这两个组的玩法，也可以继续让幼儿探索合作式玩法。

（4）活动结束，放松身体

引导语："今天小朋友们真是太棒了，创造了许多榻榻米的玩法，我们一起放松四肢。想一想，我们下次还可以创造哪些玩法呢？"

【答辩题目】

(1) 为什么设计了两次探索榻榻米玩法的环节？

在游戏组织环节中设计了两次探索榻榻米的玩法，第一次是初步探究，第二次是深入探究，两次活动体现了游戏设计的层次性。第一次探究是以个人游戏为主要内容，探究单人游戏的方法。第二次探究是合作游戏，让小朋友自由组队，探究合作式玩法，符合大班幼儿的年龄特点和教学目标。

(2) 你觉得组织幼儿开展"一物多玩"的游戏对幼儿有什么益处？

幼儿园经常开展"一物多玩"的游戏活动，如轮胎、皮球、绳子等。今天展示的榻榻米也是"一物多玩"常用的器材。在开展"一物多玩"的游戏时，幼儿可以发展身体各部位的肌肉控制能力，同时锻炼各种动作技能，包括走、跑、跳、投、钻、爬、平衡等，发展身体各部位的协调性。另外，在"一物多玩"的游戏中，幼儿还能够开动脑筋，发挥创造力，创新玩法，创新规则，让幼儿成为游戏的主体，充分发挥幼儿的主体性。

8. 活动八：大班健康活动"身体的奥秘"

【活动目标】

（1）知识与技能：初步了解身体各部位骨头的形状和特点，知道骨头对人体的作用。

（2）行为与习惯：能够保持均衡饮食及正确的坐姿、站姿，通过锻炼身体来促进骨头的生长发育。

(3)情感与态度：对认识人体骨头感兴趣，体会骨头运动带来的快乐。

【活动重难点】

初步了解身体各部位的骨头，知道骨头对人体的作用。

【活动准备】

(1)材料准备：四个骨骼模型。

(2)经验准备：幼儿已初步了解骨头。

【活动过程】

(1)兴趣引入，初步感知骨头的特点及作用

教师扮演健康小博士，带领幼儿前往秘密骨头城堡探险。

引导语："那我们一起听着音乐，活动我们的身体，运动起来，和小博士一起去探险吧。"

教师出示小蚯蚓手偶。小蚯蚓向幼儿提问："为什么你们能跳舞、做运动，我却不能！只能一弯一弯地向前进？"（因为我身体里没有骨头，所以我只能一弯一弯地向前进）

引导语："你们说了这么多，骨头到底能不能帮助我们运动呢？我们还是去到骨头城堡看看吧。"

(2)由上到下初步认识骨头

引导语："请小朋友摸一摸我们身体里的骨头。它摸起来是什么感觉？为什么有骨头我们就能运动呢？"

教师带领幼儿由上到下整体观察骨头图片，初步了解骨头的特点、形状。

(3)感知骨头形状及其作用

教师出示骨头模型并提问："骨头各部位是什么形状的？骨头长成这个形状的作用是什么？"

引导语："将骨头模型分为三个部分，即头部、躯干、四肢，每组小朋友观察骨头不同部位，并讨论不同形状的骨头的不同作用。"

教师小结：骨头对人体有三个作用，即保护身体、支撑身体、做运动。

(4)学习保护骨头的方法

教师提问："你们知道应该怎样保护我们的骨头吗？"

教师小结：

①生活：多运动，晒太阳。

②饮食：不挑食，多吃水果和蔬菜，多吃鱼虾等海产品。

③姿势：保持正确的坐姿、站姿、走路姿势。

(5)结束环节

引导语："我们要在生活中保护好自己的骨头。"

【答辩题目】

请你反思这节课。

第一，操作材料的真实性能使幼儿的体验更充分。

在感知骨头形状和作用的环节，为了尊重幼儿直观性、体验性的学习特点，我准备了骨头的模型，让幼儿在操作中能更加形象、直观地感知骨头的特点及形状，幼儿在触摸感知的过程中拓展了新的经验及认识。为了尊重幼儿学习的真实体验性，在体会骨头作用的环境下，我还提示幼儿摸一摸自己的骨头，试试活动自己身体的骨头。

第二，联系幼儿已有经验能使活动更完整。

本次活动来源于幼儿的生活经验，又要回归到幼儿的生活经验，所以在活动过程中适当地引导了

幼儿联系自己的生活经验。在第四个环节讨论我们如何保护自己的骨头时，联系了幼儿的生活经验，让他们从生活的实例中说说如何保护骨头，帮助提升幼儿的已有经验，学习保护骨头的方法。

本次活动各个环节衔接紧凑，活动进行有条不紊，孩子们的表现也活而不乱。幼儿不仅能紧跟活动的环节，感受直观的骨头模型，了解骨头的特点及作用，更能提升已有经验，了解保护骨头的方法，最终达到活动的目标，做到"玩"中学。

二、语言领域活动的试讲教案

（一）小班

1. 活动一：小班语言活动"歌唱比赛"

【活动目标】

（1）知识与技能：能够根据故事中小动物的形象学说象声词，能够复述故事的一部分。

（2）行为与习惯：能够跟随教师一起模仿动物的叫声。

（3）情感与态度：体验语言表演的乐趣。

【活动重难点】

（1）重点：能够复述故事的一部分。

（2）难点：用适当的方式吸引幼儿喜欢听故事，理解故事大意。

【活动准备】

（1）物质准备：小鸡、小鸭、小狗、小羊、小猫、小白兔的图片，故事幻灯片，几种小动物的头饰。

（2）经验准备：对几种小动物的叫声有所了解。

【活动过程】

（1）开始部分

教师出示小鸡、小鸭、小狗、小羊、小猫、小白兔的图片，引出故事。

引导语："今天咱们班来了一些新朋友，小朋友看看，它们是谁？"

引导语："几位小动物要在森林里面开歌唱比赛，我们看一看它们请了谁来当评委了？"教师出示小白兔图片。

（2）进行部分：讲述故事，幼儿欣赏

教师手拿几个动物的图片引导幼儿逐页观看幻灯片，完整讲述故事。

当讲到不同的小动物叫的时候，教师可以加上表情和动作，以帮助幼儿深刻理解故事中动物的形象。

请幼儿跟随教师模仿小动物唱歌时发出的声音。

围绕故事内容讨论，加深对故事的理解。

教师完整地讲一遍故事。

引导语："小鸡、小鸭、小狗、小羊、小猫是怎么唱歌的？哪位小朋友能学一学？当它们唱歌的时候，小白兔评委说了什么？"

引导语："你觉得几个小动物唱歌好听吗？为什么？"

引导语："最后谁得了第一名？"

（3）结束部分：分角色表演故事

全体幼儿自愿选择自己喜欢的小动物头饰进行表演，当轮到自己"唱歌"的时候，本组的"小动物"们一起"唱歌"。

个别幼儿自告奋勇到台前来进行表演。

【答辩题目】

（1）如何在语言教学活动中让不喜欢用语言表达的幼儿同样得到发展？

可以设计小组互相学习的环节，使内向的幼儿在小组中尝试表达。

（2）在本次教学活动中，将如何更有效地攻克教学难点？

故事手偶、幻灯片、动物图片等形式都能够解决活动的难点。

（北京市海淀区立新幼儿园　王雪珩）

附故事：

有一天，小鸡、小鸭、小狗、小羊和小猫比赛唱歌，它们请小白兔做评委。

小鸡第一个唱："叽叽叽，叽叽叽。"小白兔说："小鸡唱得太轻了。"

小鸭接着唱："嘎嘎嘎，嘎嘎嘎。"小白兔说："小鸭唱得太响了。"

小狗说："我来唱。"它很快地跑到前面，唱："汪汪汪，汪汪汪。"小白兔说："小狗唱得太快了。"

小羊说："我来唱。"它慢吞吞地走到前面，唱："咩——咩——咩——"小白兔说："小羊唱得太慢了。"

最后，轮到小猫唱，小猫不慌不忙地走到前面，唱起来："喵，喵，喵。"小白兔说："小猫唱得不快不慢，声音不大不小，好听极了，小猫应该得第一名！"

2. 活动二：小班语言活动"我的好妈妈"

【活动目标】

（1）知识与技能：能理解儿歌内容，能跟读儿歌。

（2）行为与习惯：能用语言表达妈妈的简单特征。

（3）情感与态度：知道妈妈平时做工作、做家务非常辛苦。

【活动重难点】

（1）重点：能理解儿歌内容，能跟读儿歌。

（2）难点：知道妈妈平时做工作、做家务非常辛苦。

【活动准备】

（1）物质准备：请幼儿带妈妈工作的照片来幼儿园。

（2）经验准备：事先请幼儿回家观察妈妈。

【活动过程】

（1）开始部分：引导幼儿说一说自己的妈妈

引导语："你回家观察妈妈了吗？你的妈妈长什么样？是高还是矮？是胖还是瘦？是什么样的发型？请小朋友说一说。"

引导幼儿讲述自己妈妈工作的职业。

引导语："妈妈上班辛苦不辛苦？妈妈又要操持家务，还要上班，小朋友应该学会关心妈妈。如果妈妈下班了，小朋友可以做一些什么事情能让妈妈感到开心、放松呢？"

（2）进行部分：朗诵儿歌，引导幼儿欣赏

教师有感情地朗诵儿歌。

引导语："今天，老师给小朋友们带来了一首《我的好妈妈》的儿歌。小朋友们听一听儿歌当中的小朋友是怎样心疼下班回家的妈妈的。"

通过提问，帮助幼儿理解儿歌内容。

引导语："妈妈回到家后，小朋友说了什么？"（我的好妈妈，下班回到家，劳动了一天，妈妈辛苦了）

引导语："小朋友是怎样照顾回到家的妈妈的？"（妈妈，妈妈快坐下，请喝一杯茶，让我亲亲你吧）

带领幼儿有感情地朗诵儿歌。

分句子朗诵，教师朗诵一句，幼儿朗诵一句。

整体朗诵，幼儿在教师的带领下完整地跟读。

（3）结束部分：幼儿自愿表演朗诵

【答辩题目】

（1）如何把此活动与妇女节或母亲节的活动相结合？

可以在班级设计妇女节或母亲节的小主题或班级大主题活动，并且把妈妈请到班级中，参与到这次教学活动当中来。

（2）如何把家长资源与本节教学活动相结合？

在教学活动中，幼儿准备了妈妈的工作照片，还可以把妈妈请到班级中，说一说在生活中孩子让妈妈感动的事。

(北京市海淀区立新幼儿园　王雪珩)

附儿歌：

我的好妈妈

我的好妈妈，
下班回到家，
劳动了一天，
多么辛苦啊！
妈妈妈妈快坐下，
请您喝杯茶，
让我亲亲您吧，
我的好妈妈！

3. 活动三：小班语言活动"小手"

【活动目标】

（1）知识与技能：在听儿歌及跟做动作的过程中理解"搓、捏、挠、敲"的意思。

（2）行为与习惯：尝试用完整的语言大胆地表达。

（3）情感与态度：对小手游戏感兴趣。

【活动重难点】

（1）重点：在听儿歌及跟做动作的过程中理解"搓、捏、挠、敲"的意思。

（2）难点：尝试用完整的语言大胆地表达。

【活动准备】

（1）物质准备：小手能干的照片。

（2）经验准备：能够跟随老师一起朗诵儿歌。

【活动过程】

（1）开始部分：引导幼儿说一说小手能做的事情

①手指游戏

儿歌：大门开开进不来，二门开开进不来，三门开开进不来，四门开开进不来，五门开开小朋友进来了。

②小手的本领

引导语："刚才我们用什么做游戏了？你觉得小手能干吗？你的小手有什么本领？"（吃饭、玩游戏、穿衣服、穿鞋子、用剪刀）

总结："你们的小手真能干，会用勺子，会穿裤子，会穿衣服，会穿鞋子，会画画，会用剪刀，还会做游戏。等我们小朋友再长大一些，小手会做更多的事情的。"

（2）进行部分：进行小手的手指游戏

引导语："下面，我们再用小手玩个游戏。请你按我的要求去做，如果我说'小手小手拍拍'，小朋友们就要拍拍手，看看谁的小手最能干。"

小手小手拍拍，小手小手敲一敲。

小手小手拍拍，小手小手搓一搓。

小手小手拍拍，小手小手捏一捏。

小手小手拍拍，小手小手挠一挠。

小手小手拍拍，小手小手藏一藏。

引出游戏"找小手"："可爱的小手全都不见了！现在我的大手要来找你们的小手，大手一摸到小手，小手就赶快放到腿上，好吗？"

教师悄悄地走到幼儿的身后，用手摸或握每一位幼儿的手，提醒他们尽快把手放在腿上，并请他们说说自己的小手藏在哪里了。

（3）结束部分：总结手指游戏经验，游戏反复进行

【答辩题目】

（1）手指游戏如何与区域相结合？

可以在班级的语言区设计一面关于手指游戏的支持墙，或者把幼儿感兴趣的手指游戏做成小书，投放在语言区。

（2）小班适合什么样的手指游戏？

适合动作简单、语句清晰且重复比较多的手指游戏。

（北京市海淀区立新幼儿园　王雪珩）

4. 活动四：小班语言活动"吹泡泡"

【活动目标】

（1）知识与技能：学习有节奏地朗诵儿歌，练习"泡、笑、飘"等字的发音。

（2）行为与习惯：养成有意识地倾听老师要求的习惯。

（3）情感与态度：体验吹泡泡的乐趣。

【活动重难点】

（1）重点：练习"泡、笑、飘"等字的发音。

（2）难点：理解儿歌内容，学习有节奏地朗诵儿歌。

【活动准备】

（1）物质准备：吹泡泡用具，如肥皂水、塑料瓶、吸管等；绘画纸和彩色笔每人一份。

（2）经验准备：有吹泡泡的经验。

【活动过程】

（1）开始部分：和幼儿一起吹泡泡，体验吹泡泡的快乐

和幼儿一起吹泡泡，鼓励幼儿对着泡泡照一照、笑一笑，跟教师学说"吹泡泡，吹泡泡，泡泡映着脸儿笑"。

带着幼儿数一数吹的泡泡，一边数一边说"一二三四五六七"。

引导幼儿看泡泡的颜色在空中的飘动情况，学说"五彩泡泡"和"五彩泡泡满天飘"。

（2）进行部分：教师朗诵儿歌，引导幼儿理解儿歌内容

讲到"吹泡泡，吹泡泡"时，教师画出泡泡，请幼儿看着教师的嘴唇，学发音"泡"。

讲到"泡泡映着脸儿笑"的时候，教师将双手食指指向自己的脸微笑的动作，请幼儿学发音"笑"。

讲到"一二三四五六七"时，教师指一个泡泡数一下数。

讲到"五彩泡泡满天飘"时，教师带领幼儿说一说泡泡的颜色，如红色、蓝色、粉色、绿色等，请幼儿学说发音"飘"。

（3）结束部分：引导幼儿说儿歌、画泡泡

幼儿跟随教师朗读儿歌。

鼓励幼儿将在室外吹的泡泡画下来，边画泡泡边说儿歌。

附儿歌：

吹泡泡

吹泡泡，吹泡泡，
泡泡映着脸儿笑。
一二三四五六七，
五彩泡泡满天飘。

【答辩题目】

（1）语言活动的核心目标是什么？

幼儿愿意大胆表达，愿意用语言进行表达。

（2）这节语言活动是如何与五大领域相结合的？

与艺术领域相结合：幼儿在画泡泡的过程中与艺术领域相结合。

与科学领域相结合：幼儿在数数的过程中与科学领域中的数学相结合；幼儿在制作泡泡的时候，泡泡的形成就是科学形成的过程。

（北京市海淀区立新幼儿园　王雪珩）

（二）中班

1. 活动一：中班语言活动"小雪花"

【活动目标】
（1）知识与能力：能欣赏散文，感受散文的语言美和意境美。
（2）行为与习惯：在教师的引导下有感情地朗诵散文。
（3）情感与态度：喜欢幼儿散文的文学形式。

【活动重难点】
理解散文意境，感受排比句的语言表现形式。

【活动准备】
（1）物质准备：根据散文内容自制教学挂图或多媒体课件。
（2）经验准备：幼儿已观察过雪花飘落的情景。

【活动过程】
（1）开始部分
引导幼儿围绕"小雪花"进行谈话，调动幼儿的生活经验。
引导语："你们见过小雪花吗？小雪花是什么样子的？它落到了哪些地方？那些地方有什么变化？"
（2）进行部分
①有感情地朗诵散文，引导幼儿欣赏
引导语："散文叫什么名字？你听了后有什么感觉？"
引导语："散文中的小雪花是什么样子的？它落到了哪些地方？那些地方有什么变化？我们再来听一听、看一看。"
②引导幼儿理解散文内容
出示教学挂图或演示多媒体课件，再次朗诵散文，通过提问帮助幼儿理解散文内容。
引导语："散文中的小雪花是什么样子的？'轻盈地飘下'是什么意思？你能学一学吗？"
引导语："小雪花落到了哪些地方？那些地方发生了什么变化？"
根据幼儿的回答——观察或观看相应画面，并追问："为什么高山会披上白纱？（屋顶会铺上闪光的银瓦、松柏结出许多棉花、树枝盛开菊花、麦田盖上松软的棉絮、地面铺上洁白的银毯）'光秃秃'和'耀眼'是什么意思？"
引导语："小雪花对人们说了什么？它为什么会那么说？"
引导语："你喜欢小雪花吗？为什么？"
③幼儿学习有感情地朗诵散文
引导语："这篇散文要怎样读才更好听？"
幼儿集体轻声、充满感情地朗诵散文，教师评价。
幼儿分组朗诵散文，互相评价。
（3）结束部分
幼儿学习用散文的语言进行创造性的讲述。
引导语："我是洁白晶莹的小雪花，我还会落满什么地方？那个地方会变成什么样子呢？你能用散文里的话说一说吗？"
请幼儿自由进行想象，然后讲述"我是洁白晶莹的小雪花，我落满满……，……"，教师巡回倾听、指导。

教师邀请部分幼儿分别在集体前讲述自己的想法。

附散文：

我是洁白晶莹的小雪花，我从高高的云层轻盈地飘下。

我落满高山，高山披上美丽的白纱。

我落满屋顶，屋顶铺上一层闪光的银瓦。

我落满松柏，松柏结出许多棉花。

我落满光秃秃的树枝，树枝盛开梨花。

我落满麦田，麦苗盖上松软的棉絮。

我落满地面，地面铺上洁白的地毯，闪着耀眼的银花花。

人们，欢迎我吧，我冻死病菌，消除害虫，我把空气中的灰尘洗刷。

我是洁白晶莹的小雪花，我从高高的云层飘下。

【答辩题目】

（1）如果给这节课做活动延伸，你将如何安排？

鼓励幼儿用绘画的形式展示自己创编的儿歌，并且把绘画作品进行装订，制作成班级自制书册，陈列在图书区供幼儿阅读、朗诵。

（2）请你对散文进行分析。

《小雪花》是一篇幼儿散文，它除了具有散文的一般特点，还符合幼儿的欣赏水平。首先，描写真切，贴近幼儿生活。在冬季时节，玩雪是北方小朋友独有的游戏乐趣，雪花的飘落使童年的生活充满了灵动与浪漫。其次，散文意境优美。雪花飘飘洒洒，落满高山、屋顶、松柏、树枝、麦田和地面，一组简单而又生动的排比句体现了银装素裹的妖娆。再次，散文明丽清纯，渗透着幼儿的情趣。全文语句流畅、明快，处处跳动着稚拙的童心。

（北京市海淀区立新幼儿园　黄倩）

2. 活动二：中班语言活动"哥哥逮蝈蝈"

【活动目标】

（1）知识与技能：感受绕口令的文学形式，能够正确发音。

（2）行为与习惯：能借助图谱较完整、清楚地运用多种形式朗读。

（3）情感与态度：感受绕口令的节奏和韵律，体验绕口令的乐趣。

【活动重难点】

能借助图谱较完整、清楚地运用多种形式朗读。

【活动准备】

绕口令图谱，三个节奏快慢不同的背景音乐。

【活动过程】

（1）开始部分：倾听教师快速朗读，初步感知绕口令的特点和内容

教师快速朗读绕口令后提问："这首儿歌和平时大家接触的儿歌有什么不一样？"

（2）进行部分：理解绕口令，练习绕口令

①欣赏绕口令，理解绕口令内容

倾听教师放慢速度念绕口令。

提问:"你们刚才在绕口令里听到了什么?"根据幼儿的回答依次出示图谱。

引导幼儿观察图谱,集体念绕口令。

②借助图谱,尝试结伴念绕口令

幼儿结伴看图谱念读,教师巡回指导。

提问:"你读的时候哪里比较难呢?你觉得用什么方法可以念得又快又好?"提炼总结幼儿的方法,并引导幼儿针对难点进行练习。

③用多种游戏方法练习,进一步熟悉绕口令

幼儿从椅子下面拿出图谱,找朋友结伴练习。

幼儿和着节拍接龙朗读。

"快嘴大挑战":提供三个节奏快慢不同的背景音乐,引导幼儿分小组自选其中一种背景音乐,然后和着节奏朗读,鼓励幼儿挑战不看图谱大声地朗读。

(3)结束部分:教师小结,结束活动

教师总结:原来念绕口令开始时稍慢,用打节拍、多念的方法就可以念得又快又清楚了。

附绕口令:

哥哥逮蝈蝈

哥哥逮蝈蝈,

蝈蝈蹦草窝。

哥哥找蝈蝈,

蝈蝈躲哥哥。

逮住大蝈蝈,

哥哥乐呵呵。

【答辩题目】

(1)本节课的教学难点是什么?

《哥哥逮蝈蝈》这首绕口令中的"ge"和"guo"的读音非常重要,对于中班幼儿来说也是教学的难点,"guo"是滑音,在发声的时候要注意"uo"的流畅性与清晰度。

(2)绕口令教学的要点是什么?

绕口令是小朋友非常喜欢的一种儿歌形式,它由于语音拗口,而又要求清晰准确,当一不留神读错的时候引人发笑,是训练幼儿口齿清楚、吐字辨音正确、提高幼儿思维敏捷的有效手段。在教学中,教师可重点示范重点字的读音,同时让幼儿观察教师的口型,配合语音让幼儿掌握正确的发音。另外,在开始读绕口令时,以慢为宜,以咬字清楚为目标,不过分追求读快。

(北京市海淀区立新幼儿园 黄倩)

3. 活动三:中班语言活动"小蚂蚁"

【活动目标】

(1)知识与技能:学习儿歌与手指活动的韵律感,能够根据儿歌内容配合手指做动作。

(2)行为与习惯:通过手指游戏促进小肌肉的发展。

(3)情感与态度:通过活动,感受手指游戏的乐趣。

【活动重难点】

大胆想象、表现并体验游戏带来的快乐。

【活动准备】

小蚂蚁图片、画笔、大自然的画。

【活动过程】

（1）开始部分：谈话引题

教师出示小手，引起幼儿兴趣。

引导语："我们都有一双能干的小手！我们的手可以干什么呀？""而且手指还可以做游戏呢。"

引导语："看看今天老师给大家带来了谁？"出示小蚂蚁的图片。

（2）进行部分：学习儿歌，玩手指游戏

①教师念儿歌《小蚂蚁》

②分解游戏的玩法

手指游戏"小蚂蚁"玩法：小蚂蚁，很有趣（伸出食指、中指在手背上交替爬行），头上长着小胡须（伸出食指、中指向上立起来晃动）。小蚂蚁，有秩序（伸出食指、中指在手背上交替爬行），走路排队很整齐（伸出食指、中指交替沿直线向前爬行）。小蚂蚁，有情义（伸出食指、中指在手背上交替爬行），见面点头很有礼（伸出食指、中指互对点点头）。小蚂蚁，真得意（伸出食指、中指在手背上交替爬行），冬天来了有积蓄（左手伸出食指、中指，右手握拳放在左手上）。

③幼儿学玩手指游戏

教师完整地示范游戏一遍。

幼儿学玩游戏两遍。

幼儿边大声地念儿歌边游戏一遍。

（3）结束部分

教师拿出一张大自然的画，让孩子们拿画笔在画面的底部画出可爱的小蚂蚁。

【答辩题目】

(1)请你反思本次活动。

"小蚂蚁"是一个儿歌、游戏相结合的语言活动。活动不仅要求幼儿学会儿歌的内容，而且要求幼儿能根据儿歌内容做相应的动作。活动通过对儿歌的学习能使幼儿对手指的名称有一定的了解，并能灵活转换各手指。幼儿参与此活动的积极性还是很高的，基本上让幼儿的想象力、创造力和语言表达能力都得到了发挥。

(2)手指谣的教学要点是什么？

在学习儿歌的时候，教师经常会通过手指运动的配合帮助幼儿理解和记忆儿歌。在开展手指游戏过程中，教师要注意以下三点：第一，手指动作编排不宜过难，重点是辅助幼儿理解和记忆儿歌；第二，手指动作变化不宜过于复杂，否则幼儿为了记住动作而忽略了儿歌；第三，手指谣的学习不用拘泥于一节教学活动中，在一日生活中均能开展。

（北京市海淀区立新幼儿园　黄倩）

4.活动四：中班语言活动"有趣的圆"

【活动目标】

（1）知识与技能：学习完整地说出"××是圆形的，××也是圆形的"句式。

（2）行为与习惯：通过游戏提高语言反应能力和表达能力，能够把"……是……，……也是……"运用到生活中。

（3）情感与态度：喜欢语言游戏。

【活动重难点】

学习完整地说出"××是圆形的，××也是圆形的"句式。

【活动准备】

皮球一个，圆形贴绒图片。

【活动过程】

（1）开始部分：出示皮球，引出活动主题

引导语："这是什么？它是什么形状的？"

引导语："皮球是圆的，还有哪些东西是圆形的呢？"鼓励幼儿根据生活经验说出常见的各种圆形，为后面的游戏活动打好基础。

引导语："今天我们要玩一个游戏，名字叫'有趣的圆'。"

（2）进行部分

①出示圆形贴绒图片，向幼儿介绍游戏玩法及规则

教师出示完整的圆形贴绒图片，然后将分割后的贴绒图片分给幼儿。

引导语："每个小朋友必须用'××是圆形的，××也是圆形的'这种句式说出两种圆形的东西，如'太阳是圆形的，皮球也是圆形的'。说对了，就把手里的图片贴在绒板上，说错了或重复前面小朋友说过的句子，则不能贴图片。哪个组最早在绒板上拼出圆形（由每个小朋友手里的图片组成）或接近圆形的图形，哪个组就胜利了。"

两位教师分组带几个幼儿示范游戏的玩法，帮助全班幼儿进一步理解游戏规则。

②进行"有趣的圆"游戏活动

全体幼儿坐成半圆形，从中间分段分成两组，分别从两端依次轮流请幼儿用"××是圆形的，××也是圆形的"句式说一句话。哪组造句正确的次数多，哪组为胜利。

（3）结束部分

教师小结，并对幼儿说出的富有想象力的句子给予鼓励。

【答辩题目】

(1) 请你反思本次活动。

启发幼儿先将圆形变成其他物体，引导幼儿说出"××是圆形的，××也是圆形的"或者"圆形可以变成××，圆形还可以变成××"。需要注意的是，这是一节语言活动，而非数学活动，教师在教学中应注重幼儿的句式表达。

(2) 本节活动与数学目标可以怎样结合？

这节课的教学目标是用句式进行表达，但是其中应用了数学的几何形体知识，在教学过程中教师可以适当引导幼儿观察身边的圆形物体，在课后还可以利用数学活动继续巩固数学的教学目标。

（北京市海淀区立新幼儿园　黄倩）

（三）大班

1. 活动一：大班语言活动"会飞的抱抱"

【活动目标】

（1）知识与技能：理解故事情节，感受抱抱的传递过程及其带来的快乐和变化。

（2）行为与习惯：能积极大胆地运用语言、动作等多种方式表达对故事内容的理解。

（3）情感与态度：感受祖孙之间的浓厚亲情，萌发关爱他人的情感。

【活动重难点】

（1）重点：认真倾听故事，在思考、感受和表达中理解故事情节。

（2）难点：能理解"抱抱"带来的不同情感体验，尝试用多种方式表达对故事内容的理解。

【活动准备】

自制PPT、背景音乐、自主阅读图片、故事人物图片。

【活动过程】

（1）观察封面，导入活动

了解邮政的含义。引导语："这是什么地方呀？"

小结：原来动物邮政就是动物寄信或寄东西的地方。

（2）分段欣赏故事，理解抱抱的传递过程及其带来的快乐和变化

①欣赏故事第1~2页，理解大大的抱抱

提问："奶奶快过生日了，阿文想给她寄一份特别的礼物，是什么呢？"

小结：原来礼物就是一个"大大的抱抱"。

②欣赏故事第3~4页，理解"力量"的抱抱

引导语："小狗工作了一天，太累了，它收到了大大的抱抱会怎么样呢？"

小结：原来拥抱能带给人力量。

③欣赏故事第5页，理解"舒服"的抱抱

引导语："小羊收到这个大大的抱抱会怎么样？"

小结：原来拥抱让人很舒服。

④自主欣赏故事第6~9页，理解"快乐、甜蜜、激动"的抱抱

幼儿自主阅读，教师指导。

做游戏"小司机"，体验抱抱传递的快乐。

幼儿分享交流自己的发现。

⑤欣赏故事第10~11页，理解"幸福"的抱抱

引导语："小鸭去给猪奶奶送信了，它看见猪奶奶会怎么说？"

小结：原来拥抱能带给人幸福。

⑥在游戏"传递抱抱"，体验祖孙之间的浓厚亲情

（3）完整欣赏故事，萌发关爱他人的情感

引导语："猪奶奶又会怎么做呢？让我们一起带着感恩的心再次走进这个充满爱的故事吧。"

提问："猪奶奶收到了小猪爱的拥抱。是怎么做的？小猪会收到吗？"

介绍绘本《会飞的抱抱》并提问："我们一起来猜一猜，这本书的名字叫什么？"

（4）提升情感，结束活动

引导语："你们喜欢这个会飞的抱抱吗？你们会怎么表达对奶奶的爱？"

小结：大大的抱抱在传递的过程中让小动物们感受到了力量、舒服、快乐、甜蜜、激动和幸福，这些抱抱都是爱，原来爱是可以传递的。

做游戏"爱我你就抱抱我"。

（5）活动延伸

区域活动：将故事书投放在语言区，供幼儿讲述或表演。

家园共育：鼓励幼儿在家中用身体语言向家长传达关爱。

【答辩题目】

（1）为什么要有自主阅读的环节？

幼儿根据对画面的理解大胆猜想，表达自己的想法，交流自己的意见，不论是对是错，教师都不急于给幼儿结论。自主阅读可以很好地调动幼儿主动阅读、探究的积极性，基于幼儿自由想象和表达的空间，有利于良好阅读习惯的养成。

（2）请分析一下幼儿的具体表现。

通过这次活动，我感觉到幼儿对早期阅读活动非常感兴趣，他们喜欢听故事，看图书，认真又专注。作品以卡通形象为主，有趣的形象和画面加之故事情节的轻松有爱，幼儿表现出较大的学习热情。幼儿在推测、思考、猜想中表现得更积极，思维更活跃。在我的引导下，幼儿大胆发言，能比较连贯地表达自己的想法。我作为引导者，支持和鼓励幼儿的想法和回答。及时给予肯定，给幼儿创造了宽松的语言表达和交流环境。在这样一种氛围中，幼儿爱说、敢说、乐说。

（北京市海淀区立新幼儿园　沈可）

附故事：

会飞的抱抱

"奶奶的生日快到了，你想送她什么东西？"妈妈问阿文。

阿文回答："一个好大的抱抱。"他张开手臂，张得好大好大，让妈妈知道他的拥抱有多大。

"你要画一张拥抱奶奶的图吗？"妈妈问。

阿文说："不是，我要送她一个真正的抱抱，我要抱抱邮递员，再请他把这个抱抱送去给奶奶。"

他们拿了信，走到镇上的邮局。

他们很快就排到了队伍前面，倪先生说："下一位！"

"我要寄一个大大的抱抱给我奶奶。请您帮我寄出去好吗？"阿文很有礼貌地问。

"嗯，我们通常不替人家寄抱抱，不过可以试试看。"倪先生说。

阿文的妈妈写下奶奶家的地址，交给倪先生。

阿文走到柜台后面，张开手臂，张得好大好大，给倪先生一个很大的拥抱。

"您把抱抱给邮递员的时候，就要像这个抱抱一样大哦。"阿文说。

"哦，我不会看到那位送信给你奶奶的邮递员，但是我会把信件交给波波小姐，她把信件分类后，放到卡车上，载到大城市，然后信件就会搭飞机到全国各地。"倪先生说。

阿文说："那，您就得抱抱波波小姐喽。"

倪先生把信件带去给波波小姐。

倪先生有点不好意思地看着波波小姐，把信件和阿文奶奶家的地址交给她。倪先生红着脸，小声说："嗯……这就是那个抱抱。"

倪先生张开手臂，张得好大好大，给波波小姐一个很大的拥抱。

波波小姐笑眯眯地把信件分类。司机来取要送到大城市的信件。他提起最后一个重重的邮包时，波波小姐说："小李，还有一件事。有人要寄一个拥抱给他奶奶，地址在这儿，这就是那个拥抱。"

波波小姐张开手臂，张得好大好大，给小李一个很大的拥抱。

小李笑着说："这种信件不常有呢！"

小李一路吹着口哨到城里。卸下信件后，他查时间表，看看是谁负责开车送信去机场。表上写的是"詹姆斯"。小李在休息室找到小詹，他正在吃点心。

"嗨，小詹，我知道这听起来怪怪的，但是有人要寄一个拥抱给他奶奶，地址在这儿。"小李说。

小李张开手臂，张得好大好大，给小詹一个很大的拥抱。小詹缩了一下，他不太习惯被拥抱，但是他愿意做好他的工作。

那天下午，小詹到了机场。他问送信的人什么时候会搬信件到飞机上。

"那批信几分钟前就被搬到飞机上了。"送信的人说。

小詹连忙跑到飞机旁边，机长蒋森正准备要上飞机。

"机长，有个小孩要寄一个拥抱给他奶奶，地址在这儿，这是拥抱。"小詹扮了个鬼脸笑着说。

小詹张开手臂，张得好大好大，给蒋森机长一个很大的拥抱。

"用这样的方法当作一天的开始很棒哦！"蒋森机长大声说。

飞机降落后，蒋森机长走到机场的邮局。

他看见小曼站在邮车旁，看起来很不开心。

"你好！是你要开邮车去城里吗？"蒋森机长问。小曼闷闷不乐地点点头。

"有人寄了一个拥抱。"蒋森机长宣布。

蒋森机长张开手臂，张得好大好大，给小曼一个很大的拥抱。

小曼开心地笑了，说："谢谢。"

她一边开车，一边跟着音乐轻松地点着头。

放下信件后，小曼去找阿德。他负责开车送信到奶奶住的镇上。

"阿德，有人寄了一个拥抱，地址在这儿，还有，这是拥抱。"小曼说着，脸就红了起来。

小曼张开手臂，张得好大好大，给阿德一个很大的拥抱。

阿德咯咯笑着说："终于等到机会了！今天晚上想不想去跳舞？"

"好啊！"小曼说。

阿德手舞足蹈地跳上邮车。第二天一早，阿德就开着邮车到奶奶住的镇上。

当他准备回城里时，他想起那个拥抱。

"今天是谁负责送信到平沙镇？"阿德问局长。

"是莉莉，但是她现在还没到。"格林宝女士扶了扶眼镜回答。

阿德说："麻烦你把这个转交给她。"

阿德张开手臂，张得好大好大，给格林宝女士一个很大的拥抱。

格林宝女士很惊讶，她喘着气，眼镜歪到了一边。

"莉莉，我跟你说一下。"莉莉刚到，格林宝女士就叫住了她。

"有个男孩要寄一个拥抱给他奶奶，你就是负责送去的邮递员。"格林宝女士说。

格林宝女士张开手臂，张得好大好大，给莉莉一个很大的拥抱。

"奶奶一定会很高兴！"莉莉说。

莉莉一边挨家挨户去送信，一边闻着每一家的花香。她看到奶奶在院子里浇花。

"陆太太，我有一个特别的信件要给您。您的孙子要送您一个抱抱。"她说。

莉莉张开手臂，张得好大好大，给奶奶一个很大的拥抱。

奶奶笑着说："这真是我收到过的最棒的信了。你也帮我送一个吻给我的孙子吧！"奶奶嘟起嘴唇，在莉莉的脸颊上亲了一个又大又香的吻。

2. 活动二：大班语言活动"毕业诗"

【活动目标】

（1）知识与技能：理解诗歌内容，初步学习朗诵诗歌。

（2）行为与习惯：能清楚、连贯地讲述自己三年来的最大变化，体会成长的喜悦。

（3）情感与态度：体会诗歌表达的情感，激发幼儿对老师、幼儿园的留念之情和做小学生的自豪感。

【活动重难点】

（1）重点：理解诗歌内容，能有感情地朗读诗歌。

（2）难点：能结合自己的生活经验，清楚、连贯地讲述自己三年来的变化。

【活动准备】

（1）物质准备：自制大小娃娃和手偶一个，一段舒缓的音乐。

（2）经验准备：幼儿已有自己小时候和现在的照片及生活用品等相关的记忆和体验，在古诗诵读中积累了朗读的经验。

【活动过程】

（1）手偶表演导入，激发幼儿参与活动的兴趣

表演内容：小弟弟摔倒了大哭大闹，大哥哥安慰了小弟弟。小弟弟很崇拜大哥哥，哥哥很自豪地说自己要毕业了，要升到小学部上一年级了，可是最近心里既高兴又难过。高兴的是再过几天自己就要进入小学做一个一年级的小学生了；难过的是要和老师、阿姨、小朋友们说再见了……

引导语："小朋友们，你们是不是也有和大哥哥一样的心情呢？"

引导语："这位大哥哥把心情写成了一首诗送给即将毕业的小朋友们，我们一起来欣赏一下吧！"

（2）教师有感情地朗诵一遍毕业诗，帮助幼儿初步了解诗歌内容

提问："诗歌的名称是什么？"

讨论："诗歌中讲了什么内容？"

提问："刚到幼儿园时的自己是什么样子的？"（我刚到这里时瘦瘦小小的，有时还耍脾气）

提问："现在呢？"（脸上再也没有泥，手帕、袜子自己洗）

（3）教师再次有感情地朗诵一遍毕业诗，帮助幼儿进一步熟悉诗歌内容

讨论："进入小学后我们要做什么呢？还记得诗歌中的'我'是怎么做的吗？"（学习更多的知识和道理，争取早日戴上红领巾）

（4）指导幼儿学习朗诵毕业诗

幼儿跟读1~2遍，注意提醒幼儿发音准确。

（5）激发幼儿对老师、幼儿园的留恋之情

配乐集体朗诵诗歌。

体验做小学生的自豪感。

（6）活动延伸

组织美术活动，让幼儿将自己对毕业诗的理解用多种方式表达出来，升华幼儿的情感体验。

【答辩题目】

（1）请说一说本次活动的设计思路。

在幼儿诗歌类的图画书教学当中，尤其是第一次教学，应该注重幼儿对阅读内容的理解。只有对内容理解之后才能感受到作者要传递的情感。因此，第一次组织集体教学活动"毕业诗"，主要是希望

幼儿结合自身的经验，通过回忆三年的成长变化，以及了解小学的生活，较好地理解诗歌的意思。在理解诗歌内容的基础上初步感受作者想要传递的思想。

（2）如何开展诗歌教学的导入环节？

教师是课堂教学活动的组织者与引导者，也是幼儿心理环境、语言锻炼氛围的直接创设者。在教学导入环节，教师采用的方式、语言等对幼儿学习、参与的积极性与探究欲望有着直接影响。对此，教师在备课中应对幼儿的身心发展规律与特点做出全面考虑，设计出可以快速集中幼儿注意力，引导其全身心投入到教学活动中，并让幼儿的语言在此过程中得到潜移默化的影响与锻炼。在这次活动中，我通过情境导入法，通过表演大哥哥和小弟弟的故事，让幼儿感受一下，以此来快速集中幼儿的注意力，引出活动主题。

（北京市海淀区立新幼儿园　沈可）

附诗歌：

毕业诗

今天是我最后一次站在这里，
和老师、小朋友在一起，
我是多么欢喜。
再过几天，
我就要进小学，
做个一年级小学生，
坐在明亮的教室里，
读书、写字，多么神气！
亲爱的老师，
我有很多话想说给您：
三年前我第一次到这里，
玩具扔满地，还要发脾气。
今天站在这里的还是我自己，
脸上再也没有泥，
手帕、袜子自己洗；
还会唱歌、跳舞、画画、讲故事，
懂得了很多道理。
亲爱的老师，
我从心里感谢您！
再见吧，老师！
以后我一定来看您，
向您汇报我的学习成绩。

3. 活动三：大班语言活动"动物大联欢"

【活动目标】

（1）知识与技能：学会手指儿歌，能手口一致地表演"动物大联欢"。

（2）行为与习惯：调动多种感官，尝试创编儿歌。

（3）情感与态度：喜欢手指游戏，体验乐趣，感受韵律。

【活动重难点】

（1）重点：积极参与手指游戏，认真倾听和表达，学会手指儿歌的内容，进行手口一致的表演。

（2）难点：发挥创造力和想象力，大胆创编儿歌并进行表演。

【活动准备】

PPT课件、皮影戏台。

【活动过程】

（1）活动导入

通过猜谜语活动激发幼儿学习兴趣，引出儿歌主题。

谜语：两棵小树十个叉，不长叶子不开花，能写会算还会画，天天干活不说话。

（2）利用皮影戏台表演有趣的手影游戏

引导语："请小朋友们仔细看看皮影戏台出现了什么小动物，你们要仔细看哦。"

让幼儿猜猜教师用手做出的是什么小动物的样子，小动物们在做什么。

（3）幼儿自主游戏

引导语："请小朋友们跟你身边的同伴玩一玩，互相猜，还可以发出小动物的叫声哦。"

例如，将手掌心朝内张开做小猫的样子，并模仿小猫的叫声"喵喵喵"。

（4）学习手指游戏"动物大联欢"

教师利用课件依次出示儿歌中动物的图片，让幼儿尝试用手指做成模仿动作，幼儿间互相比比看，谁做得最像，然后再出示课件中手指的模仿动作，并请幼儿说出象声词。

通过观看课件，帮助幼儿记忆儿歌，教师与幼儿将儿歌内容进行组合，并完整地朗诵。鼓励幼儿可以边说儿歌边做出相应的手指动作。

幼儿熟悉儿歌内容后，将幼儿分成两组边做动作边朗诵。

（5）创编手指儿歌

引导语："刚才我们用五个手指分别变出了毛毛虫、小白兔、小花猫、老鹰和大灰狼。请小朋友想一想，手指还可以变成什么？"

教师引导幼儿发挥想象，仿编儿歌，并加上动作进行表演。

（6）结束部分

教师与幼儿一同表演手指游戏，并请幼儿来到皮影戏台，表演自己创编的手指儿歌。

【答辩题目】

（1）请你反思一下这节活动。

皮影戏是大班幼儿较为喜欢的一种游戏形式，他们平时喜欢用皮影和手指表演各种各样的形象。教师抓住这一教育契机，在今天这节活动的每个环节中，尽量给予幼儿表达、尝试、交流的机会，并通过有效的提问方式，帮助幼儿梳理经验。通过同伴学习、观察、尝试、分享的方式学习用手指表演各种动物的形象，儿歌中可爱的动物形象更是吸引了幼儿的兴趣和注意力，他们乐于参与，探索欲望强烈。

（2）如何营造宽松的学习氛围？

《纲要》中提到"创设开放性环境，支持幼儿实现自己的想法、愿望和活动计划，使幼儿获得成功的体验，从而增强自尊、自信"。要为幼儿提供轻松、自然的学习氛围，注重每个孩子的参与、尝试，让幼儿在探索中发现问题、解决问题。同时，在学习手指游戏时鼓励幼儿间的合作和分享，在学习手指动物形象时也要引导幼儿去观察和互学，让幼儿尝试创编出自己喜欢的手指儿歌，充分体验自主活动的乐趣。

（北京市海淀区立新幼儿园　沈可）

4. 活动四：大班语言活动"前书写游戏——有趣的象形字"

【活动目标】

（1）知识与技能：通过阅读图片和象形字卡，了解象形字的特征。

（2）行为与习惯：能细致观察并进行大胆猜想与讲述。

（3）情感与态度：乐意参与阅读活动，对文字产生兴趣。

【活动重难点】

（1）重点：能够通过字卡了解象形字的特征。

（2）难点：能够仔细观察发现汉字与象形字的关系。

【活动准备】

（1）象形字演变图一份，象形字卡（人、鱼、龟、牛、象、羊、日、目、木）九张，相应的汉字卡九张。

（2）象形字组合图画一幅。

（3）动画片《三十六个字》。

【活动过程】

（1）观察象形字组合图，导入活动

引导语："小朋友，今天老师带来了一幅有趣的画。你们从画面里看到了什么？请你们用一句完整的话告诉大家。"

引导语："在这幅画里还藏着一个小秘密。你们想知道吗？我们一起来看一部有趣的动画片，动画片里面有答案哦！"

（2）观看动画片，激发对象形字的兴趣

引导语："你们从动画片里找到这幅画的秘密了吗？"

引导语："动画片里爸爸画了一个太阳，小朋友说了什么呢？"

引导语："刚才爸爸还说，咱们的祖先就是这样创造了象形字，这些看上去像图画的东西其实就是古代的象形字。"

（3）分组观察讨论象形字，了解象形字的特征

引导语："今天老师也给你们带来了很多好玩的象形字，请你们来猜一猜它们会是什么字。看的时候，小朋友可以交换着看，互相讨论，把你想到的和其他小朋友说一说。"

引导语："你刚才猜了几个字？你猜的是什么字？把你的理由告诉大家好吗？"

引导语："刚才我们认识了许多的象形字。你看这个雨字，就像许多小雨点从天上掉下来，所以说它是雨字。我们想一想，古代人是怎么造出象形字的呢？"

引导语："原来古时候的人就是照着事物的样子画下来，形成了象形字。所以你们看到的象形字跟它所对应的事物很像。"

（4）找朋友

引导语："老师手里有汉字宝宝和象形字宝宝，请小朋友自愿分组，分成汉字和象形字两大阵营。我们来玩一个汉字宝宝PK大赛吧！当听到象形字阵营宝宝说'鱼鱼鱼，鱼的朋友在哪里？'请汉字阵

营宝宝找到鱼的朋友,并说出儿歌'鱼鱼鱼,鱼的朋友在这里'。"

引导语:"象形字演变图中还有很多还没发现的象形字宝宝,需要小朋友用心去发现和寻找,你们可以利用自己的空闲时间到图书区寻找象形字宝宝!"

【答辩题目】

(1)如何追随幼儿的兴趣开展活动?

《指南》中指出:"让幼儿在写写画画的过程中体验文字符号的功能,培养书写兴趣。"大班幼儿对汉字感兴趣,总是会问:"老师,这个字念什么?""老师,您教我写这个字好吗?"他们对汉字的兴趣已经不仅仅满足于会写自己的名字,还有强烈的识字愿望。如何结合幼儿的学习方式开展适合大班幼儿的前书写活动引发了教师的思考。

整个活动教师以游戏的形式贯穿。活动开始先由一幅有趣的象形字图画引发幼儿的兴趣,教师并没有直接给出答案,而是让幼儿带着问题进入下一个环节。紧接着动画片生动形象地将幼儿带入了主题,通过仔细观察象形字与汉字的特征,给象形字宝宝找朋友,让幼儿更好地感知了象形字的特征,达到了教学目标。

(2)早期阅读可以让幼儿识字吗?

早期阅读活动中应该提供给幼儿有意义的、形象的、生动的阅读内容,象形字形表意,非常符合这些特征。在设计活动时,教师没有将重点放在识字上,而是更多地让幼儿去猜想、读图,始终把阅读兴趣和阅读能力的培养放在首位。阅读材料的准备非常丰富,有图画、字卡、影像。在每张象形字卡的下方用数字进行标注,一方面暗示幼儿阅读画面的方向,另一方面也是为了培养幼儿正确的阅读方法,让幼儿在生活中处处有阅读。

(北京市海淀区立新幼儿园 沈可)

三、社会领域活动的试讲教案

(一)小班

1. 活动一:小班社会游戏"高高兴兴上幼儿园"

【活动目标】

(1)知识与技能:幼儿能初步了解幼儿园的生活及规则。

(2)行为与习惯:幼儿能初步适应幼儿园的生活并逐步养成良好的轮流、物归原处等良好的习惯。

(3)情感与态度:幼儿能情绪愉悦、稳定,喜欢幼儿园生活。

【活动重难点】

幼儿能逐步适应新环境,积极地参与到活动中。

【活动准备】

音乐、玩具、玩具框等。

【活动过程】

游戏一:拉圈圈

教师利用游戏导入今天的活动,鼓励幼儿积极地参与到游戏中。

引导语:"小朋友,你的小手小手在哪里?头发头发在哪里?脚尖脚尖在哪里?你的脚尖去找一个好朋友,跟他碰一碰。"

幼儿可以随意地去找同伴或老师，触碰自己的脚尖。

教师请小朋友的两只手分别去拉不同的伙伴，说："你的脚尖与你旁边小朋友的脚尖碰到一起。"

教师与配班教师手拉手做示范，边说边做"脚尖碰脚尖，拉个大圆圈"。

幼儿可以自由结合，与同伴一起体会游戏的乐趣。

所有的小朋友尝试拉成一个大圆圈，并一边说一边做"脚尖碰脚尖，拉个大圆圈"，体会集体游戏带来的快乐。

游戏指导：帮助幼儿建立拉圈的意识及规则。

游戏二：滚球游戏

利用幼儿拉好的大圆圈，往里面投放软球，与幼儿一起玩滚球的游戏。

引导语："滚球游戏开始啦！小朋友们，我们一起玩滚球的游戏，球滚到谁的面前就由谁继续推出，咱们轮流进行。"

教师可以与配班教师进行示范，重点告诉小朋友这个游戏有一个小规则，那就是轮流进行。

游戏三：我把玩具送回家

引导语："小朋友，在幼儿园每天陪伴你们的除了老师和同伴，还有很多好玩的玩具，谁愿意说说你喜欢哪个玩具？"

教师出示幼儿在班级中熟悉的玩具。

引导语："这些玩具宝宝找不到家了，请小朋友帮忙快把它们送回去，一定要送到正确的家，帮助它们找到妈妈。"

引导语："哇！小（1）班的宝宝这么棒，自己就能把玩具送回家，你们的本领真大。"

游戏指导：此游戏可以重复玩2~3次。教师可以找一些具有代表性的玩具，及时鼓励幼儿物归原处的好行为。

【答辩题目】

(1) 请你对这节活动进行反思。

这个活动的目标是帮助幼儿了解幼儿园的生活及日常行为规则。幼儿园是一个集体环境，小朋友们从家庭进入了幼儿园，环境发生了改变。幼儿园就像一个小社会一样，孩子们只有了解规则，才能更好地生活及游戏。由此我设计了三个游戏，如第三个游戏，鼓励幼儿主动把玩具送回家，在游戏中，小朋友独立操作，以游戏的形式体验收放玩具，得到了独立做事的快乐和满足，对自己也更有信心了。这也是针对小班幼儿年龄特点鼓励他们主动参加各项活动，提高信心的一个小策略。

(2) 请你举例说明，教师在活动中是如何帮助幼儿理解社会性行为规则的。

轮流的规则：教师参与到幼儿的游戏中，与幼儿一起玩滚球，利用语言和动作提示幼儿一个接着一个玩，从而体验游戏中的轮流规则意识。除此之外，生活中的很多环节也渗透了轮流的规则意识，如喝水、盥洗、如厕，等等。

物归原处的规则：游戏"我把玩具送回家"的参与者是幼儿。物归原处的好习惯是为了今后生活更加舒适。幼儿园的生活是有序的，幼儿的好习惯是需要从入园开始就培养与建立的，是从游戏中习得的，从实践中感悟的。

（北京市西城区曙光幼儿园　刘昭）

2. 活动二：小班社会游戏"认识新朋友"

【活动目标】

（1）知识与技能：幼儿能认识更多的班级中小朋友们的姓名。

（2）行为与习惯：在日常生活及游戏中，能使用礼貌用语与他人交流。

（3）情感与态度：在幼儿园的生活及游戏中，能体会与同伴在一起的快乐。

【活动重难点】

幼儿愿意主动参与到幼儿园的生活及游戏中。

【活动准备】

手指游戏、问候歌、班级中每一名幼儿一张大头照（照片是近几天的照片）、一个口袋、一部手机。

【活动过程】

游戏一：手指游戏"问候歌"

利用手指游戏"问候歌"调动幼儿积极参与活动的积极性。

（1）教师边说边做动作，并鼓励幼儿参与其中

引导语："小朋友，你也可以像我一样，动动你的小手指，我们一起说一说。"

（2）手指儿歌可重复进行，满足幼儿表达的欲望

游戏指导：动作可根据儿歌来创编，说到哪位小朋友的名字哪位小朋友就与大家挥挥手。最后一句儿歌可多次重复不同幼儿的名字。创设宽松氛围，带动更多的幼儿参与到活动中。

游戏二：打电话

（1）口袋里面是什么

引导语："小朋友们，今天老师给大家准备了一个神秘的礼物，就藏在这个袋子里，你们猜猜是什么？"

引导语："我们请×××来摸一摸。告诉我们，里面是什么？"

引导语："哎！大口袋里面是一部手机。小朋友，手机是做什么用的呀？我们今天也玩一个打电话的游戏。快听听，电话播到谁那里了？"

（2）学习打电话

引导语："喂，你好呀，请问×××小朋友在吗？"

引导语："被请到的小朋友站起来，与大家打招呼，并大声地回答'您好，我是×××'。"

（3）游戏继续循环

由被请到的幼儿再次邀请其他同伴，如此循环游戏。

游戏指导：游戏可以在过渡环节与幼儿一起玩，还可以在家中与爸爸妈妈一起玩。

游戏三：猜猜谁不见了

（1）出示幼儿生活中的大头照

引导语："小朋友们，看看我带来了谁？你们都认识吗？"

教师依次出示几位幼儿的大头照，小朋友们说出照片上的都是谁。

（2）取出三张大头照，与大家一起玩游戏"猜猜谁不见了"

引导语："我们一起看看，照片中的是谁呀？""请你们闭上眼睛——猜猜谁不见了？"

引导语："请小朋友们大声地说出照片上小朋友的名字，快快给他请出来。×××，请你快出来。"

游戏指导：幼儿说出照片上的名字后，教师把三张照片中的一张翻过去，请幼儿猜猜翻过去的是哪张。

【答辩题目】

（1）请你反思本节教学活动。

这节活动的教学形式符合小班幼儿的年龄特点，是以游戏贯穿整个活动的。本节课的目标是帮助幼儿认识更多的同伴，在幼儿原有经验上，教师利用游戏支架，帮助小朋友们认识更多的同伴，让他们能更快地熟悉及认识班级中的小朋友，更快地适应幼儿园的生活。

（2）在教学活动中，你为什么要设计三个小游戏，它们之间有什么关系？

这节活动中，我设计了三个小游戏。三个游戏是符合小班幼儿年龄特点的，它们的目标都指向帮助小朋友认识同伴的名字，并渗透幼儿在生活及游戏中学会使用礼貌用语，如"×××，请你快出来"。

这三个游戏的层次是：第一个游戏，教师说出小朋友的名字，幼儿自己站起来与同伴打招呼；第二个游戏，幼儿在自我认识的基础上说出他人的名字；在前两个游戏的铺垫下，第三个游戏让幼儿说出班级中更多同伴的名字，并利用游戏来增强幼儿对同伴名字的认识及记忆。

（北京市西城区曙光幼儿园　刘昭）

附儿歌：

问候歌

你好！你好！点点头。
你好！你好！拉钩钩。
你好！你好！抱一抱。
你好！你好！拉拉手。
×××和大家是好朋友！

（二）中班

1. 活动一：中班社会活动"照相馆游戏"

【活动目标】

（1）知识与技能：能比较清楚地模仿游戏中的不同角色。

（2）行为与习惯：在游戏结束后能主动整理物品，养成物归原处的好习惯。

（3）情感与态度：喜欢参与到摄影与装扮活动中，体会游戏带来的快乐。

【活动重难点】

在角色游戏中能模仿不同的角色。

【活动准备】

照相机、背景、假发、装饰品等。

【活动过程】

此活动可以作为幼儿园的区域小组活动，走进幼儿的区域游戏。

游戏一：照相馆开业啦

教师以游戏者的身份加入小朋友们的游戏。

引导语："请问我可以来这里拍照吗？谁能招待一下我？"

鼓励幼儿使用礼貌用语，并模仿工作人员大胆大方地介绍游戏。

引导语："你能告诉我，我都可以选择哪些套餐吗？"

观察游戏中的小客人与摄影师的互动，预设提问：

摄影师，你主要在店里负责哪些事情呀？

小顾客，你对他们的服务满意吗？为什么？

摄影师，我也想戴小A小朋友的假发，能让他摘下来，给我带吗？

围绕幼儿游戏情境提问，预设提问：

你们照相馆推出优惠活动了吗？

如果你们给我拍的照片我不满意怎么办？

你们有关门、开门的时间吗？还是我什么时候来都可以？

为什么来你们家拍照还需要预约呢？

最近你们有没有推出新的活动呀？比如母亲节的亲子照呀。

游戏二：最美"小模特"

引导语："照相馆推出了选拔最美'小模特'的活动，谁都可以来参加，我也赶快来到照相馆了解情况了。"

引导语："您好，请问成为最美'小模特'有哪些要求呢？"

帮助幼儿梳理出怎样才能成为最美"小模特"。根据幼儿的游戏情境，预设提问：

最美"小模特"的着装有哪些要求呢？

最美"小模特"的装扮、发饰有哪些要求呢？

最美"小模特"的拍照表情有哪些要求呢？

最美"小模特"的动作有哪些要求呢？

引导语："哦，原来顾客、化妆师之间互相合作才能做到效果最好。"

游戏三：金牌"摄影师"

教师以竞聘摄影师的身份加入游戏，在游戏情境中预设问题。

引导语："请问，你们的店里有几位摄影师呀？谁的技术最棒呀？"

与幼儿交流，预设提问：

你觉得什么样的照片才是让大家喜欢的照片？

摄影师在游戏中与搭档化妆师如何合作？

摄影师在活动中与顾客如何交流？

引导语："游戏结束后，大家一起整理物品，养成物归原处的好习惯。"

【答辩题目】

（1）请你结合活动，思考哪些策略能支持幼儿对游戏中角色的理解。

照相馆的生活经验对不同幼儿来说是不一样的，去过照相馆的小朋友的游戏经验相对丰富，没去过照相馆的小朋友的经验就相对薄弱。幼儿只有对游戏中的角色理解透彻，后续的活动才能更好地开展。由此，教师可以利用不同的策略满足幼儿对游戏中角色的认识。

在照相馆活动开展之前，可以请小朋友分享自己拍照的经验：照相馆中都有谁？他们是如何做的？可以请家长带幼儿走进照相馆去参观，看看真实的工作人员。可以利用视频给小朋友们分享照相馆的工作者，分享拍照的过程，分享照片形成的过程，等等。还可以在幼儿的游戏中根据幼儿的游戏情况及时地去帮助幼儿梳理不同角色的不同特征。

（2）结合现阶段的活动，后期还可以做哪些延伸活动？

游戏开始时孩子们会被材料吸引，如何让游戏越玩越好玩呢？可以抓住后续的冲突问题。例如，儿童节推出小朋友艺术照，可以为大班的小朋友拍摄毕业照，可以为游戏区中小朋友的作品拍摄作品照片，同样可以到户外拍摄外景。冲突多了，问题来了，孩子们自然会玩不够了。

(北京市西城区曙光幼儿园 刘昭)

2. 活动二：中班社会活动"我们都是好朋友"

【活动目标】

（1）知识与技能：在活动中能主动找到同伴，并与同伴共同完成游戏。

（2）行为与习惯：通过交流来分享经验，与同伴一起解决游戏中的问题。

（3）情感与态度：在幼儿园的生活及游戏中，能体会与同伴交往的快乐。

【活动重难点】

能利用商量的方法与同伴一起解决共同的问题。

【活动准备】

手指游戏、儿歌、音乐。

【活动过程】

游戏一：剪刀石头布

（1）导入活动

利用手指儿歌导入活动，为"剪刀石头布"的游戏做准备，鼓励幼儿积极参与到活动中。

引导语："小朋友们，你们还记得'石头剪刀布'的手指游戏吗？我们一起试一试吧！"

（2）两个好朋友的游戏

教师请配班教师一起示范游戏玩法。

引导语："也可以跟你的好朋友一起玩，石头能战胜剪刀，剪刀能把布剪开，布能包住大石头，看，我们来试一试。"

引导语："输了怎么办？游戏前与同伴共同制定游戏规则，输的一方蹲起三次或闭上一只眼睛或抬起一条腿，等等，可自己设定规则。"

引导语："小朋友们，请你们找一个好朋友一起试试吧。"

教师观察幼儿的游戏，也可以加入他们的游戏。

（3）音乐游戏：剪刀石头布

教师播放音乐，在音乐停止时，幼儿迅速找到一个同伴进行"剪刀石头布"的游戏，赢了的小朋友继续游戏，输了的小朋友退出游戏，看看最后谁是胜者。

游戏二：翻饼游戏

（1）示范游戏

教师与配班教师手拉手，面对面地站好，一边说一边做动作：翻饼烙饼，油炸馅饼，翻过来，翻过去，瞧瞧！

引导语："刚刚我们两个人在游戏时翻转了几次？第一次什么时候开始翻？第二次什么时候开始翻？"

（2）利用语言帮助幼儿理解游戏规则

引导语："儿歌中告诉我们，翻过来，翻过去，这个时候我们就能翻动，两个小朋友往一个方向翻动就能顺利翻过去。"

引导语："请你跟你的好朋友也快来试试吧！"

幼儿在游戏时，教师有意识地去观察幼儿的游戏，记录他们在与同伴游戏时遇到了哪些问题，是如何解决的，在遇到翻转时是如何做的。

（3）创设谈话氛围，分享游戏经验

引导语："你在游戏中翻饼成功了吗？翻了几张饼呀？谁愿意分享一下你是如何完成翻饼的？"

结合幼儿的分享帮助幼儿提升经验。

引导语："咱们再玩一次，翻的时候咱们一起说'翻'，试试这个方法怎么样？"

游戏三：鸡蛋、小鸡变凤凰

引导语："小朋友们累了吧，快来休息休息，我们玩一个安静的游戏。这个游戏的名字叫作'鸡蛋、小鸡变凤凰'。游戏开始时，我们是蛋宝宝，都蹲下身子。去找其他蛋宝宝进行剪刀石头布，赢了的蛋宝宝就变成了小鸡，蹲下身子走。去找所有蹲着身子走的小鸡进行剪刀石头布，如果你又赢了，那恭喜你变成凤凰飞走了！"

游戏开始可以以小组的形式来进行，尝试机会，满足幼儿与同伴交往、游戏的需要。

【答辩题目】

（1）当幼儿与好朋友同时想阅读一本图书时，作为教师，你会怎样对幼儿进行随机教育？

策略一：教师作为观察者，不介入幼儿的游戏。幼儿的冲突是帮助幼儿成长的节点，给幼儿充分的时间与空间允许小朋友自己解决问题。幼儿问题解决后，根据发生情况对他们所发生的事情进行小结。

策略二：在观察后，幼儿无法自己解决问题，教师可以提供适宜的策略支持幼儿解决问题。例如，可以利用商量的方法轮流阅读图书：两个人是好朋友，可以一起阅读图书；可以等同伴阅读图书后自己再阅读图书；也可以利用剪刀石头布的方法来决定谁先开始阅读图书。

（2）在一日生活中，你还能想到哪些策略能支持幼儿与同伴的交往？

区域游戏中满足幼儿交往的意愿，体会交往游戏的快乐。抓住社交区的游戏特点，调动幼儿积极性与主动性的同时逐渐形成交往意识。在教学活动中，各领域进行结合来促进幼儿与同伴交往。例如，语言活动可以开展与同伴互相讲故事的活动，音乐活动可以开展一起唱歌、跳舞的活动，等等。借助社会性主题活动，丰富幼儿的社会交往经验，如劳动节"为我们服务的人"等。抓住生活契机，提供交往的需要，如互相帮助整理衣服、互相帮忙收玩具等。

（北京市西城区曙光幼儿园　刘昭）

附儿歌：

剪刀石头布

剪刀石头布，剪刀石头布，

一把剪刀，一块石头，变成小白兔。

剪刀石头布，剪刀石头布，

一把剪刀，两把剪刀，亲亲小白兔。

剪刀石头布，剪刀石头布，

一把剪刀，一块石头，我是蜗牛，不是小白兔。

剪刀石头布，剪刀石头布，

一把剪刀，一块布，抓住小白兔。

（三）大班

1. 活动一：大班社会活动"端午节"

【活动目标】

（1）知识与技能：初步了解端午节的意义，知道端午节的习俗。

（2）行为与习惯：能勇于挑战游戏中的困难，不气馁。

（3）情感与态度：感受中国传统节日的氛围，初步产生民族自豪感。

【活动重难点】

（1）重点：知道端午节的由来和意义。

（2）难点：学习包粽子的方法。

【活动准备】

幼儿对端午节内容的收集及准备、粽子叶（或用纸做成的粽子叶）。

【活动过程】

游戏一：小小播报员

（1）小朋友分享自己关于"端午节我知道"的内容

引导语："小朋友们，经过前两天的准备，终于等到了我们今天的分享了。今天我们分享的主题是'端午节我知道'。今天的分享就交给大家了，请你们来说一说你们了解到的关于端午节的知识。"

（2）幼儿用自己的语言分享端午节的知识

结合大班幼儿的年龄特点，教师鼓励幼儿用自己的语言阐述清楚自己想叙述的内容。幼儿分享时，教师利用思维导图的形式有意识地根据幼儿的表达从习俗、文化、传说、游戏等不同方面进行整理。借助幼儿分享的内容，梳理端午节的意义，满足幼儿对知识的需要。

游戏二：手指游戏"包粽子"

（1）知道包粽子是端午节的习俗，体会中国传统节日

引导语："你们喜欢吃粽子吗？喜欢吃什么味道的粽子呀？""那你们会包粽子吗？谁愿意分享一下你是怎么做的？"

（2）我们来玩包粽子的手指游戏吧

引导语："打开我的粽子叶，我们一起做一做。粽子叶，手中拿，左右两边搭一搭，放上枣，装上米，按一按，压一压，缠好线，系上绳，我的粽子包好了。"

游戏指导：教师根据儿歌的歌词进行创编动作，支持幼儿操作包粽子。

游戏三：赛龙舟

（1）引入

引导语："赛龙舟是端午节的习俗，也是汉族在端午节最重要的民族活动之一，它在咱们中国南方非常普遍。今天我们一起把这个游戏带到咱们的幼儿园，带到咱们的班级中。"

（2）介绍游戏规则

引导语："两个小朋友面对面，手拉手，分别坐在对方的脚上，两个人互相合作，前行移动。小朋友们可以去找一个小伙伴，一起试一试。"

引导语："谁愿意分享一下，你们在前行中最大的困难是什么？你们是如何一同克服困难的？有什么办法让你们能行驶得顺畅？"

（3）龙舟比赛

引导语："小朋友们，快来呀！我们一起试一试，比一比，看看哪组小朋友最快。"

教师总结：小朋友们，今天你们分享了关于端午节的很多习俗，我们玩了包粽子的手指游戏，还玩了赛龙舟。马上就是端午节了，你们可以收集更多关于端午节的信息，分享你们的内容，我们一起出一块展板，了解更多关于端午节的民间习俗。

【答辩题目】

（1）结合端午节的活动，如何更好地利用班级的家长资源让活动内容变得更丰富？

做好家园共育工作能更好地促进幼儿的成长，家长角色也是幼儿成长教育中不可缺少的一部分。端午节活动中，可以邀请家长来幼儿园一起参与包粽子的活动，体会中国的传统节日。可以请家长分享关于端午节的故事、古诗，拓展幼儿的知识。还可以请幼儿在家中与家长一起进行包粽子的活动，让亲子活动、家园共育更好地融入整个活动中。

（2）在这个活动中，利用哪些策略可以调动幼儿积极参与到活动中来？

策略一：利用给幼儿自主学习的策略鼓励幼儿主动参与到讨论及分享的活动中。

策略二：利用儿歌的方法帮助幼儿降低包粽子的难度，也能初步了解包粽子的方法。

策略三：利用赛龙舟的合作游戏策略，这更贴近端午节活动的主题，也符合大班小朋友竞赛的游戏特点。

（北京市西城区曙光幼儿园　刘昭）

2. 活动二：大班社会活动"我的好朋友"

【活动目标】

（1）知识与技能：能主动、友好地与他人交往，在游戏中掌握交往的技巧。

（2）行为与习惯：在生活及游戏中能主动地关注到同伴的情绪。

（3）情感与态度：愿意主动加入活动中，找到适宜解决问题的办法。

【活动重难点】

在游戏中能站在他人的角度考虑问题。

【活动准备】

故事、游戏卡。

【活动过程】

游戏一：故事情境表演"帮帮小雨点"

（1）引入

教师为幼儿渗透故事情境氛围，一边讲述故事，一边表演。

引导语："小雨点在幼儿园中最喜欢做的事情就是跟好朋友们一起游戏。一天，他们在院子中商量玩什么游戏，小雨点想跟他们一起玩贴人的游戏，但大家却想玩切西瓜。妞妞说：'我们都不想玩贴人，要玩你自己去玩吧，哼！'小雨点听完后，哇地一声哭了起来。这时候老师赶快跑了过来。小朋友们快来帮助老师一起安慰小雨点吧！"

（2）提问

引导语："你在生活中发生过类似的事情吗？如果你是小雨点的好朋友，你会怎么做？你可以用哪些语言或动作安慰小雨点？"

游戏二：角色扮演游戏"被同伴拒绝的小朋友"

（1）引入

引导语："我们一起玩一个游戏，请一个小朋友来当被拒绝的小朋友，其他小朋友拉圈，谁愿意跟你的好朋友一起参与到这个表演游戏中？"

（2）提问

游戏后，教师预设提问，帮助幼儿提升社会交往能力。

引导语："被同伴拒绝的小朋友的心情怎么样？你可以怎么做来安慰被拒绝的小朋友？在生活中、游戏中如果你遇到类似的情况你会怎么做呢？"

引导语："通过游戏，小朋友们理解了被拒绝小朋友的想法及心情，自己更不愿意当别人拒绝的小朋友，所以我们要尝试为他人着想。"

游戏三：抽卡游戏

引导语："我们继续玩一个游戏，这个游戏是抽卡游戏，不同的卡片有不同的内容，你抽到卡片后，表演一下卡片上面发生的事情，我们一起猜一猜。"

卡牌内容：①好朋友踩到了香蕉皮，摔倒了。②好朋友的水杯不小心倒了，衣服全湿了。③好朋友喝牛奶的时候太着急，不小心吐了，非常难受。

注意：教师鼓励幼儿围绕情境能为他人着想，会换位思考，并尝试为需要帮助的人提供服务。

在生活中，教师抓住教育契机，鼓励幼儿独立解决与同伴之间的问题，并帮助幼儿梳理与同伴交往时适宜的策略。

【答辩题目】

(1) 在日常生活及游戏中，如何为幼儿创设与同伴交往的条件？

教师应创设温馨的班级氛围，给幼儿大胆表达的机会。在一日生活及游戏中鼓励幼儿在生活中主动与同伴交往，表达自己的想法。重视幼儿的自主游戏，提供充裕的自主游戏时间。有计划地投放班级区域材料，并挖掘促进幼儿与同伴交往的材料，如棋类玩具材料、牌类玩具材料、益智类玩具材料，等等。在一日生活中创设同伴游戏的氛围，满足幼儿的交往需要，如抛接球游戏、羽毛球游戏、沙包游戏，等等。

(2) 你能举例说明大班幼儿在社会性上与同伴的交往特点吗？

首先，大班幼儿在交往上与同伴的关系处于形成期，他们的同伴较为稳定。例如，小A与小B有共同的爱好，他们会常常黏在一起游戏，在幼儿园形影不离。

其次，大班幼儿愿意与同伴交往，喜欢交朋友，但发生矛盾时又不能为他人着想，会有争吵的现象。

再次，大班幼儿在游戏中更愿意与同伴合作，这种现象常常出现在建筑区、表演区内，在游戏中能体会到成功与自豪。

（北京市西城区曙光幼儿园　刘昭）

四、科学领域活动的试讲教案

（一）小班

1. 活动一：小班数学活动"比较'多、少、一样多'"

【活动目标】

（1）知识与技能：尝试运用重叠法和并置法比较两组物体的多少。

（2）行为与习惯：能够使用语言表达"多、少、一样多"。

（3）情感与态度：能够在生活中感受学数学的乐趣。

【活动重难点】

比较两组集合的相等和不相等。

【活动准备】

兔子和其他小动物的图片6张、椅子图片6张、盘子图片7张、其他食物（如蛋糕、饮料、汉堡包等）的图片各5~7张。

【活动过程】

（1）引入活动

引导语："小兔子要过生日啦，邀请小朋友们一起去参加生日聚会。"

（2）使用重叠法比较两组物体的数量

出示聚会情境图，提问："小兔子为好朋友准备了许多把椅子，这些椅子足够多吗？是客人多，椅子多，还是一样多？我们怎样能知道呢？"

引导语："对啦，小朋友想的办法真好，让每一个小动物找到一把椅子坐下，就能够知道了。"

教师请幼儿把椅子和小动物一一重叠，比较两组集合的多少。

引导语："每一个小动物都找到座位，也没有多余的椅子，所以，椅子和小动物是一样多的。"

（3）使用并置法比较两组物体的数量

提问："小兔子为我们准备了盘子，盘子的数量够吗？我们怎样能够知道？"

引导语："小朋友说得对，我们可以把盘子发给每一个小动物，就知道了。"

教师引导幼儿把盘子图片通过并置的方法分配给每一个小动物。

引导语："盘子分发完了，是盘子多，小动物多，还是一样多呢？对啦，每个小动物都分到了盘子，并且还富余了一个盘子，说明盘子比小动物多。"

（4）游戏环节，幼儿自主操作

引导语："小兔子为客人们准备了许多食物，她准备的食物和小动物们相比，是一样多吗？还是谁多谁少？"

幼儿自主操作学具，每位幼儿选择一种食物与小动物数量进行比较，然后说出比较的结果，教师引导幼儿使用"多、少、一样多"的词汇。

（5）结束环节

教师总结幼儿操作结果。引导语："今天我们帮助小兔子招待她的好朋友，小兔子非常感谢小朋友们，她要给我们小朋友送个小礼物。我们一起来看看是礼物多，还是小朋友多，还是一样多。"

教师再次引导幼儿通过并置法和重叠法进行比较。

引导语："小朋友们说得对，原来礼物多了一份，小兔子说，这是给老师的哦。"

【答辩题目】

（1）重叠法和并置法的教学重点是什么？

比较两组物体的相等和不相等是小班幼儿感知集合的重要内容，在教学中使用重叠法和并置法的教学重点是引导幼儿学会两组集合中各个元素的对应，同时不使用点数的方式进行比较，在活动中能使幼儿感知物体组中元素的数量，从而获得数的感性经验。

（2）请你对本节课进行反思。

本活动以小兔子过生日为情境，符合小班幼儿的年龄特点，通过操作学具，能够与日常生活相联系，学习解决生活中的数学问题。教学活动环节安排合理、紧凑，既有集体的学习操作环节，又有幼儿自主的游戏环节，通过"找座位""发盘子"和"分食物"的游戏，让每一名幼儿都能够练习两组物体的数量比较。

2. 活动二：小班数学活动"'1'和'许多'"

【活动目标】

（1）知识与技能：能区别1个物体和许多个物体，理解"1"和"许多"的关系。

（2）行为与习惯：能够用语言说出"1"和"许多"的词汇。

（3）情感与态度：感受数学在生活中是有用的。

【活动重难点】

理解"1"和"许多"的关系。

【活动准备】

兔妈妈头饰1个、小兔子头饰若干、玩具胡萝卜若干、竹筐若干、独立包装饼干若干。

【活动过程】

（1）引入活动

教师扮演兔妈妈，小朋友扮演小兔子。

引导语："小兔宝宝们，咱们一起去采萝卜喽。有几个兔妈妈？有几只小兔子？"

（2）发竹筐

教师拿出一摞竹筐，问："我这里有多少竹筐？"——许多。

然后逐一分发给幼儿，一边分一边说："我给×××1个，我给×××1个，……"

提问："我现在还有竹筐吗？你们每人有几个？"

（3）摘萝卜

引导语："兔宝宝们，我们赶紧去摘胡萝卜。好大的一片胡萝卜地，有多少胡萝卜呢？"——许多。

引导语："请每个兔宝宝摘一个胡萝卜，摘完了就说'我摘了1个胡萝卜'。"

幼儿自主采摘胡萝卜。

提问："每个人摘了几个胡萝卜？"

（4）收萝卜

引导语："农场的兔爷爷要为我们做胡萝卜饼干，请兔宝宝们把自己的胡萝卜放在前面的大筐里。"

幼儿把自己手里的1个胡萝卜都放在大筐中。

提问："现在大筐里有多少胡萝卜？"——许多。

（5）发饼干

引导语："美味好吃的胡萝卜饼干做好了，兔爷爷说给每个小兔子一块饼干。"

教师为小朋友分发饼干，一边分一边说："我给×××1个，我给×××1个，……"

提问："现在每个兔宝宝都有几块饼干？"

（6）游戏结束

引导语："兔宝宝们，吃饼干之前要把手洗干净，现在我们一起去洗手吧。"

【答辩题目】

(1)请你说说"1"和"许多"的关系是什么？

"1"和"许多"是小班幼儿感知集合的教学内容，"1"是集合中元素数量的基本单位，"许多"是一个笼统的概念，代表有两个以上元素的集合。1个、1个、1个合起来就是许多，许多又可以分为1个、1个、1个。

(2)请你对教学活动进行反思。

本节课的目标是理解"1"和"许多"的关系，因此整个教学活动环节都是围绕着这一重点目标展开的。在发竹筐环节，学习"许多"可以分成1个、1个、1个；在摘胡萝卜环节，学习1个、1个、1个合起来就是"许多"；在收萝卜环节，又学习1个、1个、1个合起来就是"许多"；在发饼干环节，又学习"许多"可以分成1个、1个、1个。整节活动通过游戏法、操作法完成了教学目标，符合幼儿年龄特点。

3. 活动三：小班数学活动"点数"

【活动目标】

（1）知识与技能：感知5以内的数量，能够手口一致地点数并按数取物。

（2）行为与习惯：能够遵守游戏规则，按照指令完成游戏。

（3）情感与态度：体验数学游戏的乐趣，并把数学应用到生活之中。

【活动重难点】

手口一致地点数并说出总数。

【活动准备】

水果（苹果、橘子、草莓）大图片各5个，橘子、草莓小图片若干。

【活动过程】

（1）引入活动，激发兴趣

引导语："小朋友们，我们要去果园摘水果，你们想去吗？"

（2）学习点数

教师出示果园的图片，提问："哇，果园里有好多的水果，小朋友看看，都有哪些水果呢？"

教师出示苹果图片。引导语："这里有苹果树，我们一起数一数，有几个苹果呢？"幼儿尝试点数苹果数量。

提问："你是怎样数的呢？"（在此环节引导幼儿学习每一个对象只能被点数一次）

教师和所有幼儿一起再进行点数。引导语："我们再一起数一数，有多少个苹果呢？"（在此环节引导幼儿学习点一个数一个）

提问："一共有多少个苹果呢？"（在此环节学习说出集合的总数）

（3）点数练习

教师分别出示草莓和橘子的图片，让幼儿数一数橘子和草莓的数量。

提问："请小朋友数一数，有多少橘子/草莓呀？"

（4）按数取物

引导语："小朋友，现在请每人摘4个草莓。"幼儿到教室的各个角落"摘"草莓。

引导语："小朋友，现在请每人摘5个橘子。"幼儿到教室的各个角落"摘"橘子。

教师指导幼儿再次点数自己图片的数量。

（5）结束环节

引导语："今天我们在果园里采摘了许多水果，我们先去洗手，一起吃水果吧。"

教师组织幼儿洗手后，进行水果加餐。

【答辩题目】

(1) 请你说说这节活动是如何体现幼儿年龄特点的。

点数是小班的数学活动。在目标的设计上，我定位为"5以内"的点数，这符合小班幼儿的认知特点。另外，在活动组织上，我注意活动的动静结合，让幼儿有动手操作的机会；在情境设置上，也是遵循了小班幼儿的年龄特点，全程贯穿摘水果情境，学具使用具体形象，符合小班幼儿的年龄特点。

(2) 本次活动的重难点是什么？是如何解决的？

活动的重难点是手口一致地点数并说出总数。活动全程贯穿重难点的解决：首先，教师出示苹果树大图，让幼儿掌握点数的方法；其次，教师让幼儿点数橘子和草莓，练习"点一下、数一下"并说出总数；再次，幼儿"摘水果"的环节是学习按数取物，并用点数的方式验证所摘水果数量的正确性。

4. 活动四：小班数学活动"认识大小"

【活动目标】

（1）知识与技能：能够认识物体的大小，能够按照物体的大小进行分类。

（2）行为与习惯：能够用语言表述物体的"大"与"小"。

（3）情感与态度：体验数学在生活中的有用之处。

【活动重难点】

能够认识物体的大小，能够按照物体的大小进行分类。

【活动准备】

大兔子、小兔子的图片若干，大小不同的床、被子、书包、椅子、碗、勺子、沙发图片若干。

【活动过程】

（1）引入活动

引导语："今天老师给小朋友请来了两位好朋友，它们是大兔子和小兔子。"

（2）比较物品大小

引导语："兔子的家里有好多玩具和物品，我们一起看看哪些是大兔子的，哪些是小兔子的。"

教师分别出示床、被子、书包、椅子、碗等生活用品，请幼儿按照大小分配给大兔子和小兔子。

（3）找出最大和最小

引导语："兔子家里还缺少很多物品，我们一起去商店为它们挑选大小合适的物品吧。"

教师出示一组（5个）不同大小勺子的图片，请小朋友在图中挑出最大的和最小的。

引导语："请你挑出最大的勺子给大兔子，最小的勺子给小兔子。"

教师出示一组（5个）不同大小沙发的图片，请小朋友在图中挑出最大的和最小的。

引导语："请你挑出最大的沙发给大兔子，最小的沙发给小兔子。"

幼儿边分边说:"这是大的,分给大兔子,这是小的,分给小兔子。"

(4)按大小分类

引导语:"生活用品都买回来了,堆放在家里好乱啊,我们一起帮大兔子和小兔子整理一下吧。"

引导语:"我们把大的分给大兔子,把小的分给小兔子。"

教师组织幼儿把所有物体按照大小进行分类。

幼儿分完后,教师提问:"你是怎样分的?"引导幼儿说出"大""小"词汇。

(5)结束环节

引导语:"兔子一家非常感谢小朋友们,帮助它们把家里收拾得干干净净,谢谢你们。"

【答辩题目】

(1)小班幼儿在集合、量的认识上的目标是什么?

小班幼儿感知集合的目标是:能够按照物体的量(如大小、长短、高矮)的差异进行分类。小班幼儿对量的认识的目标是:能够区别大小、长短、高矮差别明显的两个物体,能够从5个以内的差别明显的物体中找出最大的和最小的。

(2)请你对本节课进行反思。

本节教学活动目标设定准确,符合小班幼儿的年龄特点,情境设置丰富,能够激发小班幼儿参与活动的兴趣,环节设计层次递进,由简到繁,能够解决活动的重难点。

5. 活动五:小班科学活动"不倒翁"

【活动目标】

(1)知识与技能:能用多种感官和动作探索不倒翁的秘密并进行制作。

(2)行为与习惯:养成对感兴趣的事物能仔细观察的学习品质。

(3)情感与态度:在制作不倒翁的过程中体验科学探索的乐趣。

【活动重难点】

能运用多种感官和动作探索不倒翁的秘密。

【活动准备】

乒乓球若干(乒乓球上挖一个直径为1.5厘米的洞)、橡皮泥、纸制的圆锥形帽子、不倒翁玩具若干。

【活动过程】

(1)开始部分

教师直接出示不倒翁,吸引幼儿注意力。

引导语:"今天老师请来了一个神奇的朋友,看看它是谁?"

(2)基本部分

引导幼儿仔细观察并制作。

①不倒翁表演

引导幼儿发现不倒翁的特点,并用简单的语句描述不倒翁的特点,如"一直摇都不倒"。

引导语:"不倒翁说它有很多小秘密,想让你们猜一猜,在猜之前它想给你们表演一下,我们一起仔细看哦,看看能不能发现它的小秘密。你看到的不倒翁是怎么表演的?"

教师提问,鼓励幼儿描述不倒翁的外形特点,如"下面圆圆的"。

引导语:"不倒翁为什么会一直不倒呢?"

②借助游戏情节,引导幼儿运用多种感官去感受不倒翁

引导语:"不倒翁说小朋友们实在太棒了!它特别想和你们做游戏,一会请小朋友选一个自己喜欢的不倒翁玩具和它一起游戏,看看你能不能再发现一个关于不倒翁的秘密。原来这个小小的不倒翁不仅圆圆的,下面还沉沉的,所以怎么摇晃都不倒。"

③教师讲解制作方法,幼儿尝试制作不倒翁,体验科学活动的乐趣

引导语:"你们都发现不倒翁的秘密了,那今天老师也为你们准备了圆圆的乒乓球和橡皮泥、小帽子,我们一起做一个不倒翁吧。刚才小朋友说不倒翁的下面沉沉的,那小朋友有什么办法可以使乒乓球下面变得沉沉的吗?"教师引导幼儿想办法。

引导语:"小朋友说可以把橡皮泥塞进乒乓球里,老师觉得这是个好方法,取一点橡皮泥塞进去,再给它戴上小帽子,一个不倒翁就做好了,我们快来试一试吧!"幼儿进行操作,教师巡回指导。

(3)结束部分

幼儿分享自己制作的不倒翁。

引导语:"可以玩一玩好朋友的不倒翁,也可以和好朋友说一说你是怎么做好的。"

【答辩题目】

(1)你认为这个活动的目标是如何贯穿在整个活动过程中的?

活动中的教师先引导幼儿仔细观察不倒翁,并鼓励幼儿描述不倒翁的特点,然后借助游戏情境引导幼儿用手触摸不倒翁,感知它的特点,再就是鼓励幼儿动手制作不倒翁,加上教师的提问,这些都是对应活动目标的。

(2)在幼儿操作过程中,你认为教师应如何指导?请举例说明。

我认为教师要鼓励幼儿大胆动手尝试,可以说:"我们取橡皮泥的时候可以先少取一点试一试,像自己的大拇指指甲盖那么大,如果不可以,我们再取一点,小朋友可以多试几次。"如果幼儿出现因塞不进去橡皮泥而无法制作不倒翁的情况,教师可以直接帮助幼儿将取好的橡皮泥塞进乒乓球里。

(北京市西城区曙光幼儿园　袁孟颖)

6. 活动六:小班科学活动"认识橘子"

【活动目标】

(1)知识与技能:能用多种感官感知橘子的主要特征和味道,并尝试用语言描述。

(2)行为与习惯:愿意自己动手剥橘子,养成独立做事的好习惯。

(3)情感与态度:在活动中体验自己动手的乐趣。

【活动重难点】

能用多种感官感知橘子的主要特征和味道,并尝试用语言描述。

【活动准备】

橘子若干、盘子若干、不透明的袋子1个。

【活动过程】

(1)开始部分

教师出示神秘口袋,激发幼儿兴趣。

引导语:"今天老师给你们带来了一个神秘的宝贝,谁来猜一猜它是什么?你可以把手伸进这个袋子里摸一摸。"

（2）基本部分

引导幼儿运用多种感官感知橘子的特征和味道。

①教师用提问的方式引导幼儿用语言描述橘子的外形特征

引导语："你能和小朋友说一说你摸到的是什么形状的吗？摸起来是什么感受呢？是滑滑的吗？还是什么样的？"（引导幼儿表述"摸起来圆圆的、有点粗糙"等）

②教师出示橘子，幼儿继续观察并感知

引导语："原来是橘子，那一会儿每一位小朋友自己来拿一个橘子回到座位上，再摸一摸，看一看，看看你还有什么新的发现。"

引导语："除了刚才小朋友通过摸感觉出橘子是圆圆的，表面粗糙的，你还观察到了什么吗？"（引导幼儿表述出橘子上下有两个眼和橘子的颜色、大小，也可以尝试描述橘子皮的纹路等）

③自己动手剥橘子，感受橘子的内部结构

引导语："你们想不想看看橘子里面的样子？（教师为小朋友发盘子）我们用小手把橘子剥开，橘子打开后是什么样的？我们可以掰开一瓣尝一尝，是什么味道呢？"（引导幼儿描述橘子打开后的样子和味道，教师帮助总结，如"橘子打开后是一瓣一瓣的橘子宝宝，它们每一个像小船、像月亮，吃起来酸酸甜甜的"）

④引导幼儿表述橘子的用途

引导语："橘子除了可以这样吃之外，你还吃过什么好吃的是用橘子做的呢？"（引导幼儿联想自己的生活实际回答问题）

（3）结束部分——教师总结

引导语："你们说得太丰富了，有橘子罐头、橘子味的糖果，还有橘子味的果冻，很多很多好吃的，老师都想吃了！那你们知道吗？其实橘子皮还有很多本领呢。它可以泡水喝，缓解我们的咳嗽；还可以放在冰箱里，让冰箱没有怪怪的味道。如果你还知道其他的小本领，都可以和老师、小朋友分享呢！"

【答辩题目】

（1）请你反思这节活动。

活动一开始把橘子装在袋子里让幼儿猜，营造了神秘的感觉，激发了幼儿兴趣，并鼓励幼儿根据自己所触摸到的用语言描述出来；然后教师帮助幼儿感知橘子的外部特征，通过看、摸、捏、闻等方法引导幼儿感知橘子的特征；再有就是通过剥橘子感知内部结构，教师鼓励幼儿自己动手剥橘子，引导幼儿知道橘子是一瓣一瓣的，味道酸酸甜甜的；最后教师还不忘引导幼儿回归生活，联想自己在生活中见到橘子都可以做什么好吃的；活动后教师也有简单的延伸。

（2）在本次活动中，教师的支持策略有哪些？

我认为首先是鼓励幼儿运用多种感官参与观察，其次是给予幼儿动手操作的时间，再次是有目的、有针对性地提问来引发幼儿思考，最后是帮助幼儿梳理语言。这些都是培养幼儿科学思维的一种策略。

（北京市西城区曙光幼儿园　袁孟颖）

（二）中班

1. 活动一：中班数学活动"数的守恒"

【活动目标】

（1）知识与技能：理解物体的数目不随颜色、大小、形状的变化而变比。

（2）行为与习惯：能够细致观察并大胆表达自己的想法。

（3）情感与态度：体验数学游戏的乐趣。

【活动重难点】

理解数的守恒。

【活动准备】

城堡情境、城堡大门图片（上面有各种形状的宝石），大小蛋糕图片各7张，小丑图片10张。

【活动过程】

（1）引入活动

引导语："小朋友们，今天我们要去魔术城堡探险了。"

以下闯关环节教师扮演魔术城堡魔术师。

（2）第一关：数目不随颜色的变化而变化

引导语："欢迎小朋友们来魔术城堡，进入城堡之前先看一个魔术。"

教师出示任意排列的红色宝石6个。

提问："请小朋友数一数，有多少个宝石呢？"

教师挥动魔术棒，"变换"宝石的颜色后提问："请你们说说，现在有多少个宝石？数目变化了吗？"

（3）第二关：数目不随大小的变化而变化

引导语："欢迎来到第二关，要让你们见识真正的魔术了。"

教师出示7个杯状小蛋糕的图片，提问："现在有多少个蛋糕？"

引导语："这么多小朋友要分7个蛋糕，恐怕不够呀，让我施展魔力。"教师出示变大后的杯状蛋糕（数目不变）。

引导语："看，蛋糕有什么变化？现在有几个？和之前的数目有变化吗？"

（4）第三关：数目不随位置的变化而变化

引导语："祝贺小朋友通过两关，现在是第三关的考验。"

教师出示10个小丑图片，提问："现在有多少个小丑？"

引导语（教师模仿小丑）："哈哈哈，看看我们的变化。"教师随意移动小丑的位置，改变之前的排列方式，提问："现在有几个小丑？你知道吗？"

（5）结束活动

引导语："今天的魔术城堡之旅结束了，小朋友们发现不管物体的颜色、大小，还是排列方式怎样变化，它的数目都不会变化。"

【答辩题目】

(1) 请你对本节课进行反思。

本节课围绕着"数的守恒"这一概念进行设计，活动创设了魔术城堡的闯关游戏，激发了幼儿参与数学活动的兴趣。城堡内三关的设计也是围绕着"数的守恒"的核心概念展开。整体来说，目标设定合理，环节完整，互动性强。

（2）中班幼儿在理解数的守恒中的难点是什么？

"数的守恒"这一概念对于中班幼儿来说是一个比较难以理解的概念。"数的守恒"概念的建立是幼儿数概念形成的重要标志，因此"数的守恒"概念的形成有赖于幼儿思维的成熟。教学中的难点是物体数目不随物体的颜色、大小、位置的变化而变化。

2. 活动二：中班数学活动"按规律排序"

【活动目标】

（1）知识与技能：在游戏中学习按简单模式进行循环排序。

（2）行为与习惯：在观察和探索活动中尝试用完整的语言表达。

（3）情感与态度：通过游戏感受数学的趣味性。

【活动重难点】

理解模式的完整性，按简单的模式进行循环排序。

【活动准备】

破损桥面图、藏宝模式图、破损小路图、篱笆模式图、各种模式房屋图若干，粗头水彩笔若干。

【活动过程】

（1）创设小猪盖房的情境，引出活动内容

引导语："猪大哥和猪二哥的房子被大灰狼吹倒以后，决定自己盖一座结实的房子。它们需要很多的木头和砖，我们小朋友帮助它们找一找吧。"

（2）第一关：过小桥，复制ABAB结构模式

教师出示一座已经破损的小桥图片。引导语："小桥坏了，我们怎么办呢？在树丛里发现了一个藏宝图。"打开藏宝图，里面是修复小桥的ABAB（红蓝红蓝）模式图纸。

提问："小桥是由什么图形组成的？是什么颜色？是怎么铺的？"

幼儿通过涂色的方式复制ABAB结构的模式，把小桥填涂完整。

（3）第二关：爬小山，找出ABCABC模式中的单元，理解模式的完整性

教师出示破损的小路图片。引导语："上山的路坏了，小朋友们，我们帮小猪一起来修路吧。"

提问："上山的台阶是由哪些图形组成的？是什么颜色？上山的台阶是怎么铺的？"

教师按照模式单元拖动图片，引导幼儿观察红色圆形、蓝色三角形和绿色正方形是一组的。

（4）第三关：围篱笆，发现AABB规律，理解模式的完整性和循环性

教师出示篱笆模式图，引导幼儿通过观察发现循环排律的规律。

提问："花园的篱笆是怎么做的？栅栏是从哪开始重复的？"

（5）游戏环节

引导语："小猪们的砖和木头都已经收集好了，我们一起为小猪盖房，注意要有规律地排列。"

幼儿自行选择不同模式的房子图片，进行模式的扩展或创造。

（6）结束环节

引导语："小猪的房子盖好了，我们一起去参观。小猪要求我们按照一个男孩一个女孩的规律进行排队。"教师组织幼儿按规律排队后，出室。

【答辩题目】
（1）从教育环节来看，你是如何完成教学目标的？
　　小猪盖房在环节设计上层层递进，从简单的ABAB模式到AABB模式，由简单到复杂，符合幼儿的学习特点；幼儿的任务是从复制模式到辨认模式，再到扩展模式，最后是创造模式的阶梯设计，帮助幼儿理解模式的重复性、单元完整性，从而完成了教学目标。
（2）在游戏环节，为什么提供了不同的房子图片？
　　提供不同的房子图片是根据幼儿的学习能力、认知水平以及喜好进行的不同准备，房屋图片的模式涵盖简单的模式和复杂的模式，同时，考虑到幼儿的认知水平，有复制模式，也有创造模式，这些不同的材料可供幼儿进行选择。

3. 活动三：中班数学活动"序数"

【活动目标】
　　（1）知识与技能：感知物体在序列中的位置，并能用序数词表示。
　　（2）行为与习惯：能够运用序数解决生活中的问题。
　　（3）情感与态度：感受数学在生活中的有用之处。

【活动重难点】
　　用序数词表示物体在序列中的位置。

【活动准备】
　　火车图片，书柜图片，兔子、狐狸、大象、小猫、小狗图片，楼房图片若干，房卡图片若干，胶棒若干。

【活动过程】
　　（1）引入活动，创设活动情境
　　引导语："小动物们要搬家了，森林公社开来了小火车，我们一起来看一看吧。"
　　（2）讲解序数的含义
　　提问："小朋友，请你数一数，有多少节车厢？"
　　把兔子放在第一节车厢，说："从左边开始数，兔子坐在第一节车厢。"
　　把小狗放在第二节车厢，说："从左边开始数，小狗坐在第二节车厢。"
　　提问："大象伯伯说，我要坐在第五节车厢，小朋友们，你能把大象伯伯送到正确的车厢吗？"
　　提问："小猫说要坐在第三节车厢，你能把小猫送到正确的车厢吗？"
　　提问："小狐狸说要坐在第四节车厢，你能把小狐狸送到正确的车厢吗？"
　　（3）游戏练习
　　教师出示游戏书柜的图片。
　　引导语："小动物们都搬到新家了，它们要一起布置一间书房，每个小动物占一层书柜，它们会怎样分配呢？"
　　提问："兔子说，它个子矮，想要从下向上的第一层。小朋友，你能帮兔子把图书放在合适的位置上吗？"
　　提问："小猫说，她愿意跳到高处，它想要从上向下的第一层，你知道这是哪一层吗？"
　　提问："小狗说，它想要从下向上的第二层，你能指出来吗？"
　　提问："大象伯伯说，它要从下向上的第四层，它的书放在哪里呢？"

提问:"最后还没有书架的是谁?它的书放在哪一层?"

(4)题卡游戏练习

引导语:"终于要分配房间了,每个小动物都拿到了房卡,请你看看它们都住在哪里。"

教师出示楼房图片(楼房为4层高,每层有3间房间),引导幼儿观察楼房图片。

提问:"楼房共有几层?每层有几间房?"

引导语:"下面我们再来看看房卡上有什么秘密。两个数字分别代表什么?对啦!第一个数字是楼层,第二个数字是房间号。那我们怎么确定是从左数还是从右数呢?对啦,细心的小朋友发现,还有一个小箭头的标志,箭头向左指就是从右向左数,箭头向右指就是从左向右数。下面小朋友就按照房卡的提示,帮助小动物们住进房间吧。"

幼儿按照房卡的信息粘贴小动物的图片至相应的房间中。

(5)总结

幼儿展示自己的房间图片,教师进行点评。请幼儿说一说"哪个小动物住在第几层,第几间"。

【答辩题目】

(1)请你对本节教学活动进行反思。

本节活动围绕着序数这一概念展开,学习了序数词,以及会从不同方向确认物体排列的次序。整个活动贯穿小动物搬家的情境,活动具有较强的游戏性,符合中班幼儿的年龄特点,环节安排合理、紧凑,有层次性,环节设计由简到难,从讲授到练习,能够多方面地帮助幼儿理解序数的概念。

(2)操作法在数学活动中有什么意义?

操作法是幼儿通过亲身操作直观教具,在摆弄物体的过程中进行探索,从而获得数学经验、知识和技能的一种学习方法。《指南》中指出:"幼儿的学习是以直接经验为基础,在游戏和日常生活中进行的。最大限度地支持和满足幼儿通过直接感知、实际操作和亲身体验获取经验的需要。"教师要理解幼儿的年龄特点和学习方式。操作法能够把抽象的数学概念具体化,把外部知识内化,从而在幼儿的头脑中建立初步的数学概念。

4. 活动四:中班数学活动"图形守恒"

【活动目标】

(1)知识与技能:能够不受颜色、大小及摆放位置的影响正确辨认和命名图形。

(2)行为与习惯:养成细致观察图片的习惯。

(3)情感与态度:喜欢数学游戏,愿意参与数学活动。

【活动重难点】

理解图形守恒的概念。

【活动准备】

城堡大门图片1张,城堡地图、藏宝图每人1张,水彩笔若干。

【活动过程】

(1)引入活动

引导语:"小朋友们,我们今天要去图形王国探险呢!"

(2)第一关:圆形守恒

引导语:"小朋友们,图形王国到了。我们怎么进入大门呢?"

教师出示图形城堡大门图片(图片上有各种图形,尤其突出大小不同的圆形)。

引导语:"图形城堡堡主说,需要小朋友找到所有的圆形。那什么样的图形是圆形呢?"

教师和幼儿一起复习圆形的基本特征。

总结:"原来不论大小,只要有圆圆的边、平平的面,就都是圆形。"

(3)第二关:长方形守恒

引导语:"进入城堡大门,堡主又给我们提供了城堡地图(地图是由大小不同的各种形状组成,主要突出长方形,摆放方向有区别),找出地图中所有的长方形,我们就能进入下一关了。"

教师组织幼儿把所有的长方形进行涂色。注意引导幼儿观察长方形的特征(四个角,四个角一样大,四条边,对边一样长),只要是符合该特征的图形都是长方形。

教师重点提问:"为什么它们长得都不一样还都是长方形呢?"

引导语:"小朋友们太棒了,找到了所有的长方形。"

再次复习长方形的特征。

总结:"原来只要是'四个角,四个角一样大,四条边,对边一样长'的图形,就都是长方形。"

(4)第三关:三角形守恒

引导语:"闯过第二关,我们来到终极挑战,请你找出藏宝图内所有的三角形(藏宝图内有各种图形,尤其是大小不同、类型不同、摆放位置方向不同的三角形)。"

幼儿人手一张藏宝图,把所有的三角形进行涂色。教师重点指导熟记三角形的特征(三条边、三个角的封闭图形)。

教师重点提问:"为什么它们长得都不一样还都是三角形呢?"

教师根据幼儿的操作结果进行评析。

总结:"只要图形是三条边、三个角的封闭图形,它就是三角形。"

(5)结束活动

引导语:"今天我们在图形王国中探险,小朋友们都完成了挑战,你们真是太棒了。不论图形宝宝怎么变化,我们都能把它们认出来,给自己拍拍手。"

【答辩题目】

(1)请你说说什么是图形守恒。

图形守恒是让幼儿能够做到不受图形大小、颜色和摆放位置的影响,能够辨认和命名。比如,教师提供许多锐角三角形、钝角三角形、直角三角形,幼儿能够从许多不同的图形中将不同颜色、不同类型、不同摆放位置的三角形都辨认出来。

(2)请你反思这节教学活动。

中班幼儿仍然处于具体形象思维阶段,在活动的设计时仍然要以情境贯穿,因此在本节活动中设计了图形王国的情境,帮助幼儿能够喜欢数学活动,同时把抽象的数学知识能够蕴含在具体形象的事物中。在活动中设计了多次幼儿自主操作的环节,幼儿通过操作学习图形守恒的概念。活动环节设计合理,能够完成教学目标。

5. 活动五:中班科学活动"会变的颜色"

【活动目标】

(1)知识与技能:仔细观察并发现两种颜色加到一起会变成其他颜色,尝试记录实验结果。

(2)行为与习惯:养成在探究过程中积极动手动脑的学习品质。

(3)情感与态度:在活动中感受科学实验带来的快乐。

【活动重难点】

仔细观察并发现两种颜色加到一起会变成其他颜色，尝试记录实验结果。

【活动准备】

红、黄、蓝三种染料，塑料杯若干，水，小熊玩偶，白纸，笔。

【活动过程】

（1）开始部分——教师出示玩偶，激发幼儿兴趣

引导语："今天老师请来了一位新朋友，它就是小熊。可是它有些不高兴，我们一起问问它发生什么事了。"

（2）基本部分——在操作中发现颜色的变化

①教师说出小熊不开心的原因，引导幼儿动脑思考

引导语："原来是小熊特别喜欢橘色和绿色，它想要一件绿色的上衣、橘色的短裤和紫色的裙子，但是它只有红色、黄色和蓝色的染料。它想请小朋友们帮一帮它。"（引导幼儿说出将颜色混合的办法）

②幼儿动手操作，探索颜色混合后的变化

引导语："小朋友们都特别有爱心，非常愿意帮助小熊，老师也为每组准备了红、黄、蓝三种染料。你们可以任意选择其中两种或者三种染料混合在一起，看看能不能帮助小熊，然后把你尝试的结果用你自己喜欢的方式记录下来。"

③教师提出操作要求

引导语："小朋友在操作前要穿好围裙，挽起小袖子，小心不要把染料染在自己的衣服上哦。当你调出小熊想要的颜色后，你可以把它们记录在白纸上。"幼儿操作，教师巡回指导，问一问幼儿"你混合成了什么颜色？"或"它们变成什么颜色？"。

④分享交流自己变出的颜色

引导语："你们都变出小熊想要的颜色了吗？哪位小朋友愿意和我们说一说你是用了什么和什么颜色变成了小熊想要的颜色呢？"

（3）结束部分——师幼共同总结

引导语："小熊这下可开心了，小朋友们用红色和黄色变出了橘黄色，用蓝色和红色变出了紫色，用黄色和蓝色变出了绿色。你们真是太棒了，不仅帮助了小熊，还发现了颜色的小秘密。"

【答辩题目】

（1）你认为幼儿是如何进行科学学习的？

我认为幼儿的科学学习是在探究具体事物和解决实际问题中尝试发现事物间的异同和联系的过程中实现的。幼儿在对自然事物的探究过程中不仅能获得丰富的感性经验，还能为其他领域的深入学习奠定基础。

（2）你认为幼儿科学学习的核心是什么？请结合该活动分析。

我认为幼儿科学学习的核心是激发探究兴趣，体验探究过程，发展初步的探究能力。就像活动中教师结合中班幼儿的年龄特点，选择用"小熊不开心"的情境贯穿整个活动，从而吸引幼儿，激发幼儿愿意探究的兴趣。

（北京市西城区曙光幼儿园　袁孟颖）

6. 活动六：中班科学活动"认识磁铁"

【活动目标】

（1）知识与技能：通过仔细观察和实践操作发现并了解磁铁的特性，并尝试记录。

（2）行为与习惯：在活动中激发探索的兴趣和思维能力。

（3）情感与态度：探究磁铁吸铁的现象，喜欢玩磁铁。

【活动重难点】

通过仔细观察和实践操作发现并了解磁铁的特性，并尝试记录。

【活动准备】

磁铁、积木、吸管、雪花片、回形针、钥匙、硬币、小剪刀、瓶盖、纸。

【活动过程】

（1）开始部分——通过谜语引入

引导语："在上课之前老师先给小朋友们猜一个谜语，谜面是这样的：一物脾气怪，专把钢铁爱，一碰就粘上，不拉不分开。小朋友们猜一猜，这是什么呀？（磁铁）"

（2）基本部分——实验操作

①引导幼儿说出自己的发现

引导语："现在桌子上有积木、吸管等许多东西，现在老师想请小朋友们动手试一试，看看哪些东西可以和磁铁成为好朋友而吸在一起，哪些不行。"（引导幼儿发现并说出磁铁的特性）

②教师提问，并鼓励幼儿尝试记录

引导语："刚刚小朋友都玩得很开心，谁愿意来和我们说一说你发现了什么？磁铁能吸住什么不能吸住什么？你可以用自己的方式把它们记录下来。"

引导语："原来是磁铁中含有铁、钴、镍等这些元素，所以铁制品或者含铁的物品能够被磁铁吸附，不能够被磁铁吸住的物品就不是铁做的或者不含铁。"

③引导幼儿发现磁铁特性

引导语："下面老师想请小朋友们和你们旁边的好伙伴一起试一试，将两个磁铁靠在一起会出现什么样的情况。谁愿意和我们一起分享一下你们刚刚发现了什么？"

（3）结束部分

引导语："一块小小的磁铁有两个不同的极，一边我们叫它N极，另一边叫它S极。如果把两块磁铁的N极和S极放在一起，它们自己就会像好朋友一样快速地拉起小手，吸在一起；但是如果把两块磁铁的N极和N极或者S极和S极放在一起，它们就不太喜欢对方，就不会拉手，不会吸在一起。这就是磁铁的特性。我们还可以找一找班里和家里的哪些东西磁铁可以吸住。"

【答辩题目】

（1）请你反思这节活动。

教师准备的材料很丰富，能够让幼儿从不同的角度来感知了解磁铁；活动开始时教师用谜语引入活动，调动了幼儿的兴趣，并引导幼儿联想自己的生活，与生活相结合；再有操作部分，教师都是鼓励幼儿操作，并不是代替幼儿操作，科学活动的根本也是在于幼儿实践；另外，教师的引导语准确简洁，更有助于幼儿理解磁铁的特性。

（2）你认为在科学活动中应如何培养幼儿的学习品质？

我认为科学活动能培养幼儿的探索观察等能力。幼儿对周围的事物和现象有着与生俱来的好奇心和求知欲，我们应充分调动幼儿积极探索的精神，发挥幼儿的主体性，在教师引导下主动学习科学和探索。科学教育活动要形式多样化，教育过程要注重实践性，能满足幼儿的好奇心和求知欲，还能调动幼儿主动性，引发幼儿好奇心与兴趣，锻炼幼儿持久专注的能力，学会反思与解释。

（北京市西城区曙光幼儿园　袁孟颖）

（三）大班

1. 活动一：大班数学活动"认识正方体"

【活动目标】

（1）知识与技能：能够说出正方体的名称和基本特征，能够在周围环境中找出相似的物体。

（2）行为与习惯：能够仔细观察，用比较的方法感知正方体的特征。

（3）情感与态度：喜欢通过动手操作来体验数学活动的乐趣。

【活动重难点】

能够说出正方体的名称和基本特征。

【活动准备】

正方形、正方体若干，图形王国情境，邀请函，教室中布置正方体的玩具或物品。

【活动过程】

（1）引入活动

引导语："今天咱们班的小朋友受到图形王国的邀请，我们先来看看邀请函上写了什么？"

教师展示邀请函，朗读邀请函的内容："小朋友们，邀请你们到图形王国来做客，在你们出发前，要先完成邀请函上的题目，解答正确才能乘坐专列抵达图形王国哦。"

教师展示邀请函题目：请小朋友们找出画面中的所有正方形。

小朋友们作答完毕后，教师说："小朋友们，咱们都答对了，我们一起乘坐专列去图形王国做客吧。"

（2）认识正方体

引导语："欢迎小朋友来到图形王国！"

提问："小朋友，你们看，这是什么形状？"——正方形。

引导语："下面要给小朋友变个魔术。"教师出示由6个正方形组成的正方体。

教师模拟正方体提问："小朋友们，你们看看，我有什么变化？"

幼儿人手一个正方体。引导语："小朋友们，请你看一看、摸一摸、玩一玩，看看这个图形是什么样的。"

幼儿自主操作正方体。

提问："你们发现了什么秘密？"

幼儿自由回答问题。

教师总结："小朋友们都发现了这个形状和正方形比较像，但是它由6个大小相同的正方形组成，把它放在桌子上，不管怎样放，它都不会滚动。它的名字叫正方体。"

（3）比较正方体与正方形的异同

提问："小朋友，请你仔细观察，我们刚刚认识的正方体和我们已经学过的正方形在哪里相同？在哪里不同？"

幼儿人手一个正方形、一个正方体进行观察和比较。

幼儿自由表达自己的想法。

教师总结："正方形有1个面，正方体有6个面，正方形有4条边，正方体有12条棱，正方形有长和宽，而正方体有长、宽、高。"教师一边说一边在两个形体上进行比画。

（4）寻找正方体

①找出图片中的正方体

引导语："图形王国还有许多秘密基地，我们一起去探险吧。"

教师出示图形王国森林（森林由各种几何形体组成）。引导语："请小朋友找出所有的正方体，为他们涂上颜色。"

②找出生活中的正方体

提问："小朋友们，你们还能在班级中找到正方体吗？"

幼儿对班级的环境进行探索，找出正方体，并和同伴说一说为什么这个形体是正方体，教师引导幼儿说出正方体的特征。

（5）结束环节

引导语："今天小朋友们又认识了一个新的图形朋友，它叫正方体，下次我们再来图形王国，认识它的孪生兄弟——长方体。"

【答辩题目】

(1) 请你对本节课进行反思。

本节课目标设定准确，符合大班幼儿的年龄特点，环节设计紧密，能够通过观察、操作的方式帮助幼儿理解正方体的特征。对于大班幼儿来说，平面图形和立体图形容易混淆。在教学环节中设计正方形和正方体的比较环节，能让幼儿更加充分地理解正方体的特征。

(2) 大班幼儿对图形认识的目标是什么？

大班幼儿的几何形体的教育目标是：认识球体、圆柱体、正方体和长方体，能够正确说出名称和基本特征，能从周围环境中找出相似的物体，能区分平面图形和立体图形，知道平面图形只有长短和宽窄，而几何图形有长短、宽窄、高矮或厚薄。

2. 活动二：大班数学活动"认识整点"

【活动目标】

（1）知识与技能：掌握认识整点的方法，尝试总结时钟整点的规律。

（2）行为与习惯：把时间与生活中的事件建立联系。

（3）情感与态度：体会钟表的作用，知道应该珍惜时间。

【活动重难点】

掌握认识整点的方法，尝试总结时钟整点的规律。

【活动准备】

大时钟1个，小时钟每人1个。

【活动过程】

（1）引入活动，激发幼儿参与活动的兴趣

做游戏"老狼老狼几点了"。

（2）复习钟表，回忆已有经验

引导语："上一次，我们认识了钟表，表盘上都有什么呢？""时针和分针是怎样运行的？有什么规律呢？"

（3）学习整点

引导语："刚才我们玩了'老狼老狼几点了'的游戏，老狼总在12点的时候要吃小羊，可是小羊不会看表，它非常着急，我们来帮助小羊学习吧。"

引导语："时针是表示小时的，时针指到几，就是几点。"

教师慢慢拨动表盘，请幼儿观察时针和分针的位置。

提问："你们发现了什么？当分针指到几的时候，时针正好指在数字上呢？"（12）

引导语："对，当分针指到12，时针指到几就是几点。"

教师拨动表盘到1点、4点、8点，请幼儿说出这是几点，然后再拨动表盘至12点，请小朋友说出这是几点。

提问："当12点的时候，时针和分针在什么位置？"（同时指向12）

（4）幼儿练习

每名幼儿1个表盘，随意操作，感知整点的规律。

幼儿根据教师的指令拨出8点、12点、2点、5点。

与生活事件相关联。引导语："刚才我们拨出了8点、12点、2点、5点，你们知道每天的这些时间里我们都在幼儿园里做什么吗？"

（5）结束活动

引导语："今天我们学习了认识整点，请小朋友回到家以后仔细观察，每天晚上的6点、7点、8点、9点你都在做什么。"

【答辩题目】

（1）大班幼儿对时间认识的目标是什么？

大班幼儿对时间的认识包括两个方面：第一个方面是认识钟表，知道其运转规律，学会看整点和半点；第二个方面是学会看日历，知道一个星期有7天以及7天的顺序和名称，能确定当天是星期几，昨天是星期几，明天是星期几。

（2）请你对本节课进行反思。

认识整点是大班幼儿的教学内容，但是对于幼儿来说，理解时针与分针的关系是本节活动的重难点，既不容易理解也不容易解释，因此通过动手操作的教学方法能够有效地帮助幼儿理解这一抽象概念。教师使用大时钟，便于幼儿观察，幼儿人手一个小时钟，能够辅助幼儿通过自己的实际操作来感知表针之间的关系。

3. 活动三：大班数学活动"10以内的加减法"

【活动目标】

（1）知识与技能：理解应用题算式中各数字以及"+""-""="的含义。

（2）行为与习惯：建立数学思维，尝试使用算式表达事物间的增减关系。

（3）情感与态度：体验数学算式在生活中的作用。

【活动重难点】

理解应用题算式中各数字以及"+""-""="的含义。

【活动准备】

水彩笔，各种食物和用品的小图片若干。

【活动过程】

（1）创设超市情境，激发幼儿参与的热情

引导语："下周咱们班要开联欢会了，今天我们到超市看看要买哪些食品和用品吧。"

（2）复习口述应用题

教师出示纸巾的图片，边出示图片边读出应用题。

引导语："轩轩拿了1包纸巾，玲玲又拿了2包纸巾，一共有几包纸巾？"

教师出示其他图片，幼儿分小组复习口述应用题。

（3）理解加法算式中数字和符号的含义

引导语："刚才小朋友已经编了许多题目，我们怎样把题目记录下来呢？"

教师出示数字卡片1、2、3，分别放在"买纸巾"的图片下。

提问："数字1表示什么？数字2表示什么？数字3表示什么？"——1表示轩轩拿的1包纸巾，2表示玲玲拿的2包纸巾，3表示两人一共拿了3包纸巾。

提问："那用什么表示'又拿了'，用什么表示'一共有'的含义呢？"

引导语："老师向你们介绍一个新朋友，它的名字叫加号，加号表示'又拿了'。"教师出示加号，并放在数字1和数字2之间。

引导语："老师还要向你们介绍另一个新朋友，它的名字叫等号，等号表示'一共有'的意思。"教师出示等号，把等号放在数字2和数字3之间。

（4）创编加法应用题并列出算式

引导语："小朋友，你可以把刚才编的应用题用一个算式表示出来吗？"

幼儿在之前创编的应用题下面写出算式，并能够把算式念出来。

（5）学习减法算式中符号的含义

引导语："我们一共拿了8盒巧克力，可是李老师说拿得太多了，又退了2盒巧克力，现在还剩几盒呢？"

提问："如果把这道应用题写成一个算式应该怎样做呢？"

引导语："对啦，还用数字来表示，8表示8盒巧克力，2表示退货的2盒，6表示还剩下的数量。"

提问："怎样表示'少了''退货'的意思呢？"

引导语："老师向你们介绍减号（教师出示减号），它表示'少了''拿走了'的意思。"

教师把减号和等号放在相应的位置。

（6）创编减法应用题并列出算式

引导语："你能不能用提供的图片编一道减法的应用题呢？试一试怎样列出一个算式吧。"

（7）总结

引导语："今天我们学会了一个新本领，列加法和减法算式。其实在我们生活中，很多现象都可以用算式来表示，'1+2'能够表示1块巧克力加上2块巧克力，也可以表示1页书加上2页书，算式会把复杂的口头语言变成简单的数学语言。从今天开始，我们可以仔细观察生活中的各种事情，下一次我们一起用数学算式表示生活中的事情。"

【答辩题目】

（1）请你反思本节活动。

本节活动是10以内加减法的第三次活动。第一次活动是模仿口述应用题，第二次活动是自编口述应用题，本次活动是在自编口述应用题的基础上学习加减法的含义并认识加号、减号和等号。在后续的教学活动中，要直接用数的组成学习加减法，逐渐向抽象思维过渡。

本节活动的目标设计合理，符合大班幼儿年龄特点，是大班的学习内容。环节设计由简到难，先复习自编口述应用题，然后学习较为简单的加法算式，最后学习减法算式。在活动的最后，对本节活动进行总结和提升，让小朋友能够认识到数学在生活中非常有用，一个简单的算式可以表示具有相同关系的事物，体验数学的有用之处。

（2）怎样在日常生活中学习数学？

数学的学习不仅仅局限于数学课，更多的是在生活中学习，并且把抽象的数学概念应用到解决生活中的问题上，让幼儿体验数学的意义。加减法的学习要融入一日生活中。例如，在午餐时，每个小朋友发2个包子，小明又要了2个包子，小明一共吃了多少个包子？又如，班里有15个男孩和17个女孩，一共有多少位小朋友？数学充斥在幼儿的一日生活中，教师要熟悉本年龄班的教学目标，在一日生活中随时进行教育。

4. 活动四：大班数学活动"自然测量"

【活动目标】

（1）知识与技能：学习自然测量的方法，掌握自然测量的要领。

（2）行为与习惯：同伴之间能够相互分工与合作。

（3）情感与态度：喜欢使用数学的方法解决生活中的问题。

【活动重难点】

（1）重点：使用自然测量的方法测量常见物体。

（2）难点：掌握自然测量的要领。

【活动准备】

（1）物质准备：铅笔、水彩笔、木棒。

（2）经验准备：精细动作发展较为完善，能够按照测量要领进行准确测量；能够记录测量结果，会写阿拉伯数字。

【活动过程】

（1）引入活动，布置活动任务

引导语："幼儿园要为班级的桌子配备大桌布，但是不知道桌子多大，我们怎样能够知道桌子有多大呢？"

（2）讨论测量工具，学习测量方法

①讨论测量工具

引导语："是啊，我们可以使用工具量一量，小朋友可以使用什么工具呢？"

引导语："有的小朋友说用尺子，有的小朋友说用水彩笔，也有的小朋友说用手掌，大家说得都很好，不过尺子上面有刻度，我们可能还不能正确读数，所以使用自然物作为工具进行测量。"

提问："用什么测量工具比较合适呢？我们班里有许多水彩笔，我们用水彩笔试一试吧。"

②学习测量方法

引导语："如果使用水彩笔进行测量，我们发现水彩笔比桌子要短许多，应该怎样移动水彩笔呢？"教师进行错误示范（首尾不相接，随意移动水彩笔）。

提问："我刚才的操作出现了什么问题？"

引导语："对，中间空了很多的地方没有测量，所以掌握正确的测量方法也是很重要的。要从桌子的一端开始，沿着桌子边缘连续移动水彩笔，前一次的末端要成为下一次的起点，一边量一边数，比如……"教师边说边做出示范，可用手指在每一次测量的末端做记号，然后移动水彩笔，把水彩笔的顶端贴近手指记号，保证中间没有空隙；也可以让水彩笔沿直线"翻跟头"，这样也能够保证首尾相接。

（3）幼儿测量并记录结果

幼儿使用水彩笔进行测量，然后把测量结果记录在记录表中，教师提示幼儿要分别测量桌子的长边和短边。

各组幼儿交换桌子测量。

引导语："刚才小朋友都测量了自己组的桌子，其他的桌子也是一样大的吗？"教师组织幼儿到其他组进行测量。

（4）讨论结果

引导语："哪位小朋友说一说测量的结果？"教师组织幼儿先说自己组的桌子的测量结果，再说其他组的桌子的测量结果。

提问："为什么大家的测量结果有一些差别呢？"

引导语："原来，当最后一次移动水彩笔的时候，有可能不够一支笔的长度，有的小朋友就没有算这次测量，有的小朋友算了一次，应该怎样计数就准确了呢？"

引导语："对，我们可以进行估计，大概是半根笔，或者是多一点点，其实这些都是估算。"

（5）结束环节

引导语："今天我们使用水彩笔测量了桌子的长边和短边，如果使用铅笔呢，结果和水彩笔的测量结果一样吗？下一次我们使用其他的工具试一试。"

【答辩题目】

(1) 幼儿园的幼儿可以使用尺子进行测量吗？

测量分为标准测量和自然测量。标准测量是把待测的量同一个作为标准的同类量进行比较，如米、厘米、毫米。自然测量是使用自然物作为量具进行测量，如木棍、手掌、脚步等。在学前阶段不要求幼儿使用标准量进行测量，也就是不要求幼儿读数，但是如果把尺子当作自然物进行使用也是可以的，如一张桌子的长边为5把尺子的长度。

(2) 大班幼儿测量的教学内容有哪些？

测量是大班幼儿的学习内容，在测量的活动中：第一，应该了解不同的量应使用不同的工具，如长度的测量应使用小棍、手掌，用杯子、小碗测量水或沙子的容积或体积。第二，应该掌握测量的方法要领，从被测量的一端开始，连续移动测量工具，并使前一次测量的终点成为下一次测量的起点，测量要沿直线进行，测量一次数一次。第三，应该理解测量单位与测量结果之间呈反比关系，使用不同的测量工具测量同一物体的结果不同，测量工具越大，量的次数越小，测量工具越小，量的次数越多。

5. 活动五：大班科学活动"沉浮"

【活动目标】

（1）知识与技能：用不同的材料探索并发现沉浮的物理现象，尝试用语言描述沉浮现象并用简单的符号记录。

（2）行为与习惯：通过科学活动养成持久专注的学习品质。

（3）情感与态度：体验科学探究活动带来的乐趣。

【活动重难点】

用不同的材料探索并发现沉浮的物理现象，尝试描述沉浮的现象并记录。

【活动准备】

石头、橡皮泥、乒乓球、积木、雪花插片、水盆、毛巾、笔和白纸均若干。

【活动过程】

（1）开始部分——教师直接出示操作材料，激发幼儿兴趣

引导语："小朋友们看，今天老师给你们带来了很多东西，还有一盆水。我们要做一个非常有意思的事，你们猜猜是什么呢？"（引导幼儿说出把它们都放进水中）

（2）基本部分——幼儿操作并记录

①教师引导幼儿操作

引导语："请你选择一个任意物品把它放在水里，看看会怎么样呢。这个物品是会浮在水面上，还是沉在水底呢？"（引导幼儿用"沉浮"来描述自己所看到的现象）

引导语："小朋友真棒，描述得很准确，他发现乒乓球浮在了水面上。为什么呢？那你们猜一猜，放什么东西会沉在水底呢？"（激发幼儿兴趣，引导幼儿继续探索）

②幼儿两两分组操作

引导语："一会儿两个小朋友一组，一起来试一试，看看除了乒乓球还有哪些物品会浮在水面上，哪些物品会沉在水底，把它们记录在纸上，并看一看浮在水面上的物品有什么特点，沉在水底的物品又有什么相同的地方。"

③教师巡回指导

引导语："你发现了什么？都是什么物品会浮起来呢？为什么呢？它们之间有什么相同的吗？"（教师在巡回指导中进行提问，引导幼儿发现物品沉浮的原理）

（3）结束部分

引导语："今天你们真是太棒了，通过和好朋友一起合作实验，发现了比较重的物品会沉在水底，轻一点的物品就会浮在水面上。其实在生活中，还有好多上浮和下沉的物品呢！请你们回到家里仔细找一找，看一看还有哪些物品会沉在水底，哪些物品会浮上水面。可以把你收集到的物品记下来，分享给我们。"

【答辩题目】

(1) 你认为在设计一次科学活动时教师要注意哪些问题？结合活动举例。

在教育内容的选择上，首先要分别符合大、中、小班幼儿的年龄特点，内容一定要生活化，让幼儿更好地理解和掌握知识。其次就是教师在科学活动中进行适宜的指导，让幼儿产生疑惑，提出问题，如在活动中幼儿发现什么物品沉下去，什么物品浮上来，同时提出沉下去物品的共同特征是什么；还可以鼓励同伴交流来获得正确认识，如活动中两两一组进行实验，可以引导幼儿在合作中学会听取他人意见，学会从不同角度看问题。

(2) 你认为科学活动中提供的材料要注意哪些问题？

皮亚杰的认知结构论认为，儿童的认知和智力结构的起源是物质的活动，所以科学活动的材料很重要。我认为在准备材料过程中要注意目的性、操作性和思考性。只有在具有思考性材料的刺激下，幼儿才能表现出一种强烈的探索欲望和积极思维的精神状态。

（北京市西城区曙光幼儿园　袁孟颖）

6. 活动六：大班科学活动"小小发明家"

【活动目标】

（1）知识与技能：知道一些常用工具的名称及用途，学习工具使用方法，知道工具的重要性。

（2）行为与习惯：在生活中有意识地使用工具。

（3）情感与态度：积极参加科学活动，在活动中感受体验的乐趣。

【活动重难点】

知道一些常用工具的名称及用途，学习工具使用方法，知道工具的重要性。

【活动准备】

小熊玩偶、订书器、夹子、打孔器、线、A4纸、铅笔刀、铅笔、螺丝刀、镊子、剪刀、箱子均若干。

【活动过程】

（1）开始部分——出示玩偶，请求幼儿帮助

引导语："今天咱们班里来了一位新朋友，他就是熊爷爷。他知道小朋友要上小学了，所以拿了好多箱子想给小朋友送礼物。可是箱子打不开了，他想请小朋友帮帮忙。"

（2）基本部分——通过科学游戏激发幼儿探索的兴趣

①游戏一：打开宝箱

引导语（介绍工具）："一会两个小朋友取一个宝箱和螺丝刀、镊子、剪刀这些工具。谁愿意和我们说一说你认识哪个工具？它们都可以怎么使用？"（教师帮助幼儿梳理语言）

引导语："那现在小朋友就可以用这些工具试一试，看怎样才能把宝箱打开，拿到熊爷爷送的礼物。"（幼儿操作，教师巡回指导）

引导语："谁愿意和我们说一说你是用什么工具打开的宝箱？怎么打开的呢？"（引导幼儿说出工具正确的使用方法）

②游戏二：制作学习用具

引导语："原来箱子里装的是白纸、订书器、铅笔、铅笔刀、夹子、打孔器、线啊！熊爷爷是要送给小朋友们学习用具，可是熊爷爷让你们自己动手制作一个本，并把铅笔削好后在本上写上自己的名字。那你们觉得做一个本需要什么工具呢？"（鼓励幼儿大胆选择不同的工具）

引导语："还是两个小朋友一起合作，试一试用什么工具可以做一个本。"（引导幼儿发现不同的工具也可以达到相同的效果）

引导语："老师发现你们真的很棒，我发现了很多不同的方法呢。谁愿意和我们分享一下你做本的好方法呢？"（鼓励幼儿大胆分享交流）

（3）结束部分

引导语："小朋友真的都太棒了！今天我们学习了很多工具的使用方法。小朋友发现，如果没有工具，有一些事情做起来很不方便，但不同的工具也可以完成相同的事。比如，有的小朋友用订书器做本，有的小朋友用夹子，还有的小朋友用打孔器，然后用线串起来。看来工具在我们生活中真是用处很多呢！"

【答辩题目】

（1）请你反思这节活动。

在活动中，借助玩偶构建情境游戏的方式帮助孩子们了解工具的用途和重要性。两个游戏都是用一个情境贯穿的，整个活动有连贯性。在活动中教师的引导语准确精练，能够直接引入重点，激发幼

儿探索工具的兴趣，在活动最后教师也有适当的总结，再次强化本节活动的重难点。

（2）你认为在幼儿操作过程中应该如何进行引导？

我认为首先要提醒幼儿安全使用工具，尖锐的工具不要对着别人，也不要对着自己的眼睛。其次就是向幼儿提问：你是怎么用这个工具的？为什么要选择这个工具？其他的不可以吗？这些问题能够更好地引导幼儿持续探索操作。再次就是当幼儿借助工具完成任务后，教师要及时给予肯定并帮助幼儿梳理使用工具的过程。

（北京市西城区曙光幼儿园　袁孟颖）

五、艺术领域活动的试讲教案

（一）小班

1. 活动一：小班音乐活动"乖孩子"

【活动目标】

（1）知识与技能：能跟随伴奏学唱歌曲。

（2）行为与习惯：养成认真聆听歌曲的好习惯。

（3）情感与态度：喜欢参加音乐活动。

【活动重难点】

喜欢跟随歌曲伴奏大胆歌唱。

【活动准备】

小鸟和小猫图片（自制画）、钢琴。

【活动过程】

（1）开始部分

听《火车开了》歌曲进入教室，进行发声练习。

引导语："小朋友们，火车马上要开了，你们准备跟我一起去一个好玩的地方。你们听，这是什么小动物在唱歌呢？还有哪只小动物在唱歌？你会发出和它们一样的叫声吗？"

1	2	3	4	5	5	4	3	2	1
小	鸟	怎	样	叫？	叽	叽	叽	叽	叽。
小	猫	怎	样	叫？	喵	喵	喵	喵	喵。

（2）基本部分

①教师示范唱《乖孩子》

引导语："刚才我们听到了小鸟和小猫的叫声，现在请你们来听听它们在干什么。请你们认真听一听。"

②幼儿学唱《乖孩子》

教师引导幼儿一起学唱歌曲。

引导语："请你们想一想小鸟在干什么。如果你是小鸟，你会怎样飞？如果你是小猫，你会怎样跑？你觉得用什么能表示好孩子？抱的动作有什么样的？"

教师向幼儿提出活动要求："现在我们一起来唱一唱。当唱'小鸟自己飞'时，就用上你刚才认为小鸟飞的动作；当唱'小猫自己跑'时，就用你刚才认为小猫跑的动作；当唱'我们都是好孩子'时，用上你们说的好的手势或动作；当唱'不要妈妈抱'时，做出你选的抱的动作。"

③幼儿分组歌唱后再进行集体歌唱

引导语："我们一起听听哪一组唱歌时声音最好听。"

（3）结束部分

①音乐小游戏"找朋友"，缓解幼儿歌唱疲劳

引导语："小鸟可以自己飞，小猫可以自己跑，它们都是好孩子，所以成了好朋友。那我们小朋友也来找找你的好朋友在哪里吧？"

②听着"火车开了"的音乐跟随同伴走出活动室

引导语："呀，你们都找到了好朋友，现在带着你的好朋友快坐上火车，我们一起继续出发去好玩的地方吧。"

【答辩题目】

(1) 请你反思这节活动。

本节活动的内容整体上都符合小班幼儿的年龄特点。以"坐火车"的形式吸引幼儿参与音乐活动内容；利用图片及肢体动作有效帮助幼儿解决敢于从哼唱歌曲到大胆跟唱歌曲的过程；在活动的组织上充分发挥小班幼儿的个性，教师肯定幼儿的做法并鼓励试着做出，从而激发出同一个歌词内容有着不同样式的动作表现；遵循小班幼儿喜欢有情境游戏的方式展开环环相扣的音乐活动内容，进一步激发幼儿大胆表演以及演唱的欲望。

(2) 如何让小班幼儿乐于表达和演唱呢？

❶ 创设有情境的环境氛围，引发幼儿参与的兴趣。

❷ 提前了解将要学唱歌曲的内容。

❸ 尊重与支持幼儿个性发展，多给予一定展示的机会。

（北京市西城区曙光幼儿园　景玮彤）

附歌谱：

乖 孩 子

王晨湖 词
汪　玲 曲

1=D 2/4

| 3 3 3 1 | 3 — | 5 5 3 5 2 | 2 — | 1 1 3 3 2 3 1 | 2 1 2 3 5 3ᵛ | 2 1 3 2 1 | — ‖

小鸟自己飞，　小猫自己跑，　我们都是好孩子，不要妈妈抱，　不要妈妈抱。

2. 活动二：小班音乐活动"小小蛋儿把门开"

【活动目标】

（1）知识与技能：掌握动作与歌词的对应情况，愿意大胆表现。

（2）行为与习惯：喜欢专注地聆听歌曲。

（3）情感与态度：感受歌曲的趣味性，体验活动带来的快乐。

【活动重难点】

（1）重点：尝试在同伴面前大胆表现自己的演唱及动作。

(2)难点:理解歌词内容,利用肢体动作大胆演唱。

【活动准备】

钢琴、音箱、母鸡胸牌、小鸡胸牌若干、蛋壳道具。

【活动过程】

(1)开始部分

听着《母鸡孵蛋》歌曲有角色地进入教室。(戴母鸡和小鸡的胸牌并利用小鸡的叫声吸引幼儿进行发声练习)

引导语:"我的小鸡宝宝们,跟着鸡妈妈一起出去做游戏吧。"

引导语:"我们刚才在歌曲里听到什么小动物在叫呢?谁愿意试试说出来或者唱出来呢?"

1	2	3	4	5	5	4	3	2	1
小	鸡	怎	样	叫?	叽	叽	叽	叽	叽。

(2)学唱歌曲《小小蛋儿把门开》

①教师演唱歌曲《小小蛋儿把门开》,激发幼儿表演的兴趣

引导语:"母鸡妈妈生下了几个鸡蛋宝宝,她特别想跟她的小鸡宝宝们做游戏。你们知道小鸡是从哪里出来的吗?它们先是怎样从蛋壳里伸出来呢?小鸡一出壳又是怎样叫呢?"

②跟随教师大胆歌唱《小小蛋儿把门开》(使用蛋壳道具)

重点弹唱"把门开、小鸡来、胖乎乎、叽叽叽叽",引导幼儿边听琴声边跟唱歌曲。

教师重点引导在演唱时幼儿要大胆确定歌词的动作。

引导语:"请你想想,可以用什么动作来展示把门开?小鸡是怎样从蛋壳里出来的?毛茸茸又胖乎乎你想用什么动作表示呢?小鸡一出壳就会尖叫?那它是怎样尖叫呢?看看谁想到的小鸡动作不一样呢?"

③集体跟唱歌曲

引导语:"现在,我们一起完整地再唱一遍歌曲吧。看看哪只小鸡唱的歌声最好听,动作最有趣呀。"

(3)结束部分

做音乐游戏"母鸡孵蛋",(使用蛋壳道具)支持幼儿继续参与音乐活动的兴趣。

引导语:"母鸡妈妈生下了小鸡宝宝,一起来看看小鸡宝宝是怎样从蛋壳中出来的,看看哪只小鸡宝宝动作可爱,和别的动作不一样。"

听着《母鸡孵蛋》的歌曲跟随母鸡走出活动室。

【答辩题目】

(1)根据小班幼儿的年龄特点,应该以怎样的形式让幼儿尽快融入音乐活动中呢?个别幼儿没有参与的回应,应该怎么办?

因为小班幼儿的有意注意时间较短,他们又大多喜欢童趣的世界,所以应以"泛灵化"的情境形式与语言来吸引幼儿参与音乐活动。

尊重幼儿的选择。在活动中,发现幼儿有肢体动作或是眼神表现出了想要参与的迹象,要及时做出回应。或是活动后多与幼儿沟通,等幼儿接纳信任教师后,鼓励其在日后的活动中能够大胆积极地表现与表达。

(2)在歌表演活动中,有哪些调动幼儿参与记忆歌词的方法?效果如何?

①尊重幼儿所表现的肢体动作,给予更多机会展现自己。

❷利用同伴之间的互动，丰富歌词动作的内容变换。

❸可以借助道具的出示，帮助幼儿进一步展现他的歌表演，从而使其更加有信心，敢于当众表现自己。

(北京市西城区曙光幼儿园　景玮彤)

附歌谱：

小小蛋儿把门开

1=E 2/4

佚名 词曲

| 1 3 | 1 3 | 1̂ 5̲ 5̲ 5̲ - | 3 5 | 3 5 | 3̂ 2 2̂ 2 - |

小 小 蛋 儿 把 门 开， 开 出 一 只 小 鸡 来。

| 1 3 | 1 3 | 5̂ 4 4 4 - | 5̲5̲ 4̲4̲ 3̲3̲ 2̲2̲ | 7̲5̲ 6̲7̲ 1 - ||

毛 茸 茸 呀 胖 乎 乎， 叽叽 叽叽 叽叽 叽叽 唱 起 来。

3. 活动三：小班音乐活动"猫捉老鼠"

【活动目标】

(1) 知识与技能：能够在欢快的歌曲中大胆表现自己的肢体动作。

(2) 行为与习惯：能够自主参与，有专注聆听歌曲的习惯。

(3) 情感与态度：喜欢参与有趣的音乐游戏。

【活动重难点】

丰富自己的肢体动作，愿意参与音乐游戏。

【活动准备】

歌曲《猫捉老鼠》、钢琴。

【活动过程】

(1) 开始部分——教师弹奏歌曲《猫捉老鼠》，吸引幼儿参与活动

引导语："今天老师给小朋友带来了一首好听的歌曲。你们来听一听，歌曲里边都有谁？它在干什么呢？"

(2) 基本部分——幼儿进行音乐游戏

①理解歌词内容，丰富肢体动作

引导语："歌曲里的小小老鼠刚开始的时候做什么了？怎样做可以表现出它在跑来跑去找东西呢？正在吃米，米吃完了怎么样做呢？怎样做才觉得会是小老鼠在睡觉呢？怎样做一只大猫跑过来捉老鼠呢？"

②尝试集体音乐游戏，分享同伴动作，相互模仿进行游戏

引导语："哇，老师刚才看到有几只小老鼠的动作特别可爱。咱们请那几只小老鼠来给我们展示看看吧。请你看看他们做的动作跟你有什么不一样的地方。"

③再次进行音乐游戏，鼓励幼儿敢于表现自己

引导语："快来听，《猫捉老鼠》的歌曲又响起来了。这次看看哪只小老鼠做得动作多，可以体验刚才展示的小老鼠动作。"

（3）结束部分——总结分享一起玩音乐游戏的快乐

引导语："今天我们一起玩了什么游戏呢？小老鼠都做了哪些动作？它们的动作都是一样的吗？你们觉得今天玩的游戏使你的心情怎样呢？"

【答辩题目】

（1）如何上好一节小班的音乐游戏活动？

了解本班幼儿对老鼠和猫的认知情况，利用视频或是宠物店观察老鼠和猫的一些特点与动作。带领班上幼儿提前玩相关的音乐游戏，丰富幼儿肢体动作及对歌曲理解的表现力等。

（2）你认为音乐游戏对幼儿的发展能起到什么作用？

我认为音乐可以使幼儿好动的个性得到充分展现，并能抒发自己的情感，生动鲜明的音乐形象更容易被幼儿理解和感受。同时，音乐还可以促使幼儿的想象力更加丰富和开阔。

（北京市西城区曙光幼儿园　景玮彤）

附歌谱：

猫捉老鼠

1=F 2/4　　　　　　　　　　　　　　　　　　　　佚名 词曲

$\underline{5}$ 1 $\underline{5}$ 1 | $\underline{3}$ 1 1 $\underline{5}$ | $\underline{1}$ 1 1 $\underline{5}$ | $\underline{1}$ 1 1 $\underline{5}$ | $\underline{5}$ 1 $\underline{5}$ 1 | $\underline{3}$ 1 1 $\underline{5}$ | $\underline{6}$ $\underline{6}$ $\underline{7}$ $\underline{7}$ | 1 — ‖

小小老鼠 跑来跑去,跑来跑去,跑来跑去,小小老鼠 跑来跑去,找吃的东 西。
小小老鼠 现在吃米,现在吃米,现在吃米,小小老鼠 现在吃米,现在吃完了。
小小老鼠 现在睡觉,现在睡觉,现在睡觉,小小老鼠 现在睡觉,现在睡觉了。
一只大猫 跑过来了,跑过来了,跑过来了,一只大猫 跑过来了,来捉老鼠了。

4. 活动四：小班美术活动"小刺猬背果子"

【活动目标】

（1）知识与技能：尝试绘画出圆形图案。

（2）行为与习惯：养成良好的绘画常规习惯。

（3）情绪与态度：喜欢参加绘画活动。

【活动重难点】

（1）重点：掌握绘画圆形的方法。

（2）难点：能够画出封闭的圆形图案。

【活动准备】

棒棒彩、画纸、常见圆形的食物画。

【活动过程】

（1）开始部分——出示小刺猬的图片，吸引幼儿参与活动

引导语："小朋友，你们看谁来了？你们还记得小刺猬背果子的故事吗？小刺猬身上背到了红红的果子？那你还记得红红的果子是什么形状的吗？"

（2）基本部分——画小刺猬背果子

①出示常见的圆形食物图片，激发幼儿掌握其外形轮廓

引导语："今天小刺猬说，要给我们小朋友送一些好吃的。你们快来看看，是什么样的呢？苹果

的形状是什么样的？葡萄是什么样的？橙子是什么样的？饼干是什么形状的？蛋糕又是什么形状的呢？……"

教师重点引导幼儿画出这些食物的外形，发现食物的共同特点。

②幼儿进行绘画，教师鼓励幼儿大胆下笔

引导语："一会儿，我们来看看小刺猬都给小朋友们送来了什么样的好吃的，看看小刺猬给谁送的好吃的多。"

教师重点引导幼儿画出的食物要封口，可以在小刺猬的身上多画几个喜欢吃的食物。

教师巡视指导个别幼儿握笔姿势，鼓励大胆下笔绘画。

（3）结束部分——分享"小刺猬送来的好吃的"

引导语："小刺猬说，现在知道了你们都喜欢吃什么样的好吃的。谁愿意来给我们分享小刺猬都给你送来了什么样的吃的呢？"

教师鼓励幼儿愿意在同伴面前分享自己的作品，相互欣赏丰富色彩的使用情况。

【答辩题目】

(1) 根据小班幼儿艺术领域的目标界定，如何在一节美术活动中引导幼儿掌握绘画圆形的方法？

在生活中引导幼儿观察圆形轮廓的物品，通过摸一摸来感知圆形是没有棱角的，如圆形的门把手、圆柱体积木的一面、水杯底等。前期可以在美工区尝试绘画圆形泡泡的图案或是与圆形相关的图案，丰富幼儿的感知体验，渗透封闭式圆形的画法。

(2) 能够帮助幼儿大胆下笔绘画的方法有哪些？如何兼顾个别幼儿的绘画形式？

教师用言语鼓励幼儿大胆下笔。教师提前渗透圆形的轮廓或是摸一摸圆形的轮廓。教师先画一个圆形再由幼儿临摹。

教师在巡视幼儿绘画的过程中发现个别幼儿画的圆形没有封口，可以蹲下身子小声引导幼儿回忆圆形的形状，或是提示说"如果圆形没有封上口那就会变成坏了的水果"等。发现有未动笔绘画的幼儿，可以先询问是否需要教师的帮助。如果需要，教师可以握住孩子的手在纸上先画一个圆形，再让幼儿自己画，并提示幼儿圆形是圆圆的没有角的，这样就能兼顾到个别幼儿的绘画形式。

（北京市西城区曙光幼儿园　景玮彤）

5. 活动五：小班美术活动"折帽子"

【活动目标】

（1）知识与技能：掌握对边折的方法。

（2）行为与习惯：能够专注有耐心地做手工活动。

（3）情感与态度：喜欢参与手工活动。

【活动重难点】

能够在对边折后压平对边的印痕。

【活动准备】

布娃娃、折纸范例、预先折有印迹的长方形纸若干。

【活动过程】

（1）开始部分——出示成品帽子，吸引幼儿参与活动

引导语："小朋友们，你们看布娃娃头上戴了一顶什么呢？"

（2）基本部分——学折纸帽子

①教师带领幼儿先巩固对边折的方法

引导语："这是一个什么形状的折纸呢？请你将两个短边面对面对齐，对面边边用力压平平。你掌握这个魔法就可以自己折出一顶小帽子啦。"

②幼儿自己动手折帽子

教师提供范例，引导幼儿对照范例尝试按步骤折帽子。

引导语："小朋友，别着急，相信自己一定行。抬头看看步骤图，上下尖角头碰头对齐，边边用力压平平。"

教师巡视指导个别幼儿折纸帽子。

（3）结束部分——分享作品

小结折纸帽子的方法：上下尖角头碰头对齐，边边用力压平平。

引入情境来激发幼儿将作品进行分享。

引导语："哇，小朋友自己动手折的帽子好棒呀！你愿意将这顶帽子送给谁带呢？"

【答辩题目】

(1) 请你反思这节手工活动。

这节活动之所以能够顺利进行，是因为：①教师前期对幼儿折纸的技能进行了了解，知道了幼儿精细动作的发展情况；②根据小班幼儿动手操作能力的特点，教师提前将折纸折出了印痕，降低了折纸的难度，再用步骤图引导幼儿进行下一步骤；③在语言指导方面，教师用积极正面的言语鼓励幼儿折纸，以及用"魔法"吸引幼儿积极主动地参与了折纸活动。

(2) 如何将有些枯燥的折纸活动变得让幼儿有兴趣参加？

提前创设相关的情境，引发幼儿的关注，激发探究折纸的兴趣。根据幼儿的年龄特点，提供不同层次完成的材料，使幼儿有自信并能耐心地进行折纸活动。

（北京市西城区曙光幼儿园　景玮彤）

6. 活动六：小班美术活动"搓面条"

【活动目标】

(1) 知识与技能：掌握搓面条的方法。

(2) 行为与习惯：能够专注有耐心地做事情。

(3) 情感与态度：喜欢参与手工活动。

【活动重难点】

能够将面条搓得又细又长。

【活动准备】

泥工板、超轻黏土、面条成品、印好的碗等。

【活动过程】

（1）开始部分——出示成品面条，吸引幼儿参与活动

引导语："小朋友们，你们看这是娃娃家的小朋友送给我们的一碗香香的面条呦！现在，我们也一起来做一碗香香的面条送给娃娃吃吧。"

（2）基本部分——制作面条

①教师引导幼儿回忆搓面条的方法

引导语："你们还记得应该怎样搓面条吗？面团可以放在手心上，然后双手合拢上下上下来回搓；那如果我想让面条变长而且中间不会断，谁有好的办法呢？请你们在制作面条的时候都来试一试。"

②幼儿动手搓面条，教师巡视指导个别有需求的幼儿

引导语："请小朋友们想一想，怎么样可以将面条搓得又细又长而且不会断呢？如果搓的面条一边粗一边细，应该怎样把它变得一样细呢？"

出示小盘，激发幼儿继续参与活动的兴趣，能够专心做事情。

（3）结束部分

①分享将面条可以做得又细又长的方法

引导语："谁愿意来分享你的面条是怎样变得又细又长而且中间还没有断开的呢？如果面条一边粗一边细或是面条搓了很久还是短短的，谁有好办法愿意告诉我们大家呢？"

②利用情境游戏引发幼儿在区角中继续完成作品

引导语："哇，娃娃家的小朋友说你们做的面条非常好，他们可喜欢吃了。希望你们平时也可以去娃娃家做客吃面条。"

【答辩题目】

（1）此节活动课中教师是如何让幼儿掌握搓出又细又长面条的方法的？

情境的创设以及提供可动手操作的简单材料。教师言语的提示，引导幼儿在搓面条时思考将面团搓成又细又长的方法。教师留有一定的时间，引发幼儿自主探究并发现将粗细不一的面条搓出一样细长的方法。

（2）泥工活动可以帮助幼儿获得哪些学习品质？

由于泥具有柔软且可任意变形的特点，对幼儿有极大的吸引力，泥工活动也深受幼儿的喜爱。首先，能够培养幼儿认真观察的品质。其次，能让幼儿学会耐心细致地做好事情。最后，能让幼儿遇到问题后不退缩，而是主动参与探究解决的方法。

（北京市西城区曙光幼儿园　景玮彤）

（二）中班

1. 活动一：中班音乐活动"节奏歌"

【活动目标】

（1）知识与技能：初步感知歌谣、歌曲中的节奏。

（2）行为与习惯：能够安静聆听歌曲，感受歌曲欢快、活泼的节奏及快乐的情绪。

（3）情感与态度：愿意参加音乐活动，能够从音乐活动中获得愉悦的感受。

【活动重难点】

能够正确地按照四种节奏型做律动。

【活动准备】

自制节奏小屋。

【活动过程】

（1）开始部分——回顾节奏歌引入，引发幼儿兴趣

引导语："歌曲里都有哪几种小动物？"教师依次出示相应图片。

（2）基本部分——学习节奏儿歌

①通过不同动物发出的声音感受不同的节奏型

引导语："母鸡下蛋发出了什么样的声音？"

$$\underline{X X X} \mid \underline{X X X} \mid X \quad X \mid X \quad 0 \mid$$

咯咯哒　咯咯哒　生　蛋　啦，

"小鸭子是怎么叫的？"

$$X \quad X \mid X \quad X \mid X \quad X \mid X \quad 0 \mid$$

呷　呷　呷　呷　捕　鱼　虾，

"小花猫是怎么叫的？"

$$X \quad 0 \mid X \quad 0 \mid X \quad X \mid X \quad 0 \mid$$

喵，　　喵，　　捉　老　鼠，

"骏马奔驰跑的时候发出什么样的声音？"

$$\underline{X X X X} \mid \underline{X X X X} \mid X \quad - \mid X \quad 0 \mid$$

哒哒哒哒　哒哒哒哒　得　　儿　驾

②尝试运用不同动作表现不同的节奏型

教师出示四张节奏型卡片。

引导语："除了拍手，你还能用身体做出什么样的动作来表现不同的节奏？请你和旁边的小朋友或者老师说一说。"

教师巡视观察发现幼儿利用不同动作表示不同的节奏型。

③体验用肢体动作表现出节奏型

引导语："谁愿意和我们分享你是用什么样的动作来模仿母鸡下蛋发出的声音、鸭子发出的叫声、小猫发出的叫声，还有骏马奔驰时发出的声音呢？下面我们一起来体验体验用身体动作模仿小动物的叫声吧，记住要看好节奏小屋里出现的动物是谁呀。"

（3）结束部分——听歌曲，自选动作表演来放松

引导语："下面老师来弹节奏卡里动物们的叫声，你们用刚才使用过的动作来模仿它们的声音。看看谁能用好看的动作模仿出来。"

【答辩题目】

（1）你还可以运用什么样的方法让幼儿准确掌握歌曲中的四种节奏型？

以（师幼）接龙的方式引导幼儿先聆听，再给出对应节奏乐句。如果个别幼儿不愿意表达时，教师可以跟随幼儿一同说。教师大声说，幼儿小声说；教师小声说，幼儿大声说。当幼儿（准确）说出完整的节奏后，教师要及时用言语肯定并鼓励幼儿，使幼儿增加自信，愿意参与活动，从而更好地感知和说出节奏来。

（2）如果幼儿在活动中出现游离状态，你会怎么做？

我会用活动中小动物的叫声吸引幼儿的注意，并请他参与到活动中来。我会走到幼儿跟前蹲下身子和他一起说节奏。我会邀请幼儿展示他熟悉掌握的内容，并及时鼓励他继续参加活动。

（北京市西城区曙光幼儿园　景玮彤）

附歌谱：

节 奏 歌

$1=C$　$\frac{2}{4}$

3· 1	6 6	6 5 3 5	6 —	X X X	X X X	X X	X 0
母 鸡	妈 妈	生 蛋	啦	咯 咯 哒	咯 咯 哒	生 蛋	啦，

3· 1	6 5	6 5 3 5	2 —	X X	X X	X X	X 0
小 鸭	子 去	捉 鱼	虾	呷 呷	呷 呷	捕 鱼	虾，

1 1 1 2	3 2 3 5	1 5	6 —	X 0	X 0	X X	X 0
小 花 猫	喵 呜 一 声	捉 老	鼠，	喵，	喵，	捉 老	鼠，

1 6 5 6	5 4 3 2	1·	(5 6 1 0)	X X X X	X X X X	X —	X 0 ‖
骏 马 奔 驰	快 快	跑	驾！	哒 哒 哒 哒	哒 哒 哒 哒	得 儿	驾。

2. 活动二：中班音乐活动"来猜拳"

【活动目标】

（1）知识与技能：在聆听之后能够用语言表达自己的心情。

（2）行为与习惯：能够安静聆听歌曲，按照规则进行游戏。

（3）情感与态度：喜欢音乐游戏，愿意与同伴合作，体验游戏带来的快乐。

【活动重难点】

能够根据歌词内容及歌曲节拍随音乐大胆展示动作。

【活动准备】

钢琴、安全空旷的活动室。

【活动过程】

（1）开始部分——介绍自己的朋友，吸引幼儿参与游戏

引导语："小朋友，你们都会有自己的好友，谁愿意来介绍你的好朋友都是谁呢？你们在一起会做什么事情呢？"

（2）基本部分——体验音乐游戏

①聆听歌曲，理解歌词内容，感受歌曲欢快、活泼的音乐情绪

引导语："小朋友，请你们仔细听，这首歌曲里的小朋友们在做什么呢？你听完这首歌曲后你的心

情怎么样?"

②体验音乐游戏

引导语:"现在我们一起来玩这个游戏吧。看看谁找到朋友以后做的动作最美,跟别人的不一样。"

教师向幼儿提出要求:"请所有小朋友边听音乐前奏边分散走在教室中。当听到'好朋友我们行个礼'时,找到自己的好朋友行个礼;当听到'握握手呀来猜拳',与好朋友握手做猜拳的动作;当听到'石碰帕呀看谁赢',与好朋友猜拳;当听到'输了就要跟我走',请猜拳输了的小朋友跟随赢了的小朋友走。看谁最后赢得的朋友最多。"

③游戏小结,分享经验

引导语:"刚才你们玩了音乐游戏,心情怎么样呢?你跟好朋友玩的时候都使用了哪些动作呢?请你和大家分享一下。"

(3)结束部分

听歌曲《来猜拳》,在游戏中尝试同伴分享的动作。

引导语:"现在,我们也来体验体验刚才小朋友分享给大家的动作吧。"

听歌曲《火车开了》,与同伴开火车放松,走出教室。

【答辩题目】

(1)你觉得上好一节音乐游戏活动,教师需要从哪几个方面引导幼儿做好活动前的准备?

❶前期经验的准备:平时在过渡时间里与幼儿一起聆听拍节奏的歌曲,感受歌曲欢快、活泼的旋律,同时要注意节奏型的掌握。

❷音乐活动常规培养:当听到相关指令或音乐时,能够快速做出相应的动作。

❸将歌词内容融入幼儿平时的生活中,帮助幼儿储备经验,当需要运用时能够马上尝试分享出来。

❹肯定幼儿的言语表达、动作表达,激发幼儿做出个性化动作,展示自我。

(2)在这节音乐活动中,教师需要充当哪三种角色来促进幼儿身心发展?

❶引导者:用言语激发幼儿根据听到的歌词内容简单编排出与歌词相符的动作。

❷支持者:支持每一次幼儿提出的合理要求或用动作展示自我的机会,鼓励幼儿能够用好听的声音唱出歌曲或用优美好看的动作进行游戏。

❸参与者:与幼儿平行游戏,使幼儿成为主导者,教师是辅助者,这样才会让幼儿放下"戒心、防备",能真正与教师一同快乐地游戏,分享自己体验游戏的感受等。

(北京市西城区曙光幼儿园 景玮彤)

附歌谱:

来 猜 拳

1=G 2/4

| 5̲ 1 | 1 3̲1̲ 5̲ | 3 | 3 0 | 5 3 | 1 3 | 2 1 | 2 0 |
| 好 朋 友 我 们 行 个 礼, 握 握 手 呀 来 猜 拳,

| 5 5 | 5· 3̲ 4 6 | 6 0 | 5 3 | 4 2 | 1 7̲ | 1 0 ‖
| 石 碰 帕 呀 看 谁 赢, 输 了 就 要 跟 我 走。

3. 活动三：中班音乐活动"我的小手"

【活动目标】

（1）知识与技能：能在律动组合中用双手拍击出准确的节奏。

（2）行为与习惯：能够安静聆听歌曲。

（3）情感与态度：喜欢音乐活动，感受律动带来的快乐。

【活动重难点】

能够运用简单的肢体动作进行展示。

【活动准备】

钢琴、安全宽敞的活动室。

【活动过程】

（1）开始部分——边唱《小手拍拍》歌曲边做动作进教室

引导语："看看谁的动作最好看，谁的表情是高兴的样子。"

（2）基本部分——律动舞蹈《我的小手》

①在理解歌词内容后，尝试编排律动组合"我的小手"

引导语："小朋友们，刚才我们又听了一首关于小手的歌曲。你还记得这首歌曲的节奏是什么样的吗？"

教师向幼儿提出要求："每当唱到 |5 4 4 0|（拍 拍 拍）的时候，请用你喜欢的肢体动作展现出对应的节奏来。"

重点：巩固 $\frac{4}{4}$ 拍的节拍，尝试用双手拍击做出来。

②弹奏歌曲，尝试表演自己编排的律动组合

引导语："刚才，我们一起分享了许多关于这首歌曲的动作。那接下来，我们听着这首好听的歌曲一起舞动起来吧。看谁的动作最美丽，谁笑起来最好。"

③分享使用的动作经验

引导语："刚才大家在跳舞的时候，我看到了你们笑起来都很好看，跳的动作有不一样的。谁愿意和我们大家来分享你是怎样做的呢？"

鼓励幼儿分享自己的经验体会，能够在同伴面前大胆地展示动作与歌词的合拍。同时，引导幼儿再次进行律动组合的体验。

（3）结束部分——听歌曲《爬呀爬》放松

幼儿边听歌曲《爬呀爬》边慢慢在教室里走动放松身体，跟随教师坐成"回"形队形。

总结语："刚才我们都特别开心地跳了《我的小手》舞蹈，这是为什么呢？嗯对，因为是我们自己创编的动作。在跳的时候你们都注意到了'拍拍拍0'的节奏，每个人表现出来的都不一样，有向上拍的，有向下拍的，还有移动方向拍的，或者和同伴拍的。你们都太有想法了。希望这首歌曲你们会喜欢，愿意在表演区里编排出更多好看的动作来，我很期待呦。"

【答辩题目】

(1) 什么是幼儿律动？

幼儿律动也称为幼儿韵律活动，一般是指在音乐或节奏乐器的伴奏下，根据音乐的性质、节拍、速度做有规律的动律性动作。幼儿律动一般可做形象模仿动作，还可以模仿成人的劳动以及基本舞步练习。幼儿律动可以是单一动作的重复，也可以是相关的几个动作连接组合成律动组合。

（2）如何在音乐活动中运用律动的方式引导幼儿感受音乐的美？

在感知韵律活动中，教师要以开放的心态接纳幼儿、欣赏幼儿，要根据幼儿所需灵活变换角色，与幼儿平行交流。从"要求幼儿表现"转变为"激发幼儿创造的表达"，从而使幼儿能够持续保持着轻松愉快的情绪参与韵律活动，获得歌曲带来的美的感受。

（北京市西城区曙光幼儿园　景玮彤）

附歌谱：

我的小手

1=F 4/4　　　　　　　　　　　　　　　　　　　　　　　童谣

5 1 3 5 3｜5 4 4 0｜5 7 2 4 2｜4 3 3 0｜
我 有 小 手 我 拍 拍 拍，　我 有 小 手 我 拍 拍 拍，

5 1 3 5 3｜5 4 4 0｜5 4 3 2｜1 — — 0‖
我 有 小 手 我 拍 拍 拍，　我 用 小 手 拍。

4. 活动四：中班美术活动"大街上的汽车"

【活动目标】

（1）知识与技能：通过想象、绘画的方式表现自己的所见所想，提升动手操作能力。

（2）行为与习惯：能在欣赏自然界和生活环境中的美的事物时，关注色彩和形态等特征。

（3）情感与态度：体验美术创作的乐趣。

【活动重难点】

通过想象、绘画的方式表现自己的所见所想，提升动手操作能力。

【活动准备】

水彩笔、A4纸、油画棒。

【活动过程】

（1）开始部分——出示街道

引导语："这是工人叔叔刚刚修建好的街道，可是街道太空了，你们觉得街道上会有什么呢？"（鼓励幼儿大胆想象）

（2）基本部分——幼儿创作

①教师帮助幼儿梳理总结

引导语："你们想的东西真丰富，个个都像小设计师呢，有的小朋友说街道上有车、人、花，真是太多太多了。那今天我们为这条街道添上汽车，你们都见过什么车呢？"（鼓励幼儿大胆表达）

②师幼共同讨论

引导语："哇！你们见过的车真是太多了，有消防车、卡车、货车、小汽车、警车，好多好多。那你们说一说，它们都是什么样的呢？"（引导幼儿描述自己见到的车的样子）

引导语："那今天你们就可以把这些车画在街道上，选择你们喜欢的车去创作吧！"（鼓励幼儿大胆创作）

③教师提要求，幼儿创作

引导语："在使用画笔时要小心，绘制的汽车的大小要和整个街道呼应，要保持画面的整洁。"（幼儿创作，教师巡回指导）

（3）结束部分——幼儿分享作品

引导语："和我们分享一下你的作品吧，说一说你画的是什么车，为什么要那样画。"（鼓励幼儿大胆表达）

引导语："小朋友个个都像小设计师，创作出的作品也各有特色，我们还可以选择美工区更多的材料再进行创作。"

【答辩题目】

(1) 请你反思这节活动。

我认为一节美术活动主要是培养幼儿的发散思维、动手能力、想象力和创造力，在活动中让幼儿发现美、创造美和表现美。所以，活动中应给予幼儿更多的创作空间，不是单一地绘制一种车辆，而是凭借幼儿所喜欢的进行绘画，这样才能看到幼儿的多种表现美的方式。

(2) 你认为在生活中怎样能更好地引导幼儿发现美的事物的特征，然后感受美和欣赏美？

我认为可以让幼儿观察常见动植物以及其他物体，引导幼儿用自己的语言、动作等描述它们美的方面，如颜色、形状、形态等。还可以鼓励幼儿收集喜欢的物品并和他一起欣赏。

（北京市西城区曙光幼儿园　袁孟颖）

5. 活动五：中班美术活动"跳舞的人"

【活动目标】

（1）知识与技能：在感受欣赏舞蹈的美的同时进行创作，尝试用简单的线条绘画出不同舞姿的人。

（2）行为与习惯：在活动中培养幼儿仔细观察的学习品质，愿意和同伴交流并大胆表达。

（3）情感与态度：愿意欣赏芭蕾舞姿的美，喜欢美术创作。

【活动重难点】

在感受欣赏舞蹈的美的同时进行创作，尝试用简单的线条绘画出不同舞姿的人，愿意和同伴交流并大胆表达。

【活动准备】

白纸、水彩笔、画垫。

【活动过程】

（1）开始部分——教师做芭蕾舞动作，幼儿模仿动作并入场

引导语："刚才我们做的动作是什么舞蹈的啊？（芭蕾舞）你们觉得芭蕾舞的动作美不美？"（引导幼儿感受芭蕾舞的美）

（2）基本部分——教师做芭蕾舞动作，鼓励幼儿描述动作特点并进行创作

①师幼描述芭蕾舞动作

引导语："小朋友们都觉得芭蕾舞很美，那你们说一说刚才我们做的芭蕾舞动作是什么样的呢？我们的手是什么样的？腿和脚又是什么样的？"（鼓励幼儿大胆描述）

引导语："老师今天想和你们展示几个芭蕾舞的动作，你们看看老师的手、腿和脚是什么样的吧。"（引导幼儿仔细观察）

引导语："你还见过什么样的芭蕾舞动作呢？愿意模仿一下吗？或者也可以说一说动作的特点。"

（引导幼儿大胆表达）

②幼儿进行创作

引导语："刚才我们做了很多的芭蕾舞动作，你可以选择一个你最喜欢的动作把它画下来，画的时候想一想手、脚和腿的动作是什么样的，我们可以用线条来表示芭蕾舞的舞姿动作。"（幼儿进行创作，教师巡回指导）

（3）结束部分——幼儿分享作品

引导语："小朋友们真的很棒，画的芭蕾舞动作都很像呢！谁愿意和我们说一说你为什么最喜欢这个动作呢？你觉得这个动作像什么呢？"（鼓励幼儿大胆分享并充分发挥想象力）

【答辩题目】

（1）请你反思这节活动。

我认为美术活动就是要鼓励幼儿用不同的艺术形式大胆地表达自己的情感、理解和想象。作为教师，我们应尊重每位幼儿的想法和创造，学会肯定和接纳他们独特的审美感受和表现方式，分享他们创作的快乐。所以，在这节活动中教师鼓励幼儿大胆创作，尝试用简单的线条表现出芭蕾舞姿的美；活动中为幼儿提供了宽松的创作氛围，并鼓励幼儿大胆绘画自己喜欢的芭蕾舞动作，绘制出不同动态的跳舞小人。

（2）你认为教师应如何支持幼儿的艺术表现和创作？请结合活动举例说明。

首先，可以为幼儿提供丰富的便于幼儿取放的材料、工具或物品，支持幼儿进行自主绘画、手工、歌唱和表演等艺术活动。其次，经常和幼儿一起绘画、制作、唱歌、表演等，共同分享艺术活动的乐趣。在活动中，如果幼儿想创编芭蕾舞动作并进行绘画，教师应该给予支持和鼓励；教师除了自己进行芭蕾舞动作模仿，还鼓励幼儿上台表演芭蕾舞动作，并鼓励幼儿选择自己喜欢的动作进行绘画。这些都是教师支持幼儿艺术表现和创作的方法。

（北京市西城区曙光幼儿园　袁孟颖）

6. 活动六：中班美术活动"春天来啦"

【活动目标】

（1）知识与技能：能运用绘画、手工制作等方法表现自己对春天的所见所想。

（2）行为与习惯：在活动中养成仔细观察的学习品质。

（3）情感与态度：在活动中养成热爱大自然的情感。

【活动重难点】

能运用绘画、手工制作等方法表现自己对春天的所见所想。

【活动准备】

水彩笔、油画棒、纸。

【活动过程】

（1）开始部分——教师直接提问，吸引幼儿注意力

引导语："春天来了，你们发现我们周围的景色有什么变化吗？"（引导幼儿仔细观察，鼓励幼儿大胆表达）

（2）基本部分——幼儿创作

①师幼谈话

引导语："你们的小眼睛特别亮，发现了很多春天的秘密。有的小朋友发现树叶慢慢变绿了，花

也开了；有的小朋友发现动物园里小动物也出来玩了；还有的小朋友说春天来了，天气越来越暖和了，我们可以去放风筝。除了这些，老师相信你还有更多的发现，可以把你的发现画在纸上。"（鼓励幼儿大胆创作）

②幼儿创作

引导语："小朋友准备好美术用品后，就可以开始创作自己的'春天来啦'。在创作的时候想一想你见到的、感受到的春天是什么样的，注意保持画面的干净呦。"

（3）结束部分——分享作品

引导语："小朋友们真的很棒！你们眼中的春天真的是各种各样的。谁愿意和我们介绍一下你的作品呢？"（鼓励幼儿大胆表达）

【答辩题目】

（1）你认为在尊重幼儿的美术发现和创作的前提下，教师要如何指导？请结合活动举例说明。

我认为可以鼓励幼儿在生活中细心观察、体验，为美术活动积累经验和素材，如在活动中引导观察不同树的形态和色彩等。可以提供丰富的材料，如图书、照片、绘画等，让幼儿自主选择，尝试用自己喜欢的方式去模仿或创作，教师不做过多要求，如活动中教师没有直接指出"春天来啦"要画什么，而是通过与幼儿谈话，不断帮助幼儿深入地感受春天，从而更好地创作。最重要的就是要肯定幼儿作品的优点，让幼儿用表达自己感受的方式引导其提高。

（2）你如何看待在美术活动中出示范画？请说明理由。

我认为不是必须出示范画，因为范画会限制孩子的想象力。我们要鼓励孩子自己发挥想象力，进行创作，要相信可以培养孩子感受美、欣赏美和表现美的能力。可以教给孩子粗浅的艺术知识和技能，培养孩子对艺术的兴趣，发展初步的创造力，对孩子的创造性思维、自信心和独立精神也会产生很大的推动作用。

（北京市西城区曙光幼儿园　袁孟颖）

（三）大班

1. 活动一：大班音乐活动"小小的船"

【活动目标】

（1）知识与技能：初步感知$\frac{3}{4}$拍节奏的强弱规律，能够对三拍子的音乐做出相应的体态律动。

（2）行为与习惯：能够用自然的声音演唱歌曲。

（3）情感与态度：能够在聆听中发现三拍子与四拍子音乐的不同，并用肢体动作表现出来。

【活动重难点】

在聆听歌曲时，发现$\frac{3}{4}$拍的节奏与$\frac{4}{4}$拍的不同，并能够用肢体动作表现出来。

【活动准备】

钢琴、音乐《小步舞曲》、歌曲《小小的船》、节奏型"强弱弱"。

【活动过程】

（1）开始部分——听音乐《小步舞曲》进入活动室，吸引幼儿参与活动

引导语："咚哒哒，咚哒哒，向前行进走。看谁最优美，笑起来很好看，好的。前哒哒，后哒哒，左哒哒，右哒哒，深呼吸，吐气，请坐。"

（2）基本部分——学唱歌曲《小小的船》

①感知三拍子强弱规律的特点，尝试用识读或用肢体动作表示

引导语："小朋友，你们刚才听着《小步舞曲》的音乐走进活动室，你的心情怎么样？你觉得这段旋律是欢快活泼的，还是优美抒情的？接下来我们再听一首歌曲，你听听这首歌曲的节拍跟这《小步舞曲》的是否一样？你可以用什么动作来表现呢？"

②学唱歌曲《小小的船》，引导幼儿尝试听着歌曲旋律加入歌词演唱

听第一遍：幼儿边听边随教师做"拍点点"（拍腿、点腿、点腿）的动作，感受$\frac{3}{4}$拍的强弱规律，熟悉歌曲旋律与歌词；

听第二遍：教师范唱，幼儿边听边小声跟唱；（或师生玩对口型的游戏，教师演唱，幼儿张嘴不出声，对歌词的口型，引导幼儿熟悉歌词）

听第三遍：幼儿尝试听着歌曲旋律加入歌词演唱。

引导语："看谁可以用小乐器唱出好听的歌来，身体表现出美美的、开心的样子来。"

③分组演唱，激发幼儿使用动作表现出对$\frac{3}{4}$拍节奏的理解

引导语："现在我们邀请女孩子先来演唱这首歌曲，请男孩子看看女孩子中谁的歌声最好听，谁的动作最优美。然后，我们再交换男孩子演唱，女孩子聆听与观看。"

（3）结束部分——听音乐《小步舞曲》，放松身体

回忆$\frac{3}{4}$拍的强弱规律，掌握歌曲《小小的船》的歌词内容，跟随歌曲旋律可以对应唱出。

引导语："今天，我们一起学唱新歌《小小的船》，欢迎小朋友到表演区或者休息的时候与同伴分享一起演唱。噢，对了，今天的这首歌曲是几拍子的？谁还记得呢？"

聆听音乐《小步舞曲》，放松身体，有序走出活动室。

【答辩题目】

(1) 教师还可以用什么样的方式引导幼儿感受三拍子的强弱规律？

平时利用过渡环节播放关于三拍子的音乐作品，如圆舞曲，与四拍子的音乐作品进行聆听与比较。发现强弱弱的节拍特点后，尝试使用乐器敲击来进一步感知三拍子的强弱规律，从而感受到这一类型的音乐、歌曲所表达出的情绪情感。

(2) 用什么方式可以激发幼儿歌唱的兴趣？

教师要遵循幼儿现阶段的年龄特点，利用幼儿熟悉的形式进行。例如，大班幼儿喜欢边唱歌边做动作和自己创编动作等形式。这些形式可以帮助幼儿理解歌词内容，同时抒发自己对音乐、歌曲的情绪情感。通过这样科学的音乐活动内容，幼儿不仅可以掌握一些简单的音乐知识与技能，也能提高自己对音乐的感受力、记忆力、理解力、想象力和表现力，从而提高自身的音乐素养。通过音乐的艺术形象激发幼儿的美感体验，让他们喜爱音乐，融入音乐，愿意在活动中尽情歌唱。

（北京市西城区曙光幼儿园　景玮彤）

附歌谱：

小小的船

$1=\flat E$ $\frac{3}{4}$

| 5 3 5 | 3 − 2 | 1 6̣ 3 | 2 − − | 5 3 5 |
弯 弯 的 月   儿 小 小 的 船，   小 小 的

| 3 − 2 | 1 6̣ 3 | 1 − − | 3 2 3 | 1 6̣ | 1 5 3 |
船   儿 两 头 尖。   我 在 小 小 的 船 里

| 2 − − | 3 2 3 | 5 6 5 | 3 − 2 | 1 6̣ 3 | 1 − − ‖
坐，   只 看 见 闪 闪 的 星   星 蓝 蓝 的 天。

2. 活动二：大班音乐活动"七个阿姨来摘果"

【活动目标】

（1）知识与技能：能够初步识读四分音符、八分音符组合的节奏型，较为准确地把握两种时值的长短。

（2）行为与习惯：能够安静聆听音乐，有序参与活动。

（3）情感与态度：喜欢节奏游戏，愿意与同伴合作表演。

【活动重难点】

通过节奏游戏，初步感知四分音符、八分音符时值的长短，并能够使用简单乐器为节奏儿歌进行伴奏。

【活动准备】

花篮7个；苹果、桃子、石榴、柿子、李子、栗子、梨等果实；节奏小屋；歌曲《数字歌》《七个阿姨来摘果》；响板乐器。

【活动过程】

（1）开始部分——听歌曲《数字歌》，欢快地进入活动室

引导语："看看哪个小朋友的动作最好看，表情最漂亮。"

（2）基本部分——掌握节奏游戏"七个阿姨来摘果"

①出示响板，引导幼儿回忆对节奏儿歌中一声部进行的伴奏

引导语："小朋友，你们还记得用响板怎么打击这段节奏小屋里的节奏吗？谁愿意来为我们演示一下呢？"

②播放歌曲《七个阿姨来摘果》，引导幼儿准确识读出节奏歌

引导语："现在我们一起来听一首歌曲，请你听听都唱了些什么。你能试着说出来吗？我们刚刚一起说出了儿歌歌词，现在我们一起将歌词放进节奏小屋里，看看一会儿你自己能否试着有节奏地说出来。"

③师幼分声部为《七个阿姨来摘果》伴奏，进行游戏

轮流说节奏儿歌并用响板进行伴奏，营造幼儿喜欢与同伴合作齐说的快乐氛围。

引导语："哇，刚刚我们一起把这首节奏儿歌很顺利地说了出来。现在，我们分组进行。看看你们有没有照顾到同伴的说话声音，跟你们说出的节奏是一样的。"

分组情况：教师一组，幼儿1组，幼儿2组，幼儿3组，幼儿4组。

教师对照第一声部拍击响板伴奏 X X | X X | X X | X X | ……

1组幼儿对二声部说前4小节 X X X X | X X X | X X X X | X X X |
　　　　　　　　　　　　　一 二 三 四 五 六 七，七 六 五 四 三 二 一。

2组幼儿说5、6小节 X X X X | X X X |
　　　　　　　　　七 个 阿 姨　来 摘 果。

3组幼儿说7、8小节 X X X X | X X X |
　　　　　　　　　七 个 篮 子　手 中 提，

4组幼儿说9、10小节 X X X X | X X X |
　　　　　　　　　　七 个 果 子　摆 七 样，

教师和四个组幼儿一起说11~14小节 X X X X | X X X X | X X X X | X — |
　　　　　　　　　　　　　　　　 苹 果、桃 子、石 榴、柿 子、李 子、栗 子、梨。

幼儿在说时，教师提前指向对应的图片，应对幼儿对儿歌歌词的回忆，及时提醒下一组幼儿接着说。

（3）结束部分——听歌曲《数字歌》放松

教师带领幼儿回顾今天所掌握的分声部说节奏儿歌《七个阿姨来摘果》。

引导语："小朋友们，我们今天一起玩了一个节奏儿歌的游戏。你们还记得怎么说吗？刚才是由老师来拍击第一声部，小朋友分组说的第二声部歌词。那还可以怎样来说呢？当说果实的地方时，我们还要注意匀速平稳地说出来。"

听歌曲《数字歌》放松身体，与同伴有序走出教室。

【答辩题目】

（1）在音乐节奏游戏活动中都会出现"节奏小屋"，它出现后的作用是什么？

能够辅助引导幼儿稳定节拍，按照对应的规律进行敲击乐器演奏。利用图片与节奏乐句对应摆放，引导幼儿理解此图片在"这一小节屋子"里的读法，进一步加深理解节奏儿歌里的歌词内容，能够准确流畅地读出来。

（2）怎样培养幼儿的音乐节奏感？

❶让幼儿仔细聆听这些声音，不仅能给幼儿一种美的享受和体验，更重要的是幼儿学会了倾听。然后将这些声音用音乐来代替，让幼儿听着音乐自由做各种动作，亲自感受各种各样的节奏。慢慢地，幼儿就会发现这些声音在不停地变化，又有一定的规律性，从中体验了快乐，从而对节奏有更细致、全面、深刻的理解。

❷用身体动作表现节奏，也就是幼儿在有音乐或无音乐伴奏的情况下，把自己对节奏的感受和理解用优美的动作表现出来。动作由幼儿根据自己对音乐的体会自己创编，比较自由、灵活，而不是由教师一招一式地教。但教师必须加以引导、启发，循序渐进地帮助幼儿用他们自己的动作表现节奏。

❸ 培养幼儿音乐节奏感时让节奏和歌曲结合在一起，既能提高幼儿对歌曲速度的理解，也能加强对乐感的理解及体验。

（北京市西城区曙光幼儿园　景玮彤）

附歌谱：

七个阿姨来摘果

X X	X X	X X	X X	X X	X X	X X
XXXX	XXX	XXXX	XXX	XXXX	XXX	XXXX
一二三四	五六七，	七六五四	三二一，	七个阿姨	来摘果，	七个篮子

X X	X X	X X	X X	X X	X X	X 0
XXX	XXXX	XXX	XXXX	XXXX	XXXX	X —
手中提，	七个果子	摆七样，	苹果、桃子、	石榴、柿子、	李子、栗子、	梨。

3. 活动三：大班音乐活动"洋娃娃和小熊跳舞"

【活动目标】

（1）知识与技能：初步掌握跳集体舞的技巧并尝试完整表演。

（2）行为与习惯：在活动中能够专注认真地倾听。

（3）情感与态度：感受舞蹈欢快的情绪，体验跳集体舞的快乐。

【活动重难点】

掌握后踢步动作的规范和节奏感，在舞蹈中正确变换位置。

【活动准备】

歌曲《洋娃娃和小熊跳舞》、圆形场地、教师示范动作编排。

【活动过程】

（1）开始部分——播放歌曲《洋娃娃和小熊跳舞》，吸引幼儿参与活动

队形：男女一对一围成双圆圈，教师站在中间。

引导语："今天老师要教大家一个有趣的舞蹈《洋娃娃和小熊跳舞》，你们还记得这首歌曲怎样唱吗？还记得我们之前已经跳过了哪里吗？"

两人拉手转一圈回原位，儿童模仿。

一人领手，一人自转一圈，儿童模仿。

互换动作（一人领手，一人自转一圈），儿童模仿。

（2）基本部分——学跳舞蹈《洋娃娃和小熊跳舞》

①掌握舞蹈中的基本动作

引导语："哇，小朋友们的反应都很快，那就奖励你们做一个游戏'金鸡独立'。"（重点动作分解练习）

教师数1，儿童抬右脚，数2，儿童抬左脚，然后加快数1、2的频率。每次抬脚尽量脚跟踢到屁

股。要跟准教师的口令，不能过快或过慢。

②尝试将动作组合在一起跳

教师跟着音乐完整示范一遍。

教师分解八拍让幼儿模仿，教师纠正。

教师有节奏地说歌词，带领幼儿连贯一遍。

幼儿尝试跟着音乐做一遍。

③尝试听歌曲进行表演跳

幼儿在间奏中点头拍手。

第一个八拍，两人拉手后踢步转圈。

第二个八拍，两人互相有节奏地击掌。

第三、四个八拍，重复第一、二个八拍。

第五个八拍，一人领手，一人后踢步自转一圈。

第六个八拍，前四拍外圈蹲下拍手，内圈站立拍手，后四拍互换动作。

第七个八拍，互换动作（一人领手，一人后踢步自转一圈）。

第八个八拍，重复第六个八拍动作。

结尾音乐做幼儿自由创编的动作。

（3）结束部分——听轻音乐，抻拉腿部肌肉，放松身体

引导语："今天小朋友一起跳的舞蹈是《洋娃娃和小熊跳舞》。太棒了你们，每个人都很认真地听老师说动作，很用心地跟着一起跳。所以，我们能够很顺利地都学会了跳这个舞蹈。你们喜欢吗？如果很喜欢，你们可以在表演区里继续给其他小朋友来表演跳呦。"

【答辩题目】

（1）幼儿体验跳双人舞时，如何使幼儿与幼儿之间能有效地相互配合默契？

❶ 在日常生活游戏中或户外游戏中，创造可以两人以上合作的游戏，使幼儿逐渐适应与他人共同完成游戏的原有经验。

❷ 教师在动作示范时要清晰地说明动作要领，指令简短明确。在幼儿模仿时，教师要多巡视，可以亲自与幼儿合作跳，进一步让幼儿感知体验与他人合作跳舞的方法。

（2）如何引导幼儿掌握后踢步呢？

❶ 在指导个别幼儿时，教师要多关注，多鼓励，让幼儿感受到教师的关怀与肯定。

❷ 活动结束后，教师带领幼儿放慢速度再进行体验。

❸ 利用同伴之间相互学习的方式，引导幼儿模仿同伴的动作，从而进一步体验感知后踢步的跳法。

（北京市西城区曙光幼儿园　景玮彤）

附歌谱：

洋娃娃和小熊跳舞

〔波兰〕M.卡楚尔宾娜　词曲
李　嘉　同译词

1=D 2/4

| 1 1 1 1 | 1 1 1 1 | 1 2 3 4 | 5 5 5 4 3 | 4 4 4 3 2 | 1 3 5 0 | 1 2 3 4 |

洋娃娃和小熊跳　舞，跳呀跳呀，一二一。　　他们在跳

```
5 5 5̂4̂3̂ | 4 4 4̂3̂2̂ | 1̂ 3̂ 1 0 | 6 6 6̂5̂4̂ | 5 5 5̂4̂3̂ | 4 4 4̂3̂2̂ | 1 3 5 0 |
```
圆圈舞 呀,跳呀跳 呀,一二一。 小熊小 熊 点点头 呀,点点头 呀,一二一。

```
6 6 6̂5̂4̂ | 5 5 5̂4̂3̂ | 4 4 4̂3̂2̂ | 1̂ 3̂ 1 | 6 6 6̂5̂4̂ | 5 5 5̂4̂3̂ | 4 4 4̂3̂2̂ | 1̂ 3̂ 1 ‖
```
小洋娃 娃 笑起来 啦,笑呀笑 呀,哈哈哈。

4. 活动四：大班美术活动"上学去"

【活动目标】
（1）知识与技能：能根据自己的所见所想进行美术创作，学会把控画面的整体性。
（2）行为与习惯：了解小学生的校园生活和学习习惯。
（3）情感与态度：向往当个小学生，愿意去上小学。

【活动重难点】
能根据自己的所见所想进行美术创作，学会把控画面的整体性。

【活动准备】
水彩笔、油画棒、彩色铅笔、画纸。

【活动过程】
（1）开始部分——与幼儿谈话，吸引幼儿注意力

引导语："再过一段时间，你们就要上小学了。有谁去看过哥哥姐姐上学的样子吗？什么给你留下了最深刻的印象呢？没看过的小朋友谁可以说一说你想象的上小学的你会是什么样子呢？"（鼓励幼儿大胆表达自己的想法）

（2）基本部分——教师提基本要求，幼儿创作

①教师提问

引导语："小朋友说了这么多，那今天我们一起画一幅'上学去'的美术作品，画之前先说一说你都要画什么，什么东西画在哪里，打算怎么布置你这张画纸。"（鼓励幼儿大胆回答）

②幼儿创作

引导语："那你们也构思了你们'上学去'的这幅作品，现在选择你们需要的工具开始创作吧！注意保持画面的整洁哦。"（幼儿创作，教师巡回指导）

（3）结束部分——分享作品

引导语："老师看了你们的作品，发现有的小朋友画的是背上小书包开心地去上学，有的小朋友画的是学校门口的楼和自己，能看出你们都很期待上小学学习更多本领。那谁愿意和我们介绍一下作品呢？说一说你对小学的期望。"

【答辩题目】
（1）你是如何看待美术教育活动中的内在情感体验的？请结合活动举例说明。

《指南》中提到要重视幼儿在美术教育活动中的内在情感体验，教师应该带领幼儿到大自然和社会中去。例如，在"上学去"的活动中，如果条件允许，可以带领幼儿参观小学。但是活动开始时教师也是向幼儿提问"你们看到的小学是什么样的"，并不是直接介绍自己看到的小学，而是和幼儿讨论，一同感受、发现事物的美的特征。

（2）你认为在幼儿创作过程中教师需要如何指导？

我认为在幼儿创作过程中，教师的指导要把握好"适时"和"适度"。教师要用心观察幼儿的思维过程和表现形式以及对工具材料的探索过程，不过多干涉或把自己的意愿强加给幼儿，在幼儿需要的时候给予具体的帮助指导。教师的指导要建立在尊重幼儿表现和创作的愿望基础上。

（北京市西城区曙光幼儿园　袁孟颖）

5. 活动五：大班美术活动"未来世界"

【活动目标】

（1）知识与技能：能充分调动自己的想象力和创造力，大胆表达自己独特的想法并进行创作。

（2）行为与习惯：在创作中养成正确握笔和端正坐姿的良好习惯。

（3）情感与态度：激发幼儿对未来的探索兴趣。

【活动重难点】

能充分调动自己的想象力和创造力，大胆表达自己独特的想法并进行创作。

【活动准备】

水彩笔、油画棒、彩色铅笔、画纸。

【活动过程】

（1）开始部分——教师提问，激发幼儿兴趣

引导语："你们觉得咱们的生活幸福吗？为什么幸福呢？你们觉得我们周围的什么让你最幸福？"（引导幼儿说出具体幸福的事、物等）

（2）基本部分——师幼讨论，幼儿创作

①教师向幼儿提问，激发幼儿想象力

引导语："小朋友觉得现在有很多好吃的，很幸福，可以到处玩，很幸福。老师觉得现在我们的生活很方便，网络很发达，不出门都可以等着很多东西送到家。但是老师想告诉你们，这在爷爷奶奶他们小时候可不是这样的，不能随便吃这么多好吃的，都要用粮票才可以买吃的，不然家里就吃不上饭呢。我们能有今天这么幸福的生活都是大家一起努力改变的结果。那你们想一想，再过几十年，甚至一百年，我们的生活会是什么样的呢？整个世界会是什么样的呢？"（激发幼儿想象力，鼓励幼儿大胆回答问题）

②幼儿创作

引导语："小朋友们想得真好！有的想未来都是机器人满地走，有的想未来我们会像奥特曼一样变身。你们的想象力好丰富，好有创意，每个人对未来世界的想象都是不一样的。那现在请小朋友把你想象的未来世界的样子画下来吧。"（引导幼儿大胆想象并针对有造型困难的幼儿给予适当的帮助）

（3）结束部分——分享幼儿作品

引导语："小朋友可以把自己的作品分享给大家，也可以回家分享给自己的家人。"

【答辩题目】

（1）请你反思这节活动。

活动开始时教师用提问的方式吸引幼儿注意力，并让幼儿结合自己的生活来表达自己对当今社会的一种感受，在幼儿表达后教师也有总结和梳理，帮助幼儿进行提升的同时引出了活动主题"未来世界"。鼓励幼儿大胆想象，先请幼儿说一说对未来的设想，有一个初步的想法，然后再进行创作。整个活动围绕一个主题进行开展，不仅促进了幼儿的想象力、创造力，还提升了幼儿的表达能力。

（2）你认为如何才能发展幼儿艺术创造的实践能力？

我认为首先要创设能激发幼儿创造的环境，教师要尊重幼儿的个性，支持鼓励幼儿创造，注重平时的渗透，创设情境化的活动形式，激发幼儿在探索中寻找自己的答案。其次就是要采取有效支持幼儿创造表现的策略，如美术活动中的提问要精心设计，能带给幼儿多一些启发，少一些结论。再次是教师要多观察，多引导，多鼓励，少干涉，少示范，少否定。

（北京市西城区曙光幼儿园　袁孟颖）

6. 活动六：大班美术活动"剪窗花"

【活动目标】

（1）知识与技能：初步感受剪纸的特点，掌握剪纸的基本方法，并能大胆创作。

（2）行为与习惯：能熟练使用剪刀，并知道使用剪刀的安全知识。

（3）情感与态度：了解剪纸是中国优秀传统文化，对剪纸产生兴趣。

【活动重难点】

初步感受剪纸的特点，掌握剪纸基本方法，并能大胆创作。

【活动准备】

彩纸、剪刀。

【活动过程】

（1）开始部分——直接引出主题，吸引幼儿注意力

引导语："今天老师为你们带来了很多彩色的纸和剪刀，我们要用剪刀把这些纸变漂亮。"

（2）基本部分——幼儿操作

①教师提问，引发幼儿思考

引导语："我们要怎样剪纸呢？直接剪还是折起来剪呢？怎么折呢？"（引发幼儿思考）

引导语："老师今天给你们准备了一个盒子，这里有折好并画好图案的纸，请小朋友随便拿一个，看看你拿到的这张纸是怎么折的。"（请折法不同的小朋友描述，教师帮助补充）

引导语："那我们剪的时候要先剪哪个地方呢？先剪中间还是先剪边缘呢？"（鼓励幼儿大胆回答）

②幼儿剪纸

引导语："那现在请小朋友拿起手中的纸，选择你喜欢的折法折一折，然后把你喜欢的图形画在纸上，就可以拿起剪刀认真、仔细地剪纸啦！剪纸的时候要注意剪刀不可以对准别人，也不要对准自己的眼睛哦，要注意安全。"

（3）结束部分——分享剪纸作品

引导语："如果你愿意，可以把剪好的纸送到前面来，老师帮你贴上。可以和我们说一说你剪的是什么吗？老师看到很多小朋友非常认真，有的小朋友一不小心把有的地方剪断了，相信再小心点也能完成得非常好。"

【答辩题目】

（1）你认为这节美术活动还与其他哪个领域有联系？请结合活动举例说明。

我认为与健康领域有联系。《指南》在健康领域中对幼儿的动作发展提出了促进幼儿"手的动作灵活协调"的目标，并依据幼儿的年龄特点，要求5~6岁的幼儿"能沿轮廓线剪出由曲线构成的简单图形，边线吻合且平滑"。活动也是引导幼儿画出自己想剪的图形后再进行剪纸。

（2）请你说一说手的动作灵活协调能力在小、中班年龄段的目标是什么。

小班幼儿（3~4岁）能用剪刀沿直线剪，边线基本吻合；中班幼儿（4~5岁）能沿轮廓线剪出由直线构成的简单图形，边线吻合。

（北京市西城区曙光幼儿园　袁孟颖）

思考题

1. 五大领域的各年龄班幼儿的发展特点是什么？教育目标是什么？
2. 在备考试讲时，应该怎样着手准备五大领域的内容？至少准备多少份教案？
3. 五大领域教学法的基本流程是什么？

第四章 幼儿教师资格面试礼仪

> **学习目标**
>
> 1. 面试中拥有良好的仪态仪表。
> 2. 提高考场中的面试交流沟通能力。
> 3. 具备良好的面试心理素质。

第一节 仪态仪表

2008年9月,教育部和中国教科文卫体工会全国委员会联合颁发的《中小学教师职业道德规范》提出,教师要为人师表,为人师表的重要体现之一就是衣着得体、语言规范、举止文明。在我国,幼儿园教师是纳入中小学教师系列的,幼儿教师作为教师的重要组成部分,应遵守幼儿教师职业道德规范。这是因为教师是一个特殊的职业,教师劳动的示范性特点和学生向师性、模仿性的特点决定了教师必须注重自己的仪态仪表。作为考生,将来如果想从事教师这个职业,必须在仪态仪表方面符合要求。

从面试的角度来看,面试满分为100分,评价标准中有10分是考查考生的仪态仪表是否符合幼儿教师的身份,具体评价标准如表4-1所示。

表4-1 面试中仪态仪表的评价标准

项目	权重	分值	评分标准
仪态仪表	10	6	五官端正,行为举止自然大方,有礼貌
		4	服饰得体,符合幼儿教师职业特点

通过这个评价标准,可以看到面试不仅仅是对考生专业知识和能力的考查,还包括对教师仪态仪表的考查。而且好的仪态仪表能够反映考生的精神面貌,给评委留下一个好的印象。在仅有的20分钟面试时间内,由于考官对考生的信息掌握有限,短短的时间内容易产生心理学上的晕轮效应。晕轮效应是指在人际知觉中形成的以点概面或以偏概全的主观印象,往往产生于对某个人的了解还不够深入时,因而容易受某人的外在特征的影响。有些个性品质和外貌特征之间并无内在联系,可我们却容易联系到一起。即使是面试专家们也强调要克服这些心理学效应,但是在实际的面试中,好的仪态仪表仍在一定程度上影响着考官对考生的判断,即好的仪态仪表会为这个考生的其他表现加分,而不好的仪态仪表也会影响到考官对这个考生的总体印象。因此,我们务必重视考试时的仪态仪表,在这个

项目中尽量做到不丢分，而且还能为面试的总体表现增分。

一、着装礼仪

着装，又称穿戴，指的是考试时考生穿着的服装和佩戴的饰物。一年中有两次面试，考试时间一般为每年的1月和5月的周末。在我国大部分省市，1月为秋冬季，一般着冬季服装，5月为春夏季，一般着夏季服装。幼儿教师需要服饰得体，穿衣打扮不能偏离大众的审美标准，尤其要杜绝奇装异服，同时这个职业又与其他职业不同，应体现出幼儿教师的特点。幼儿教师工作内容的特殊性决定了幼儿教师衣着的标准与中小学教师的衣着标准有一些不同。幼儿教师面对的群体是幼儿，平时的工作绝不仅限于在教室教学，还会有很多的活动。在面试的时候，考生可能会抽到艺术、健康等领域的题目，而这些领域的活动可能需要考生做比较大的动作。例如，带着幼儿做体育活动，涉及蹲、跳等各种大幅度的动作，穿着高跟鞋、西装裙子没办法蹲下去，也没办法跳来跳去。所以考生面试的时候需要穿便于活动的衣服，不要求正装，也不要穿高跟鞋。一般来说，穿半正式、休闲或运动装相对比较适宜，但又要避免过于休闲。

（一）春夏季服装

在春夏季期间，一般男性、女性上半身都可穿长短袖衬衣、T恤，但是不能过于休闲，建议有领子、袖子的Polo衫，以免显得散漫和不够重视。需要注意的是，女性下半身需要穿裤装，避免裙装，因为夏天的裙装容易导致活动不方便。男性、女性都应注意裤长，长度在膝盖以下为宜。

建议穿不露脚趾的皮鞋、凉鞋和运动鞋。严格地说，在正式场合是不允许光脚穿鞋的，而且一些使脚部过于暴露的鞋，如拖鞋、露趾凉鞋不能穿。在正常情况下，应保持脚部的卫生，鞋袜要勤洗勤换，脚要每天洗，袜子则应每日更换，尤其是夏天，天气热，汗腺分泌旺盛，男性考生应避免面试时带来异味。

（二）秋冬季服装

在北方有暖气的地区，路上和候考室、备课室的外面要穿大外套，防寒服、羽绒服、大衣（长大衣、半大衣、短大衣）、外套棉袄都可以，但是进入考场要脱掉以便活动。如果没有存放的地方，可以带进考场，放在考官指定的位置。女性在考场上可以穿毛衣或休闲装，体现女性的亲和阳光形象，但不能过短、过紧、过肥。男性可以穿毛衣，毛衣里面最好要有带领子的衬衣，或者穿休闲运动服都可以。下半身首选裤子，西装裤、直筒裤最佳，不能是紧身裤、九分裤、七分裤、阔腿裤，裤子颜色为深色，不要有花纹和明显的条格，不能单独穿打底裤，女性可以穿打底裤和便于活动的裙装。考场内不要戴帽子。

在没有暖气的地区，不能穿特别臃肿肥大的外套，但能穿小外套、短款外套（在屁股以上比较适宜）。女性建议穿皮鞋和靴子，但不能是高跟的，短靴可以穿，但中长的不行，包小腿、过膝盖也不合适。男性穿皮鞋、运动鞋都可以，袜子选择深色，黑色、灰色、深蓝色都可以。

以上为基本着装的穿搭，需要注意的是，不管穿什么，不管衣物新旧，一定要保持衣物的干净整洁，避免衣物上有污渍和异味，也不能有破洞或扣子不全的现象。破洞的牛仔裤、露肩装等这种所谓的潮衣都应该远离，也要避免往衣服上喷香水，以免强烈的气味引起考官的不好印象。

在考场上考生展现出青春活泼、整洁靓丽的美即可。大部分配饰光彩夺目，与教师的职业形象不符，而且首饰在教学中会吸引幼儿的无意注意，影响教师的教育教学活动，所以建议考生不要佩戴首饰，尤其是夸张显眼的首饰，一定要杜绝耳环、戒指、手链、脚链等影响活动的首饰。女性夏天可以佩戴直径较细的项链，显得纤细柔美、小巧玲珑，但项链不要太夸张。如果把握不准，就不要佩戴，以免适得其反。考生可以佩戴手表，用于掌握考试时间，但手表不要过于夸张和昂贵。

虽然幼儿教师资格证的报考条件中没有提到文身的人不能报考，但文身给人一种叛逆不羁的感觉，教师为人师表，对学生应该起到一个良好的示范作用。文身显然和幼儿教师身份不相符，所以建议考生不要有任何文身，如果已经有文身又打算从事幼儿教师这个职业，建议提前去洗掉文身。

二、仪容仪表

（一）发型

发型在人的仪容仪表中占有重要地位，好的发型可以起到提升气质、掩饰脸型缺陷等作用。面试时，不管什么样的发型，首先要保证头发干净整洁，避免看起来是油腻杂乱、满是头皮屑的头发。发型要朴实、大方，男性的头发应该给人以得体、整齐的感觉，能够展示男性成熟、稳重的气质；女性则比较适合清秀、端正的发型，能体现女性稳重、干练、温柔的气质。

1. 男性发型

男性考生应保持短发，最常见的是分头，但注意不要留中分的发型。除此之外，有的人会选择留平头，平头虽然显得精神，但是不宜过短，男士不宜烫发、染发或光头。

2. 女性发型

女性发型分为两种不同的长度：短发和长发。结合幼儿教师的工作特点，这两种发型的注意事项如下。

短发：考生的头发若是短发型，则以黑色的自然发色为宜，不能五颜六色。爱美的考生若一定要染色，则以咖啡色、棕色、亚麻色或调配出来较深的颜色为宜，切莫过于高调，与教师的身份不符。另外，刘海不要过长，不能遮盖眼睛，一般在眉毛之上，否则影响与评委的交流。

长发：考生的头发若是长发型，在色系选择上与短发型的色系选择一致。但是长发型也有其要注意的重点。长发型的考生需要把长发束起，而不是散发披肩。首先，散发披肩会使人的整体形象过于懒散，没有精神，这会给评委留下不好的印象。其次，在教学活动中，散发披肩不利于教学活动。幼儿教师本身在教学中会不断去顺理自己的发型，使其不遮住眼睛，浪费时间。在与幼儿亲近时，长发也可能会导致受到伤害，因为幼儿会很自然地去亲近教师，去触碰教师的头发，而长发最容易让孩子抓握。选择束发无疑是最好的选择，这样不仅可以展现考生的精神面貌，而且符合幼儿教师的工作特点。同样地，如果有刘海，不要过长和过于厚重，不能遮盖眼睛。

（二）妆容

姣好的面容能为考生的表现锦上添花，所以要尽量展示自己容貌美好的一面。保持一个美好的面容，首先要保持脸部干净，尤其是在夏季，皮肤爱出油，面试前一定要认真清洗脸部。对于男性考生来说，需要剃干净胡须，保持脸部干净清爽。鼻毛长的考生也一定要记得修剪，在面试前要彻底修面一次。对于女性考生来说，端庄整洁的形象会帮助自己取得一个很好的印象分，因此，女性考生在清洁脸部的基础上还可以化精致的淡妆。淡妆可以让面容更精致，让人气色更健康，皮肤白皙，眼睛更大更精神，能展示女性的端正柔美气质，切不可浓妆艳抹或打扮怪异。考生除了掌握基本的化妆方法，化妆时还应遵循以下原则。

1. 美化原则

化妆的目的在于让人更加美丽，掩饰缺点，但是一定要结合自身的特点，要注意适度矫正，修饰得法，不能矫枉过正。比如，认为自己皮肤黑，涂过重过厚的粉底会显得白，这样会适得其反。其实化妆时在一定程度上掩饰缺点，提亮肤色即可。

2. 自然原则

化妆一定要真实、自然，要结合自身的特点，展示外貌的优点，掩饰缺点，切忌化完后像戴着面具。

3. 协调原则

高水平的化妆强调的是整体协调效果，所以在化妆时应符合幼儿教师的职业特点，与自身的气质、面试服装和面试场合相契合。

最后，不要涂指甲油，尤其是不要做美甲，不仅在抽到弹琴的面试题时会影响弹琴，而且在试讲中会给评委留下态度不端正的印象。

三、举止行为

日常生活中的站、坐、走的姿势是人的仪态中的重要内容。考生的一举一动，一举手一投足都能体现这个考生的仪态仪表。在考场中考生一般需要注意的举止行为包括试讲中的站姿和运用的手势，所以要练习这两种姿势。

（一）站姿

1. 面试站姿

正确的站姿不仅是自我尊重和尊重他人的表现，而且能反映出考生今后的工作态度和责任感。站姿的基本要求是端正、稳重、亲切、自然。下面介绍一下正确的礼仪站姿。

规范的礼仪站姿是抬头、目视前方、挺胸直腰、肩平、双臂自然下垂、收腹、双腿并拢直立、脚尖分呈V字形，身体重心放到两脚中间。男性两脚分开，比肩略窄，将双手自然下垂；女性双腿并拢，脚尖分呈V字形，双手自然下垂或合起放于腹前（图4-1）。

叉手站姿：即两手在腹前交叉，一只手搭在另一只手上站立。这种站姿，男性可以两脚分开，距离不超过20厘米；女性可以用小丁字步，即一脚稍微向前，脚跟靠在另一脚内侧（图4-2）。这种站姿端正中略有自由，郑重中略有放松。在站立中身体重心还可以在两脚间转换，以减轻疲劳，这是一种长久站立时选用的站姿。

(插图：王方俐)

图 4-1　规范站姿

(插图：王方俐)

图 4-2　叉手站姿

在站立中需身体挺直、挺胸收腹、双腿靠拢，不要弯腰驼背、耸肩，双手不要放在衣兜里，腿脚不要不自主地抖动，双腿不要叉开过大，身体不要靠在门上，两眼不要左顾右盼，以免显得过于放松和随意，不符合教师良好的职业形象。

2. 站姿禁忌

（1）忌长时间手撑桌面。

（2）忌身体不稳。在擦黑板时，教师的站立要稳，不能全身猛烈抖动，左右摇晃，此举会破坏考生的课堂形象。

（3）忌侧身而站。心理学研究表明，侧身而站和面向黑板而站说明心理是封闭的，不利于阐述教学内容，而且会给考官留下缺乏修养的印象。

（4）忌站立时重心移动太快。站立时重心忽左忽右，会彰显考生信心不足，情绪紧张、焦虑。

（5）忌远离讲桌，站在讲台的前左角或前右角。

（6）忌把双手交叉抱在胸前或背在身后，这些动作会给考官一种傲慢的感觉。

3. 站姿训练

（1）男性考生站立时，一般应双脚平行，其分开的幅度一般以不超过肩部为宜，最好间距为一脚之宽。要全身正直，双肩展开，头部抬起，双臂自然下垂伸直，双手贴放于大腿两侧，双脚不能动来动去。如果站立时间过久，可以将左脚或右脚交替后撤一步，使得身体的重心分别落在另一只脚上。但是上身仍须直挺，伸出的脚不可伸得太远，双腿不可叉开过大，变换不可过于频繁。

（2）女性考生站立时，则应当挺胸，收颌，目视前方，双手自然下垂，叠放或相握于腹前，双腿基本并拢，不宜叉开。站立之时，女性可以将重心置于某一脚上，双腿一直一斜。还有一种方法，即双脚脚跟并拢，脚尖分开，分开的脚尖大致相距10厘米，其张角约为45度，呈现V字形。女性教师还要切记，千万不能正面面对他人双腿叉开而立。

（3）试讲过程中学生回答问题时，教师身体微微前倾，这种姿势表明对学生说的话感兴趣，也表明教师的注意力都集中在学生身上，没有走神，增加了亲切感。

（二）手势

在结构化面试中回答规定问题的时候，考生一般采用上述站姿，但是进入试讲环节，需要配合恰当的手势来强化讲课效果。人的手势动作应当包括掌、指、拳、肘、臂、肩组合出的各种形态变化。在教学中准确适当地使用手势，既可以传达思想，表达形象，又可以传达感情，还可以增加有声言语的说服力和感染力。在试讲中，手势要得体、自然、恰如其分，要随着相关内容进行变化。

1. 手势运用的基本要求

（1）大小适度。在社交场合，应注意手势的大小幅度。手势的上界一般不应超过对方的视线，下界不低于自己的胸区，左右摆的范围不要太宽，应在自己胸前或右方进行。在试讲时，手势动作幅度不宜过大，次数不宜过多，不宜重复。

（2）自然亲切。在试讲时，多用柔和的曲线手势，少用生硬的直线条手势。

（3）恰当适时。试讲时应伴以恰当的、准确无误的手势，以加强表达效果。切忌不停地挥舞，这含有不礼貌的、教训人的意味。

（4）简洁准确。在试讲时，手势要适度舒展，既不要过分单调，也不要过分繁杂。一般来说，向上、向前、向内的手势表示失败、悲伤、惋惜等。手势应该正确地表示感情，不能词不达意，显得毫无修养。

2. 手势动作

在试讲过程中，考生需要运用恰当的手势动作来辅助自己的试讲，常用的手势动作如下。

（1）指示手语

指示手语是指教学中用于组织、指导幼儿学习的手语，一般用于维持教学纪律，引起幼儿注意。指示手语在幼儿园教学中十分必要。学前儿童心理学表明，幼儿时期的记忆以表象记忆为主，教师在传递信息时辅以手势语，可以帮助幼儿在回忆时借助生动形象的手势语来联想有声的语言，从而牢固地记住学习的信息。

幼儿年龄小，对许多课堂行为规范尚不了解，如果只凭教师的语言描述，幼儿是很难在短时期内记住的。在这种情况下，就需要教师使用一些恰当的、固定的指示手语来作为辅助。一般来说，因为没有真正的幼儿，所以在面试中这种手语用得并不多。

（2）情感手语

情感手语是指教学过程中根据教学情境和氛围的需要，用以表达情感的手势语言。情感手语能强化教师表达的思想情感，进一步加强师幼交流，营造积极、愉快、和谐的课堂氛围。教学心理学表明，积极、主动、活泼的课堂心理气氛能使幼儿大脑皮层处于兴奋状态，易于受到"环境助长作用"的影响，从而更好地接受新知识。比如，当幼儿答对问题后，教师竖起大拇指，他会感到教师对他的赞赏，因而回答问题的积极性会大大增加。情感手语是根据教学的实际需要而运用的，事前没有设计。因此，情感手语具有及时、适度的特点。这种手语一般运用在试讲过程中与幼儿互动的时候。

（3）形象手语

形象手语是指教师根据教学目的、内容的需要而运用的直观形象的手势语言。符合幼儿年龄特点的形象手语是幼儿园教学的有效手段。在试讲过程中，形象恰当的手语动作能增加试讲的效果，体现在讲故事中最明显。讲故事最离不开形象手语，它不仅可以配合语言、眼神、表情表现出大、小、高、低，更能生动地表现故事，能吸引幼儿的注意力。讲故事时的手势动作是必要的，但要做得自然、贴切，要少而精，千万不能一字一动，一词一比画，那不叫手势动作，倒成了哑语的手势翻译了。

手势动作应该准确，高、矮、大、小要恰到好处，可以稍有夸张，但必须可信、适度。例如，讲到"猴王得到了一个大西瓜"，考生用手一比画，既不能比成一个小香瓜，又不能比成一个大桌子，后面如果再讲到这个大西瓜，要重复这个"大"的手势时，要基本前后一致，不能忽小忽大。

考生要时时注意发现并克服不良的习惯动作，如抠鼻、不断抖动腿部等不必要的动作。

第二节　交流沟通

在备课计时20分钟结束后，工作人员会引导考生进入考场。进入考试室后，会有三名考官，考生的一举一动都在考官的眼里。在面试的20分钟内，实际上也是考生和考官进行交流沟通的过程，在交流沟通时要注意交流的礼仪、语言以及和考官的沟通方式。

一、面试沟通礼仪

（一）面试敲门礼仪

如果考场的门是敞开的，考生可以直接进入，不必敲门，但是如果门是关着的，考生需要敲门并获得考场内考官允许后方可进入。敲门在生活中看起来是件小事，却往往能反映出一个人的修养乃至一个民族的文化传统，所以如果需要敲门进入，敲门实际上是考生面试的第一道题目。下面介绍面试考场中敲门的礼仪。

敲门的指法：考生应用右手食指或者中指弯曲后敲门，不要用多个手指或者手背、手掌用力拍门。

敲门的节奏：敲三下相当于"有人吗""我可以进来吗"的意思。咚咚咚之间的间隔应该在0.3~0.5秒内，太快会让人感觉心烦，太慢会给人感觉散漫不自信。敲两下表示自己与对方比较熟悉，相当于说"你好，我进来了"的意思。敲四下是很不礼貌的行为。

敲门的力度：力度大小应适中，要坚定并有一定力度。力度太大会让考官受到惊吓，给人以粗鲁没有教养的感觉；力度太小让人感觉胆子太小，紧张过度。

敲门后的等待：敲门后要等待考官的应答，如果没有等到考官说"请进"的口令，考生应等待3秒钟再次敲门，声音适度提高一点。如果仍然没有听到考官应答，则可以在3秒钟后推门进入。

关门：无论考生进入考场之前门是开着还是关着，考生都要关门，这体现考生的修养。关门时声音不能太大，要用手扶着门柄关门。关门要尽量避免整背部正对考官。如果门是碰锁，最好先旋起锁舌，关上门后再放开，以减轻关门声对他人的干扰。然后，缓慢转身面对考官。

（二）面试问候礼仪

考生进入考场后，直接走到考生席，在合适的位置站定后要向各位考官主动问好，以示礼貌和尊敬，在考场称呼为"各位考官"。一般考生的问候方式是面带微笑，自信大方，行鞠躬礼并声音洪亮地说："各位考官好，我是××号考生"。注意在这个环节不能透露考生姓名和学校等信息，只需说出自己的考号即可，否则透露姓名的考生会被取消面试资格。

进入考场后，建议考生先问好，再鞠躬，目的是先问好可以吸引考官的注意，考官听到问好后自然会把目光转向考生，这个时候考生再鞠躬，更显礼貌，避免有的考官没有注意到考生，因而错过了考生的鞠躬，认为考生不礼貌，对考生产生不好的第一印象。

（三）面试交流礼仪

1. 回答规定问题

在回答问题的环节，考官随机抽取两个规定问题，考生来回答。当考官提问时，考生要注意倾听，正确理解考官的意思。注意在这个环节，有可能考官会同时把两道题都读完后要求考生作答，如果考生回答完第一个问题后，忘记第二个问题，对未听清的问题可以请求考官重复一遍，比如说"可否麻烦考官再重复一下刚才的问题"，在考官重复完毕后，考生要谢谢考官。如果考官依次对两个问题进行提问，考生如果对其中的一个问题回答不出时，可以请求考官提下一个问题，等回答完这个问题后再回答第一个问题。同时，也要注意一些沟通的技巧。在作答时，目光主要注视主考官，兼顾周围其他考官，目光要柔和，拉近距离，不要过于犀利，让人感到不舒服。开始答题后，要注意层次清晰、语言流畅、语速适中，遇到偶然出现的错误不必耿耿于怀而打乱回答后面问题的思路。回答完毕后，要向考官报告"我的回答完毕"。

2. 试讲

考官宣布试讲开始后，计时员开始计时，试讲时间为10分钟，试讲完毕后要向考官报告"我的试讲完毕"。试讲是考生展示专业知识和能力的重要时刻，考生在试讲过程中要尽量展示自己良好的专业素质。如果在试讲过程中出现一些突发事件或由于紧张造成的小错误，考生应进行及时处理和补救。试讲时，要从容不迫、大方自信，不能松松垮垮、随随便便、大大咧咧。考生应该把微笑带进考场，要有幼儿在场的感觉，体现出对幼儿的热情、关爱，这样才能在试讲中用自己的情绪去感染考官，获得考官的认可。

3. 答辩

考官会通过答辩环节考查考生的专业知识素养，也会通过提问一些考生存在的问题来考查考生的自我反思能力和情绪稳定性等心理素质。在这个阶段要注意，不要迫不及待地抢话或打断考官的话，不要去和考官争辩。在考官说话的时候一定要认真倾听，注意听清考官的话，然后根据考官的话给予适当的反应，抢话常常会导致听不明白考官的意思，而且会给考官造成喜欢占上风的不好印象。另外，在和考官有不同意见的时候，或者考官提出建议的时候，要虚心听取考官的建议和想法，要尊重考官，不要和考官争辩，听完并表示感谢。面试的目的不是在谈话中取胜，也不是去开辩论会。如果在考场上过于和考官"较真"，可能会增加考官对考生的反感，导致结果不够理想。

（四）面试结束礼仪

面试结束后，先礼貌地询问考官板书是否可以擦掉，如果考官说"可以的"，先擦黑板，然后向考官致谢鞠躬，一般用"各位考官辛苦了"结束面试。此环节主要考查考生的仪态是否礼貌。

二、面试沟通语言

良好的语言表达是一名职业教师必备的素质与能力，如果语言表达存在问题的话，就很难成为一名优秀的教师，教师资格证也就无法取得。考生在面试过程中表现的不是一个普通人的角色，而是以教师的身份试讲、答辩，所以面试语言一定要规范，符合教师的职业标准。面试评分标准提出："有较好的语言表达能力。普通话标准，口齿清晰，表达流畅，语速适当，有感染力。"所以，语言表达也是沟通交流中的重要形式。

（一）语速适当

多数人在语速上存在的问题是语速过快。我们在平时说话的时候一般是中快语速，一般来说已经习惯了日常生活的语速，但是在正规场合语速应放慢，尤其是作为教师在试讲和答辩的时候语速一定要放慢，要比平时的语速慢。语速慢的好处：一是有利于考生边思考边组织自己的语言，提高语言表达的流畅性；二是有利于考生咬字更加清晰，表达更准确，让考官听起来更加清楚。如果语速过快，可以在平时加强练习，找到一个最适中的语速，并将这种语速形成习惯固定下来。在试讲中，除了保持适当的语速，还要注意停顿适当。例如，在提出问题后，要停顿两三秒，表示留给幼儿思考和反应的时间，这样提问会给考官一种更真实的现场体验感。

（二）咬字清晰，语言生动

在面试过程中，除了语速适当，还应咬字清楚，吐音清晰，语言生动、有趣、儿童化，用词规范。有的考生在答辩中回答问题的时候放不开，底气不足，吐字不清晰，表达断断续续，从而影响了回答的效果。所以，在备考中一定要练习吐字清晰，学会如何临时组织语言，避免由于紧张而导致的词不达意。在试讲过程中，除了清晰流畅，还应注意语言的生动化和儿童化，包括语气的变化，从而引发幼儿的兴趣和注意，体现一名教师对儿童心理特点和学习特点的掌握。

（三）加强语言的逻辑性

逻辑性是指表述观点或回答问题的时候，语言结构严谨、层次分明。语言的逻辑性是保证语言清晰有效的保证，这就要求考生在作答时要重点明确、层次清晰、表达清楚。具体说来，考生在面试过程中应有一个清晰明确的观点，然后围绕中心观点展开论述，不能想到哪儿就说到哪儿，所以在说之前需要把自己的语言进行一下初步的组织加工。为了提高语言的逻辑性，在答辩的过程中，一般采用"总分总"或"总分"的论述形式，即先阐明自己的观点然后展开论述，在论述的过程中采用"第一、第二、第三"这样的词语标明分述的顺序，以此提高发言的清晰性和逻辑性。如果有必要，还可以做一个小结，总结一下论述的观点。例如，在"怎么办"这样的结构化面试中，可以先阐明自己的观点"幼儿期的孩子处于……时期，作为教师，我会这样来处理"，然后用"第一、第二、第三"这样的词语来回答自己想到的方法策略。

（四）忌不合适的语言

1. 忌口头语

口头语较多不仅会降低语言的流畅性，也会影响语言的逻辑性，不符合教师的语言标准。在考场中要减少使用"啊、呢、吧、啦"等语气词，或者"然后，呃"这样的词语，否则会让考官感到考生的语言表达不流畅，形成不好的影响。

2. 忌不文明语言

教师应拥有良好的语言修养，所以考生千万不能使用不文明、不礼貌、粗鲁的词语，应在考场中体现出良好的谈吐和文明素养。

3. 忌网络用语

现在年轻人常常习惯使用网络用语，平时说话也总喜欢用当下流行的网络用语，结果到面试的时候也会使用网络用语来凸显自己时尚，但是滥用网络用语会让考官觉得考生幼稚浅薄，不适合教师的岗位。

三、面试沟通的要点

（一）善于倾听

在面试过程中要会倾听，会倾听是对考官的尊重，也是自身修养的一种表现。在和考官交流的过程中，考生一定要集中精神，专心听考官说话，记住考官说话的重点，并用目光注视考官，保持微笑，自然流露出敬意。

当考官提问时，考生要注意倾听，正确理解考官的意思，抓住考官的提问要点，考官未说完，绝不能打断考官。如果考官对考生的回答提出意见，要虚心倾听，真诚接纳，尊重考官的意见。一般来说，考官都是在专业上有一定造诣的人，具有较为丰富的专业知识和经验，所以考生要虚心接受考官的建议，千万不要把考场当作辩论场。

（二）体现亲和力

面试评分标准指出，作为一名幼儿教师，要有亲和力。古人云："亲其师，则信其道。"尤其是作为一名幼儿教师，亲和力更是一种职业素养。如何体现亲和力？首先，一名有亲和力的教师应该是善良的，对孩子充满爱意，关爱并喜爱孩子，对他人也充满友善。在面试中，考生的表情、眼神、言行、体态都能反映出其对他人、对孩子的态度。对他人的态度主要体现在面对考官的时候，考生要学会保持端庄中有微笑、严肃中有柔和的面部表情，不要嘻嘻哈哈或嬉皮笑脸，给人一种玩世不恭的感觉，也不要表情冷漠，显得冷冰冰，要表情亲切，目光亲柔、亲切、真诚。对孩子的关爱主要体现在试讲过程中，试讲时考生眼里应有幼儿，面对幼儿时考生的眼神要充满温柔的善意，表情面带微笑，要用积极的情绪感染幼儿，多鼓励幼儿，体现教师的真诚、爱心和对幼儿的尊重。当然，试讲中的这种亲和力并不是一朝一夕就能练就的，所以在面试准备过程中，考生需要反复练习，不断提升，使之成为一种教学常态固定下来，这样考生在面试过程中自然而然就能体现出亲和力。

（三）化解危机

在面试的过程中，可能会遇到各种各样的意外，如果这些意外没有处理好，还会演变成危机，那就需要我们冷静、沉着，拥有处理意外的能力和心态。

1. 出现失误的时候

面试中的问题是没有标准答案的，考查的是考生的综合素质和能力，偶尔在考场出现一些差错，考官也不会全盘否定，所以不必紧张，要坦然面对，积极准备后面的问题。如果答错了，不能沉浸在刚才的失误之中，因为后面还会有问题，考生要迅速做出判断，如果能弥补，就以简洁的语言加以解释，如果不能进行弥补，就不必耿耿于怀，而要马上忽略，继续沉着地回答后面的问题。如果到了后面的答辩环节，考生有机会可以针对自己的失误进行一番合乎情理的阐释，如果能够自圆其说，也不失为一种补救的方法。

2. 面对考官的质疑

在试讲结束后，考官会提出问题，很多是考官根据考生的试讲情况进行现场发问或质疑，考生的回答具有解答、澄清和弥补过失的作用。

考生如果在试讲中出错了，这种情况也不是不能通关，有可能考官希望考生通过答辩认识到自己的错误，并知道如何改进。所以考生在答辩时要正确理解和面对考官的质疑，有针对性地对考官的问题进行解释，切忌答非所问。在回答质疑时，考生首先态度要端正，不能显得不耐烦或自傲，也不要因为自己被误解或被质疑而感到不安。考生在回答时不要寻找借口，强词夺理，应该事实求是，说明客观原因，表明自己的态度，做到有理有据，勇于承担责任。这种情况考生如果能及时发现自己存在的错误，知道如何改进，通关概率还是非常高的，所以考生应在意识到自己试讲过程中的不足和失误后及时补救，反思自己在试讲过程中存在的问题和不足，在时间允许的范围内纠正，按正确的讲法再讲一遍。

第三节　心理素质

沉稳的心态、平静的心情、积极自信的态度，如果在面试中你拥有这样的素质，那么经过前期认真的复习准备后，就可以预料到你在考场中洒脱自如的表现了。如何拥有一个良好的应考心理素质，也有一些备考方法。

一、面试前的心理准备

（一）充分准备，建立自信

考生之所以会紧张，重要的原因是考试对于考生来说是大事。但充分的备考能增加考生的自信，让考生心中有底。即使考场上有紧张情绪，因为对考试的流程、规定和内容都心中有数，考生也能做到正常的发挥。但是如果备考不充分，会出现很多考生难以预料的情况，这种意外发生往往会打乱考生的节奏，让考生变得慌乱，影响考生的表现及考试结果。所以，要想保持一个良好的心态，考前的准备是必不可少的。

1. 面试前的准备

（1）解读公告

教师资格证笔试合格以后，就要特别关注官网（同笔试报名网站）公告，面试公告含有很多信息，对这些信息要有效掌握，每年的准备可能还会有一些调整，所以一定要提前认真阅读公告，这样才能从容面对面试。考生要根据面试公告的要求进行网上报名、现场确认、网上缴费和打印准考证，准备面试所需要的各种材料，注意各个环节的时间限定和要求，以免错过面试。报名后要开始准备所有面试需要准备的证件及材料，在面试的前一天晚上再次检查有无遗漏，确保面试所需证件及材料的万无一失。除了准备考试要求的证件和材料，还应根据需要准备一支好用的签字笔，也可带一些关键的复习资料去考场，在候考阶段有可能会派上用场，但是也有可能没有任何机会拿出来看，所以提前备考是关键。

（2）复习面试科目

笔试成绩出来后，一般一个多月后就要面临面试，所以要充分利用这段时间进行全面系统的复习，掌握面试中规定问题的作答、试讲和答辩的技巧和时间。考生应该了解结构化面试的问题，掌握作答思路和技巧，与试讲比起来，结构化面试相对简单，但是如果不认真准备，就很容易失分。考生要按照复习资料中的结构化面试的题目进行回答练习，优化自己的作答思路，提高自己的应试能力。另外，需要注意的是，在结构化面试的时候，考官可能会同时问两个问题，现场作答完一个题目后很可能会导致另一个题目记得不准确，所以需要考生在平时的结构化答题练习的时候，学会一些速记的方法，用自己的方法将两道题目记下来，这样在考官同时读题的时候不至于慌乱。准备时可以采用读三说二的方式，就是同时听三道题，然后回答，训练自己快速记题和反应的能力。当然，真的记不住或记不准确一定要再问一下考官，和考官确认下，以免听错题导致整体丢分现象。

在试讲的准备阶段，需要复习五大领域所有的题型，掌握不同类型活动教案的设计和教案的书写，掌握弹琴、讲故事、律动等技能技巧，学会将设计的活动进行试讲。只有对每种题型掌握得非常熟练，才能临阵不慌。另外，在准备阶段，可以准备一些常用的导入游戏、儿歌等，如果遇到类似的活动可以直接使用，如可以为唱歌活动准备一个小、中、大班的发声游戏，可以为体育游戏活动准备一个小、中、大班的热身游戏，这样展示提前认真练习好的部分就会使考生心中有底，不容易慌乱出错。

（3）应试演练

可以在练习过程中将自己模拟面试的过程录下来，通过回放分析发现自身存在的问题，及时改进。也可以找同伴共同练习，录下来，然后通过回放录像发现彼此问题，找到不足之处，通过反复练习避免自己面试中可能存在的问题。经过这种模拟化的演练，考生在面对考官的时候，由于对面试过程了然于心，对自己的表现非常自信，那么在面试过程中自然减少了焦虑和紧张情绪。

2. 面试前的生活调整

除了做好面试前的上述准备，在生活上也要调整心态，这个做到自然就可以，和往常考试前一样，如保持健康的饮食和充足的睡眠等。备考时间内不要进行满负荷的练习，把身心弄得过于疲劳，反而会影响考试的状态。早晨起床要准时，起床时间不规律会扰乱体内生物钟，引起失眠，同时要适当放松心态。

（二）积极适应，调整心态

面试对考生来说至关重要，而绝大多数参加面试的考生在这个重要关头会紧张焦虑，这是正常的。在面试前，如果焦虑就可以采取一些方法进行心理调整。

1. 目标转移法

面试前如果考生心情烦躁、焦虑，可以尝试注意力转移的方法，要学会想象一些美好的事情，把注意力从不良的心境中移开，从而缓解紧张感，消除焦虑。例如，可以通过适当的体育活动，如散步、跑步或自己喜欢的运动，让自己身心放松，忘却烦恼。

2. 积极暗示法

如果能对自己进行积极的暗示，就会提升自信，注意力集中，思维敏捷。所以，担心、害怕时，要学会积极地暗示自己，可以看一些励志和人生哲理方面的书，增加自己的心理承受能力，也可以想想自己曾经做得好取得成绩的地方，增加自信心。

3. 情绪宣泄法

面对考试日期的临近和考试压力的增加，可以采取适当的情绪宣泄方法来调节。比如，可以找一两个要好的同学或亲友，通过和他们谈心，向他们倾诉自己心中的烦恼以求得理解和同情。又如，可以找一个安静的不受他人干扰的地方，做自己想做的事情，以此舒缓自己内心的委屈和苦恼。

二、考场上的心理调整

在做好充足的准备后，考生来到考场，但是陌生的环境、考场的气氛往往会给考生带来紧张和焦虑的情绪，这也是正常的。紧张并非都是坏事，适当的紧张反而能够刺激大脑兴奋，有助于集中注意力，提高效率，当然过度的紧张也会导致发挥失常。考生要学会以平常心接纳自己的紧张，一旦能做到这点，考生就会发现紧张情绪并没有那么可怕。在考场上面对自己的紧张，可以做如下调整。

（一）树立信心

曾经有位心理学家这样说过："你想成为怎样的人，你就能成为怎样的人；你认为你能做什么事，你就能做什么事。"这句话的意思是，自信乃是迈开人生道路的第一步，是积极人生的开始。每个人不可低估自己，更不能让疑心抹杀自己的能力。一个人要想有所作为，必须始终坚信自己。

考生可以把考官想象为自己的上级，把竞争者设想为自己的同事。这时，面试的场景将转化为一种互动的人际情境，考生就能够在一种轻松的心理状态下从容应对。

真正健康的、成熟的人际交往模式应该是"我行你也行，我好你也好"。这种心态的特点是：去发现自己、他人和世界的光明面，从而使自己保持一种积极、乐观进取的精神状态。一旦拥有了这种态度，不必劳神费力地去讨好考官，压制别人，考生将能坦然自若地表现自己的所有优势，也能理性地绕过考官有意无意设下的陷阱。

（二）积极暗示

自我暗示可以让一个人发自内心地去做一件事，不需要过多地动用意志力就能使目标成为一种本能的心理需求。它会让一个人带着强烈的意愿去从事某项活动，从而更快达到目标。在面试中，我们要进行积极的自我暗示，多想想自己的优点和长处。如果抽到的题比较难，这个时候可以用内部言语暗示自己别着急，即"我觉得难，别人肯定也觉得难"，不管事实如何，先把自己的心理安定下来，然后把注意力集中到解答面试的问题上。

（三）深呼吸法

在面试前考生进入候考室，这个时候考生的紧张情绪会到达顶点，考生可以采取做深呼吸的方法调整一下情绪，在给大脑供氧的同时增加一些心理暗示，想象自己已经把不好的情绪全部吐出。

另外，需要注意的是，在考场中会出现一些意外，如出现一些突发事件和由于紧张造成的小失误，考生这个时候不要慌乱，因为这并不代表考试一定不会通过，而且还可以在合适的时机去弥补和挽救，这也是考查考生心理素质和应变能力的一种方式。考生面对失误的时候应迅速调整好情绪，平静进入面试的下一个环节。

思考题

1. 考生在面试中一般采取什么样的站姿？在什么场景下运用手势，如何运用手势？
2. 面试沟通流程中应该注意的礼仪有哪些？
3. 什么样的面试语言才能达到规范，符合教师的职业标准？
4. 面试中考官在和你交流时，你应该注意什么？考官对你的试讲提出质疑，你应该如何应对？

附录1 幼儿园教育指导纲要（试行）

第一部分 总则

一、为贯彻《中华人民共和国教育法》、《幼儿园管理条例》和《幼儿园工作规程》，指导幼儿园深入实施素质教育，特制定本纲要。

二、幼儿园教育是基础教育的重要组成部分，是我国学校教育和终身教育的奠基阶段。城乡各类幼儿园都应从实际出发，因地制宜地实施素质教育，为幼儿一生的发展打好基础。

三、幼儿园应与家庭、社区密切合作，与小学相互衔接，综合利用各种教育资源，共同为幼儿的发展创造良好的条件。

四、幼儿园应为幼儿提供健康、丰富的生活和活动环境，满足他们多方面发展的需要，使他们在快乐的童年生活中获得有益于身心发展的经验。

五、幼儿园教育应尊重幼儿的人格和权利，尊重幼儿身心发展的规律和学习特点，以游戏为基本活动，保教并重，关注个别差异，促进每个幼儿富有个性的发展。

第二部分 教育内容与要求

幼儿园的教育内容是全面的、启蒙性的，可以相对划分为健康、语言、社会、科学、艺术五个领域，也可作其他不同的划分。各领域的内容相互渗透，从不同的角度促进幼儿情感、态度、能力、知识、技能等方面的发展。

一、健康

（一）目标

1. 身体健康，在集体生活中情绪安定、愉快；
2. 生活、卫生习惯良好，有基本的生活自理能力；
3. 知道必要的安全保健常识，学习保护自己；
4. 喜欢参加体育活动，动作协调、灵活。

（二）内容与要求

1. 建立良好的师生、同伴关系，让幼儿在集体生活中感到温暖，心情愉快，形成安全感、信赖感。

2. 与家长配合，根据幼儿的需要建立科学的生活常规。培养幼儿良好的饮食、睡眠、盥洗、排泄等生活习惯和生活自理能力。

3. 教育幼儿爱清洁、讲卫生，注意保持个人和生活场所的整洁和卫生。

4. 密切结合幼儿的生活进行安全、营养和保健教育，提高幼儿的自我保护意识和能力。

5. 开展丰富多彩的户外游戏和体育活动，培养幼儿参加体育活动的兴趣和习惯，增强体质，提高对环境的适应能力。

6. 用幼儿感兴趣的方式发展基本动作，提高动作的协调性、灵活性。

7. 在体育活动中，培养幼儿坚强、勇敢、不怕困难的意志品质和主动、乐观、合作的态度。

（三）指导要点

1. 幼儿园必须把保护幼儿的生命和促进幼儿的健康放在工作的首位。树立正确的健康观念，在重视幼儿身体健康的同时，要高度重视幼儿的心理健康。

2. 既要高度重视和满足幼儿受保护、受照顾的需要，又要尊重和满足他们不断增长的独立要求，避免过度保护和包办代替，鼓励并指导幼儿自理、自立的尝试。

3. 健康领域的活动要充分尊重幼儿生长发育的规律，严禁以任何名义进行有损幼儿健康的比赛、表演或训练等。

4. 培养幼儿对体育活动的兴趣是幼儿园体育的重要目标，要根据幼儿的特点组织生动有趣、形式多样的体育活动，吸引幼儿主动参与。

二、语言

（一）目标

1. 乐观与人交谈，讲话礼貌；
2. 注意倾听对方讲话，能理解日常用语；
3. 能清楚地说出自己想说的事；
4. 喜欢听故事、看图书；
5. 能听懂和会说普通话。

（二）内容与要求

1. 创造一个自由、宽松的语言交往环境，支持、鼓励、吸引幼儿与教师、同伴或其他人交谈，体验语言交流的乐趣，学习使用适当的、礼貌的语言交往。

2. 养成幼儿注意倾听的习惯，发展语言理解能力。

3. 鼓励幼儿大胆、清楚地表达自己的想法和感受，尝试说明、描述简单的事物或过程，发展语言表达能力和思维能力。

4. 引导幼儿接触优秀的儿童文学作品，使之感受语言的丰富和优美，并通过多种活动帮助幼儿加深对作品的体验和理解。

5. 培养幼儿对生活中常见的简单标记和文字符号的兴趣。

6. 利用图书、绘画和其他多种方式，引发幼儿对书籍、阅读和书写的兴趣，培养前阅读和前书写技能。

7. 提供普通话的语言环境，帮助幼儿熟悉、听懂并学说普通话。少数民族地区还应帮助幼儿学习本民族语言。

（三）指导要点

1. 语言能力是在运用的过程中发展起来的，发展幼儿语言的关键是创设一个能使他们想说、敢说、喜欢说、有机会说并能得到积极应答的环境。
2. 幼儿语言的发展与其情感、经验、思维、社会交往能力等其他方面的发展密切相关，因此，发展幼儿语言的重要途径是通过互相渗透的各领域的教育，在丰富多彩的活动中去扩展幼儿的经验，提供促进语言发展的条件。
3. 幼儿的语言学习具有个别化的特点，教师与幼儿的个别交流、幼儿之间的自由交谈等，对幼儿语言发展具有特殊意义。
4. 对有语言障碍的儿童要给予特别关注，要与家长和有关方面密切配合，积极地帮助他们提高语言能力。

三、社会

（一）目标

1. 能主动地参与各项活动，有自信心；
2. 乐意与人交往，学习互助、合作和分享，有同情心；
3. 理解并遵守日常生活中基本的社会行为规则；
4. 能努力做好力所能及的事，不怕困难，有初步的责任感；
5. 爱父母长辈、老师和同伴，爱集体、爱家乡、爱祖国。

（二）内容与要求

1. 引导幼儿参加各种集体活动，体验与教师、同伴等共同生活的乐趣，帮助他们正确认识自己和他人，养成对他人、社会亲近、合作的态度，学习初步的人际交往技能。
2. 为每个幼儿提供表现自己长处和获得成功的机会，增强其自尊心和自信心。
3. 提供自由活动的机会，支持幼儿自主地选择、计划活动，鼓励他们通过多方面的努力解决问题，不轻易放弃克服困难的尝试。
4. 在共同的生活和活动中，以多种方式引导幼儿认识、体验并理解基本的社会行为规则，学习自律和尊重他人。
5. 教育幼儿爱护玩具和其他物品，爱护公物和公共环境。
6. 与家庭、社区合作，引导幼儿了解自己的亲人以及与自己生活有关的各行各业人们的劳动，培养其对劳动者的热爱和对劳动成果的尊重。
7. 充分利用社会资源，引导幼儿实际感受祖国文化的丰富与优秀，感受家乡的变化和发展，激发幼儿爱家乡、爱祖国的情感。
8. 适当向幼儿介绍我国各民族和世界其他国家、民族的文化，使其感知人类文化的多样性和差异性，培养理解、尊重、平等的态度。

（三）指导要点

1. 社会领域的教育具有潜移默化的特点。幼儿社会态度和社会情感的培养尤应渗透在多种活动和一日生活的各个环节之中，要创设一个能使幼儿感受到接纳、关爱和支持的良好环境，避免单一呆板的言语说教。

2. 幼儿与成人、同伴之间的共同生活、交往、探索、游戏等，是其社会学习的重要途径。应为幼儿提供人际间相互交往和共同活动的机会和条件，并加以指导。

3. 社会学习是一个漫长的积累过程，需要幼儿园、家庭和社会密切合作，协调一致，共同促进幼儿良好社会性品质的形成。

四、科学

（一）目标

1. 对周围的事物、现象感兴趣，有好奇心和求知欲；
2. 能运用各种感官，动手动脑，探究问题；
3. 能用适当的方式表达、交流探索的过程和结果；
4. 能从生活和游戏中感受事物的数量关系并体验到数学的重要和有趣；
5. 爱护动植物，关心周围环境，亲近大自然，珍惜自然资源，有初步的环保意识。

（二）内容与要求

1. 引导幼儿对身边常见事物和现象的特点、变化规律产生兴趣和探究的欲望。

2. 为幼儿的探究活动创造宽松的环境，让每个幼儿都有机会参与尝试，支持、鼓励他们大胆提出问题，发表不同意见，学会尊重别人的观点和经验。

3. 提供丰富的可操作的材料，为每个幼儿都能运用多种感官、多种方式进行探索提供活动的条件。

4. 通过引导幼儿积极参加小组讨论、探索等方式，培养幼儿合作学习的意识和能力，学习用多种方式表现、交流、分享探索的过程和结果。

5. 引导幼儿对周围环境中的数、量、形、时间和空间等现象产生兴趣，建构初步的数概念，并学习用简单的数学方法解决生活和游戏中某些简单的问题。

6. 从生活或媒体中幼儿熟悉的科技成果入手，引导幼儿感受科学技术对生活的影响，培养他们对科学的兴趣和对科学家的崇敬。

7. 在幼儿生活经验的基础上，帮助幼儿了解自然、环境与人类生活的关系。从身边的小事入手，培养初步的环保意识和行为。

（三）指导要点

1. 幼儿的科学教育是科学启蒙教育，重在激发幼儿的认识兴趣和探究欲望。

2. 要尽量创造条件让幼儿实际参加探究活动，使他们感受科学探究的过程和方法，体验发现的乐趣。

3. 科学教育应密切联系幼儿的实际生活进行，利用身边的事物与现象作为科学探索的对象。

五、艺术

（一）目标

1. 能初步感受并喜爱环境、生活和艺术中的美；
2. 喜欢参加艺术活动，并能大胆地表现自己的情感和体验；
3. 能用自己喜欢的方式进行艺术表现活动。

（二）内容与要求

1. 引导幼儿接触周围环境和生活中美好的人、事、物，丰富他们的感性经验和审美情趣，激发他们表现美、创造美的情趣。

2. 在艺术活动中面向全体幼儿，要针对他们的不同特点和需要，让每个幼儿都得到美的熏陶和培养。对有艺术天赋的幼儿要注意发展他们的艺术潜能。

3. 提供自由表现的机会，鼓励幼儿用不同艺术形式大胆地表达自己的情感、理解和想象，尊重每个幼儿的想法和创造，肯定和接纳他们独特的审美感受和表现方式，分享他们创造的快乐。

4. 在支持、鼓励幼儿积极参加各种艺术活动并大胆表现的同时，帮助他们提高表现的技能和能力。

5. 指导幼儿利用身边的物品或废旧材料制作玩具、手工艺品等来美化自己的生活或开展其他活动。

6. 为幼儿创设展示自己作品的条件，引导幼儿相互交流、相互欣赏、共同提高。

（三）指导要点

1. 艺术是实施美育的主要途径，应充分发挥艺术的情感教育功能，促进幼儿健全人格的形成。要避免仅仅重视表现技能或艺术活动的结果，而忽视幼儿在活动过程中的情感体验和态度的倾向。

2. 幼儿的创作过程和作品是他们表达自己的认识和情感的重要方式，应支持幼儿富有个性和创造性的表达，克服过分强调技能技巧和标准化要求的偏向。

3. 幼儿艺术活动的能力是在大胆表现的过程中逐渐发展起来的，教师的作用应主要在于激发幼儿感受美、表现美的情趣，丰富他们的审美经验，使之体验自由表达和创造的快乐。在此基础上，根据幼儿的发展状况和需要，对表现方式和技能技巧给予适时、适当的指导。

第三部分　组织与实施

一、幼儿园的教育是为所有在园幼儿的健康成长服务的，要为每一个儿童，包括有特殊需要的儿童提供积极的支持和帮助。

二、幼儿园的教育活动，是教师以多种形式有目的、有计划地引导幼儿生动、活泼、主动活动的教育过程。

三、教育活动的组织与实施过程是教师创造性地开展工作的过程。教师要根据本《纲要》，从本地、本国的条件出发，结合本班幼儿的实际情况，制订切实可行的工作计划并灵活地执行。

四、教育活动目标要以《幼儿园工作规程》和本《纲要》所提出的各领域目标为指导，结合本班幼儿的发展水平、经验和需要来确定。

五、教育活动内容的选择应遵照本《纲要》第二部分的有关条款进行，同时体现以下原则：

（一）既适合幼儿的现有水平，又有一定的挑战性。

（二）既符合幼儿的现实需要，又有利于其长远发展。

（三）既贴近幼儿的生活来选择幼儿感兴趣的事物和问题，又有助于拓展幼儿的经验和视野。

六、教育活动内容的组织应充分考虑幼儿的学习特点和认识规律，各领域的内容要有机联系，相互渗透，注重综合性、趣味性、活动性，寓教育于生活、游戏之中。

七、教育活动的组织形式应根据需要合理安排，因时、因地、因内容、因材料灵活地运用。

八、环境是重要的教育资源，应通过环境的创设和利用，有效地促进幼儿的发展。

（一）幼儿园的空间、设施、活动材料和常规要求等应有利于引发、支持幼儿的游戏和各种探索活动，有利于引发、支持幼儿与周围环境之间积极的相互作用。

（二）幼儿同伴群体及幼儿园教师集体是宝贵的教育资源，应充分发挥这一资源的作用。

（三）教师的态度和管理方式应有助于形成安全、温馨的心理环境；言行举止应成为幼儿学习的良好榜样。

（四）家庭是幼儿园重要的合作伙伴。应本着尊重、平等、合作的原则，争取家长的理解、支持和主动参与，并积极支持、帮助家长提高教育能力。

（五）充分利用自然环境和社区的教育资源，扩展幼儿生活和学习的空间。幼儿园同时应为社区的早期教育提供服务。

九、科学、合理地安排和组织一日生活。

（一）时间安排应有相对的稳定性与灵活性，既有利于形成秩序，又能满足幼儿的合理需要，照顾到个体差异。

（二）教师直接指导的活动和间接指导的活动相结合，保证幼儿每天有适当的自主选择和自由活动时间。教师直接指导的集体活动要能保证幼儿的积极参与，避免时间的隐性浪费。

（三）尽量减少不必要的集体行动和过渡环节，减少和消除消极等待现象。

（四）建立良好的常规，避免不必要的管理行为，逐步引导幼儿学习自我管理。

十、教师应成为幼儿学习活动的支持者、合作者、引导者。

（一）以关怀、接纳、尊重的态度与幼儿交往。耐心倾听，努力理解幼儿的想法与感受，支持、鼓励他们大胆探索与表达。

（二）善于发现幼儿感兴趣的事物、游戏和偶发事件中所隐含的教育价值，把握时机，积极引导。

（三）关注幼儿在活动中的表现和反应，敏感地察觉他们的需要，及时以适当的方式应答，形成合作探究式的师生互动。

（四）尊重幼儿在发展水平、能力、经验、学习方式等方面的个体差异，因人施教，努力使每一个幼儿都能获得满足和成功。

（五）关注幼儿的特殊需要，包括各种发展潜能和不同发展障碍，与家庭密切配合，共同促进幼儿健康成长。

十一、幼儿园教育要与0~3岁儿童的保育教育以及小学教育相互衔接。

第四部分 教育评价

一、教育评价是幼儿园教育工作的重要组成部分，是了解教育的适宜性、有效性，调整和改进工作，促进每一个幼儿发展，提高教育质量的必要手段。

二、管理人员、教师、幼儿及其家长均是幼儿园教育评价工作的参与者。评价过程是各方共同参与、相互支持与合作的过程。

三、评价的过程，是教师运用专业知识审视教育实践，发现、分析、研究、解决问题的过程，也是其自我成长的重要途径。

四、幼儿园教育工作评价实行以教师自评为主，园长以及有关管理人员、其他教师和家长等参与评价的制度。

五、评价应自然地伴随着整个教育过程进行。综合采用观察、谈话、作品分析等多种方法。

六、幼儿的行为表现和发展变化具有重要的评价意义，教师应视之为重要的评价信息和改进工作的依据。

七、教育工作评价宜重点考察以下方面：

（一）教育计划和教育活动的目标是否建立在了解本班幼儿现状的基础上。

（二）教育的内容、方式、策略、环境条件是否能调动幼儿学习的积极性。

（三）教育过程是否能为幼儿提供有益的学习经验，并符合其发展需要。

（四）教育内容、要求能否兼顾群体需要和个体差异，使每个幼儿都能得到发展，都有成功感。

（五）教师的指导是否有利于幼儿主动、有效地学习。

八、对幼儿发展状况的评估，要注意：

（一）明确评价的目的是了解幼儿的发展需要，以便提供更加适宜的帮助和指导。

（二）全面了解幼儿的发展状况，防止片面性，尤其要避免只重知识和技能，忽略情感、社会性和实际能力的倾向。

（三）在日常活动与教育教学过程中采用自然的方法进行。平时观察所获的具有典型意义的幼儿行为表现和所积累的各种作品等，是评价的重要依据。

（四）承认和关注幼儿的个体差异，避免用划一的标准评价不同的幼儿，在幼儿面前慎用横向的比较。

（五）以发展的眼光看待幼儿，既要了解现有水平，更要关注其发展的速度、特点和倾向等。

附录 2　3~6 岁儿童学习与发展指南

说　明

一、为深入贯彻《国家中长期教育改革和发展规划纲要（2010—2020 年）》和《国务院关于当前发展学前教育的若干意见》（国发〔2010〕41 号），指导幼儿园和家庭实施科学的保育和教育，促进幼儿身心全面和谐发展，制定《3~6 岁儿童学习与发展指南》（以下简称《指南》）。

二、《指南》以为幼儿后继学习和终身发展奠定良好素质基础为目标，以促进幼儿体、智、德、美各方面的协调发展为核心，通过提出 3~6 岁各年龄段儿童学习与发展目标和相应的教育建议，帮助幼儿园教师和家长了解 3~6 岁幼儿学习与发展的基本规律和特点，建立对幼儿发展的合理期望，实施科学的保育和教育，让幼儿度过快乐而有意义的童年。

三、《指南》从健康、语言、社会、科学、艺术五个领域描述幼儿的学习与发展。每个领域按照幼儿学习与发展最基本、最重要的内容划分为若干方面。每个方面由学习与发展目标和教育建议两部分组成。

目标部分分别对 3~4 岁、4~5 岁、5~6 岁三个年龄段末期幼儿应该知道什么、能做什么，大致可以达到什么发展水平提出了合理期望，指明了幼儿学习与发展的具体方向；教育建议部分列举了一些能够有效帮助和促进幼儿学习与发展的教育途径与方法。

四、实施《指南》应把握以下几个方面：

1. 关注幼儿学习与发展的整体性。儿童的发展是一个整体，要注重领域之间、目标之间的相互渗透和整合，促进幼儿身心全面协调发展，而不应片面追求某一方面或几方面的发展。

2. 尊重幼儿发展的个体差异。幼儿的发展是一个持续、渐进的过程，同时也表现出一定的阶段性特征。每个幼儿在沿着相似进程发展的过程中，各自的发展速度和到达某一水平的时间不完全相同。要充分理解和尊重幼儿发展进程中的个别差异，支持和引导他们从原有水平向更高水平发展，按照自身的速度和方式到达《指南》所呈现的发展"阶梯"，切忌用一把"尺子"衡量所有幼儿。

3. 理解幼儿的学习方式和特点。幼儿的学习是以直接经验为基础，在游戏和日常生活中进行的。要珍视游戏和生活的独特价值，创设丰富的教育环境，合理安排一日生活，最大限度地支持和满足幼儿通过直接感知、实际操作和亲身体验获取经验的需要，严禁"拔苗助长"式的超前教育和强化训练。

4. 重视幼儿的学习品质。幼儿在活动过程中表现出的积极态度和良好行为倾向是终身学习与发展所必需的宝贵品质。要充分尊重和保护幼儿的好奇心和学习兴趣，帮助幼儿逐步养成积极主动、认真专注、不怕困难、敢于探究和尝试、乐于想象和创造等良好学习品质。忽视幼儿学习品质培养，单纯追求知识技能学习的做法是短视而有害的。

一、健康

健康是指人在身体、心理和社会适应方面的良好状态。幼儿阶段是儿童身体发育和机能发展极为迅速的时期，也是形成安全感和乐观态度的重要阶段。发育良好的身体、愉快的情绪、强健的体质、协调的动作、良好的生活习惯和基本生活能力是幼儿身心健康的重要标志，也是其他领域学习与发展的基础。

为有效促进幼儿身心健康发展，成人应为幼儿提供合理均衡的营养，保证充足的睡眠和适宜的锻炼，满足幼儿生长发育的需要；创设温馨的人际环境，让幼儿充分感受到亲情和关爱，形成积极稳定的情绪情感；帮助幼儿养成良好的生活与卫生习惯，提高自我保护能力，形成使其终身受益的生活能力和文明生活方式。

幼儿身心发育尚未成熟，需要成人的精心呵护和照顾，但不宜过度保护和包办代替，以免剥夺幼儿自主学习的机会，养成过于依赖的不良习惯，影响其主动性、独立性的发展。

（一）身心状况

目标 1　具有健康的体态

3~4岁	4~5岁	5~6岁
1.身高和体重适宜 参考标准： 男孩： 身高：94.9~111.7厘米 体重：12.7~21.2公斤 女孩： 身高：94.1~111.3厘米 体重：12.3~21.5公斤 2.在提醒下能自然坐直、站直	1.身高和体重适宜 参考标准： 男孩： 身高：100.7~119.2厘米 体重：14.1~24.2公斤 女孩： 身高：99.9~118.9厘米 体重：13.7~24.9公斤 2.在提醒下能保持正确的站、坐和行走姿势	1.身高和体重适宜 参考标准： 男孩： 身高：106.1~125.8厘米 体重：15.9~27.1公斤 女孩： 身高：104.9~125.4厘米 体重：15.3~27.8公斤 2.经常保持正确的站、坐和行走姿势

注：身高和体重数据来源：《2006年世界卫生组织儿童生长标准》4、5、6周岁儿童身高和体重的参考数据。

教育建议：

1.为幼儿提供营养丰富、健康的饮食。如：

·参照《中国孕期、哺乳期妇女和0~6岁儿童膳食指南》，为幼儿提供谷物、蔬菜、水果、肉、奶、蛋、豆制品等多样化的食物，均衡搭配。

·烹调方式要科学，尽量少煎炸、烧烤、腌制。

2.保证幼儿每天睡11~12小时，其中午睡一般应达到2小时左右。午睡时间可根据幼儿的年龄、季节的变化和个体差异适当减少。

3.注意幼儿的体态，帮助他们形成正确的姿势。如：

·提醒幼儿要保持正确的站、坐、走姿势；发现有八字脚、罗圈腿、驼背等骨骼发育异常的情况，应及时就医矫治。

·桌、椅和床要合适。椅子的高度以幼儿写画时双脚能自然着地、大腿基本保持水平状为宜；桌子的高度以写画时身体能坐直，不驼背、不耸肩为宜；床不宜过软。

4.每年为幼儿进行健康检查。

目标 2　情绪安定愉快

3~4岁	4~5岁	5~6岁
1. 情绪比较稳定，很少因一点小事哭闹不止 2. 有比较强烈的情绪反应时，能在成人的安抚下逐渐平静下来	1. 经常保持愉快的情绪，不高兴时能较快缓解 2. 有比较强烈情绪反应时，能在成人提醒下逐渐平静下来 3. 愿意把自己的情绪告诉亲近的人，一起分享快乐或求得安慰	1. 经常保持愉快的情绪。知道引起自己某种情绪的原因，并努力缓解 2. 表达情绪的方式比较适度，不乱发脾气 3. 能随着活动的需要转换情绪和注意

教育建议：

1. 营造温暖、轻松的心理环境，让幼儿形成安全感和信赖感。如：
   · 保持良好的情绪状态，以积极、愉快的情绪影响幼儿。
   · 以欣赏的态度对待幼儿。注意发现幼儿的优点，接纳他们的个体差异，不简单与同伴做横向比较。
   · 幼儿做错事时要冷静处理，不厉声斥责，更不能打骂。
2. 帮助幼儿学会恰当表达和调控情绪。如：
   · 成人用恰当的方式表达情绪，为幼儿做出榜样。如生气时不乱发脾气，不迁怒于人。
   · 成人和幼儿一起谈论自己高兴或生气的事，鼓励幼儿与人分享自己的情绪。
   · 允许幼儿表达自己的情绪，并给予适当的引导。如幼儿发脾气时不硬性压制，等其平静后告诉他什么行为是可以接受的。
   · 发现幼儿不高兴时，主动询问情况，帮助他们化解消极情绪。

目标 3　具有一定的适应能力

3~4岁	4~5岁	5~6岁
1. 能在较热或较冷的户外环境中活动 2. 换新环境时情绪能较快稳定，睡眠、饮食基本正常 3. 在帮助下能较快适应集体生活	1. 能在较热或较冷的户外环境中连续活动半小时左右 2. 换新环境时较少出现身体不适 3. 能较快适应人际环境中发生的变化。如换了新老师能较快适应	1. 能在较热或较冷的户外环境中连续活动半小时以上 2. 天气变化时较少感冒，能适应车、船等交通工具造成的轻微颠簸 3. 能较快融入新的人际关系环境。如换了新的幼儿园或班级能较快适应

教育建议：

1. 保证幼儿的户外活动时间，提高幼儿适应季节变化的能力。
   · 幼儿每天的户外活动时间一般不少于两小时，其中体育活动时间不少于1小时，季节交替时要坚持。
   · 气温过热或过冷的季节或地区应因地制宜，选择温度适当的时间段开展户外活动，也可根据气温的变化和幼儿的个体差异，适当减少活动的时间。
2. 经常与幼儿玩拉手转圈、秋千、转椅等游戏活动，让幼儿适应轻微的摆动、颠簸、旋转，促进其平衡机能的发展。
3. 锻炼幼儿适应生活环境变化的能力。如：
   · 注意观察幼儿在新环境中的饮食、睡眠、游戏等方面的情况，采取相应的措施帮助他们尽快适应新环境。

· 经常带幼儿接触不同的人际环境，如参加亲戚朋友聚会，多和不熟悉的小朋友玩，使幼儿较快适应新的人际关系。

（二）动作发展

目标1 具有一定的平衡能力，动作协调、灵敏

3~4岁	4~5岁	5~6岁
1.能沿地面直线或在较窄的低矮物体上走一段距离 2.能双脚灵活交替上下楼梯 3.能身体平稳地双脚连续向前跳 4.分散跑时能躲避他人的碰撞 5.能双手向上抛球	1.能在较窄的低矮物体上平稳地走一段距离 2.能以匍匐、膝盖悬空等多种方式钻爬 3.能助跑跨跳过一定距离，或助跑跨跳过一定高度的物体 4.能与他人玩追逐、躲闪跑的游戏 5.能连续自抛自接球	1.能在斜坡、荡桥和有一定间隔的物体上较平稳地行走 2.能以手脚并用的方式安全地爬攀登架、网等 3.能连续跳绳 4.能躲避他人滚过来的球或扔过来的沙包 5.能连续拍球

教育建议：

1.利用多种活动发展身体平衡和协调能力。如：

· 走平衡木，或沿着地面直线、田埂行走。

· 玩跳房子、踢毽子、蒙眼走路、踩小高跷等游戏活动。

2.发展幼儿动作的协调性和灵活性。如：

· 鼓励幼儿进行跑跳、钻爬、攀登、投掷、拍球等活动。

· 玩跳竹竿、滚铁环等传统体育游戏。

3.对于拍球、跳绳等技能性活动，不要过于要求数量，更不能机械训练。

4.结合活动内容对幼儿进行安全教育，注重在活动中培养幼儿的自我保护能力。

目标2 具有一定的力量和耐力

3~4岁	4~5岁	5~6岁
1.能双手抓杠悬空吊起10秒左右 2.能单手将沙包向前投掷2米左右 3.能单脚连续向前跳2米左右 4.能快跑15米左右 5.能行走1公里左右（途中可适当停歇）	1.能双手抓杠悬空吊起15秒左右 2.能单手将沙包向前投掷4米左右 3.能单脚连续向前跳5米左右 4.能快跑20米左右 5.能连续行走1.5公里左右（途中可适当停歇）	1.能双手抓杠悬空吊起20秒左右 2.能单手将沙包向前投掷5米左右 3.能单脚连续向前跳8米左右 4.能快跑25米左右 5.能连续行走1.5公里以上（途中可适当停歇）

教育建议：

1.开展丰富多样、适合幼儿年龄特点的各种身体活动，如走、跑、跳、攀、爬等，鼓励幼儿坚持下来，不怕累。

2.日常生活中鼓励幼儿多走路、少坐车；自己上下楼梯、自己背包。

目标 3　手的动作灵活协调

3~4 岁	4~5 岁	5~6 岁
1. 能用笔涂涂画画 2. 能熟练地用勺子吃饭 3. 能用剪刀沿直线剪，边线基本吻合	1. 能沿边线较直地画出简单图形，或能边线基本对齐地折纸 2. 会用筷子吃饭 3. 能沿轮廓线剪出由直线构成的简单图形，边线吻合	1. 能根据需要画出图形，线条基本平滑。 2. 能熟练使用筷子 3. 能沿轮廓线剪出由曲线构成的简单图形，边线吻合且平滑 4. 能使用简单的劳动工具或用具

教育建议：

1. 创造条件和机会，促进幼儿手的动作灵活协调。如：

· 提供画笔、剪刀、纸张、泥团等工具和材料，或充分利用各种自然、废旧材料和常见物品，让幼儿进行画、剪、折、粘等美工活动。

· 引导幼儿生活自理或参与家务劳动，发展其手的动作。如练习自己用筷子吃饭、扣扣子，帮助家人择菜叶、做面食等。

· 幼儿园在布置娃娃家、商店等活动区时，多提供原材料和半成品，让幼儿有更多机会参与制作活动。

2. 引导幼儿注意活动安全。如：

· 为幼儿提供的塑料粒、珠子等活动材料要足够大，材质要安全，以免造成异物进入气管、铅中毒等伤害。提供幼儿用安全剪刀。

· 为幼儿示范拿筷子、握笔的正确姿势以及使用剪刀、锤子等工具的方法。

· 提醒幼儿不要拿剪刀等锋利工具玩耍，用完后要放回原处。

（三）生活习惯与生活能力

目标 1　具有良好的生活与卫生习惯

3~4 岁	4~5 岁	5~6 岁
1. 在提醒下，按时睡觉和起床，并能坚持午睡 2. 喜欢参加体育活动 3. 在引导下，不偏食、挑食。喜欢吃瓜果、蔬菜等新鲜食品 4. 愿意饮用白开水，不贪喝饮料 5. 不用脏手揉眼睛，连续看电视等不超过 15 分钟 6. 在提醒下，每天早晚刷牙、饭前便后洗手	1. 每天按时睡觉和起床，并能坚持午睡 2. 喜欢参加体育活动 3. 不偏食、挑食，不暴饮暴食。喜欢吃瓜果、蔬菜等新鲜食品 4. 常喝白开水，不贪喝饮料 5. 知道保护眼睛，不在光线过强或过暗的地方看书，连续看电视等不超过 20 分钟 6. 每天早晚刷牙、饭前便后洗手，方法基本正确	1. 养成每天按时睡觉和起床的习惯 2. 能主动参加体育活动 3. 吃东西时细嚼慢咽 4. 主动饮用白开水，不贪喝饮料 5. 主动保护眼睛。不在光线过强或过暗的地方看书，连续看电视等不超过 30 分钟 6. 每天早晚主动刷牙、饭前便后主动洗手，方法正确

教育建议：

1. 让幼儿保持有规律的生活，养成良好的作息习惯。如：早睡早起、每天午睡、按时进餐、吃好早餐等。

2. 帮助幼儿养成良好的饮食习惯。如：

· 合理安排餐点，帮助幼儿养成定点、定时、定量进餐的习惯。

· 帮助幼儿了解食物的营养价值，引导他们不偏食不挑食、少吃或不吃不利于健康的食品；多喝白开水，少喝饮料。

· 吃饭时不过分催促，提醒幼儿细嚼慢咽，不要边吃边玩。

3. 帮助幼儿养成良好的个人卫生习惯。如：

· 早晚刷牙、饭后漱口。

· 勤为幼儿洗澡、换衣服、剪指甲。

· 提醒幼儿保护五官，如不乱挖耳朵、鼻孔，看电视时保持 3 米左右的距离等。

4. 激发幼儿参加体育活动的兴趣，养成锻炼的习惯。如：

· 为幼儿准备多种体育活动材料，鼓励他选择自己喜欢的材料开展活动。

· 经常和幼儿一起在户外运动和游戏，鼓励幼儿和同伴一起开展体育活动。

· 和幼儿一起观看体育比赛或有关体育赛事的电视节目，培养他对体育活动的兴趣。

目标 2　具有基本的生活自理能力

3~4岁	4~5岁	5~6岁
1. 在帮助下能穿脱衣服或鞋袜 2. 能将玩具和图书放回原处	1. 能自己穿脱衣服、鞋袜、扣纽扣 2. 能整理自己的物品	1. 能知道根据冷热增减衣服 2. 会自己系鞋带 3. 能按类别整理好自己的物品

教育建议：

1. 鼓励幼儿做力所能及的事情，对幼儿的尝试与努力给予肯定，不因做不好或做得慢而包办代替。

2. 指导幼儿学习和掌握生活自理的基本方法，如穿脱衣服和鞋袜、洗手洗脸、擦鼻涕、擦屁股的正确方法。

3. 提供有利于幼儿生活自理的条件。如：

· 提供一些纸箱、盒子，供幼儿收拾和存放自己的玩具、图书或生活用品等。

· 幼儿的衣服、鞋子等要简单实用，便于自己穿脱。

目标 3　具备基本的安全知识和自我保护能力

3~4岁	4~5岁	5~6岁
1. 不吃陌生人给的东西，不跟陌生人走 2. 在提醒下能注意安全，不做危险的事 3. 在公共场所走失时，能向警察或有关人员说出自己和家长的名字、电话号码等简单信息	1. 知道在公共场合不远离成人的视线单独活动 2. 认识常见的安全标志，能遵守安全规则 3. 运动时能主动躲避危险 4. 知道简单的求助方式	1. 未经大人允许不给陌生人开门 2. 能自觉遵守基本的安全规则和交通规则 3. 运动时能注意安全，不给他人造成危险 4. 知道一些基本的防灾知识

教育建议：

1. 创设安全的生活环境，提供必要的保护措施。如：

· 要把热水瓶、药品、火柴、刀具等物品放到幼儿够不到的地方；阳台或窗台要有安全保护措施；要使用安全的电源插座等。

- 在公共场所要注意照看好幼儿；幼儿乘车、乘电梯时要有成人陪伴；不把幼儿单独留在家里或汽车里等。

2. 结合生活实际对幼儿进行安全教育。如：

- 外出时，提醒幼儿要紧跟成人，不远离成人的视线，不跟陌生人走，不吃陌生人给的东西；不在河边和马路边玩耍；要遵守交通规则等。
- 帮助幼儿了解周围环境中不安全的事物，不做危险的事。如不动热水壶，不玩火柴或打火机，不摸电源插座，不攀爬窗户或阳台等。
- 帮助幼儿认识常见的安全标识，如：小心触电、小心有毒、禁止下河游泳、紧急出口等。
- 告诉幼儿不允许别人触摸自己的隐私部位。

3. 教给幼儿简单的自救和求救的方法。如：

- 记住自己家庭的住址、电话号码、父母的姓名和单位，一旦走失时知道向成人求助，并能提供必要信息。
- 遇到火灾或其他紧急情况时，知道要拨打110、120、119等求救电话。
- 可利用图书、音像等材料对幼儿进行逃生和求救方面的教育，并运用游戏方式模拟练习。
- 幼儿园应定期进行火灾、地震等自然灾害的逃生演习。

二、语言

语言是交流和思维的工具。幼儿期是语言发展，特别是口语发展的重要时期。幼儿语言的发展贯穿于各个领域，也对其他领域的学习与发展有着重要的影响：幼儿在运用语言进行交流的同时，也在发展着人际交往能力、理解他人和判断交往情境的能力、组织自己思想的能力。通过语言获取信息，幼儿的学习逐步超越个体的直接感知。

幼儿的语言能力是在交流和运用的过程中发展起来的。应为幼儿创设自由、宽松的语言交往环境，鼓励和支持幼儿与成人、同伴交流，让幼儿想说、敢说、喜欢说并能得到积极回应。为幼儿提供丰富、适宜的低幼读物，经常和幼儿一起看图书、讲故事，丰富其语言表达能力，培养阅读兴趣和良好的阅读习惯，进一步拓展学习经验。

幼儿的语言学习需要相应的社会经验支持，应通过多种活动扩展幼儿的生活经验，丰富语言的内容，增强理解和表达能力。应在生活情境和阅读活动中引导幼儿自然而然地产生对文字的兴趣，用机械记忆和强化训练的方式让幼儿过早识字不符合其学习特点和接受能力。

（一）倾听与表达

目标1 认真听并能听懂常用语言

3~4岁	4~5岁	5~6岁
1. 别人对自己说话时能注意听并做出回应 2. 能听懂日常会话	1. 在群体中能有意识地听与自己有关的信息 2. 能结合情境感受到不同语气、语调所表达的不同意思 3. 方言地区和少数民族幼儿能基本听懂普通话	1. 在集体中能注意听老师或其他人讲话 2. 听不懂或有疑问时能主动提问 3. 能结合情境理解一些表示因果、假设等相对复杂的句子

教育建议：

1. 多给幼儿提供倾听和交谈的机会。如：经常和幼儿一起谈论他感兴趣的话题，或一起看图书、讲故事。

2. 引导幼儿学会认真倾听。如：

- 成人要耐心倾听别人（包括幼儿）的讲话，等别人讲完再表达自己的观点。
- 与幼儿交谈时，要用幼儿能听得懂的语言。
- 对幼儿提要求和布置任务时要求他注意听，鼓励他主动提问。

3. 对幼儿讲话时，注意结合情境使用丰富的语言，以便于幼儿理解。如：

- 说话时注意语气、语调，让幼儿感受语气、语调的作用。如对幼儿的不合理要求以比较坚定的语气表示不同意；讲故事时，尽量把故事人物高兴、悲伤的心情用不同的语气、语调表现出来。
- 根据幼儿的理解水平有意识地使用一些反映因果、假设、条件等关系的句子。

目标2　愿意讲话并能清楚地表达

3~4岁	4~5岁	5~6岁
1.愿意在熟悉的人面前说话，能大方地与人打招呼 2.基本会说本民族或本地区的语言 3.愿意表达自己的需要和想法，必要时能配以手势动作 4.能口齿清楚地说儿歌、童谣或复述简短的故事	1.愿意与他人交谈，喜欢谈论自己感兴趣的话题 2.会说本民族或本地区的语言，基本会说普通话。少数民族聚居地区幼儿会用普通话进行日常会话 3.能基本完整地讲述自己的所见所闻和经历的事情 4.讲述比较连贯	1.愿意与他人讨论问题，敢在众人面前说话 2.会说本民族或本地区的语言和普通话，发音正确清晰。少数民族聚居地区幼儿基本会说普通话 3.能有序、连贯、清楚地讲述一件事情 4.讲述时能使用常见的形容词、同义词等，语言比较生动

教育建议：

1. 为幼儿创造说话的机会并体验语言交往的乐趣。

- 每天有足够的时间与幼儿交谈。如谈论他感兴趣的话题，询问和听取他对自己事情的意见等。
- 尊重和接纳幼儿的说话方式，无论幼儿的表达水平如何，都应认真地倾听并给予积极的回应。
- 鼓励和支持幼儿与同伴一起玩耍、交谈，相互讲述见闻、趣事或看过的图书、动画片等。
- 方言和少数民族地区应积极为幼儿创设用普通话交流的语言环境。

2. 引导幼儿清楚地表达。如：

- 和幼儿讲话时，成人自身的语言要清楚、简洁。
- 当幼儿因为急于表达而说不清楚的时候，提醒他不要着急，慢慢说；同时要耐心倾听，给予必要的补充，帮助他理清思路并清晰地说出来。

目标3　具有文明的语言习惯

3~4岁	4~5岁	5~6岁
1.与别人讲话时知道眼睛要看着对方 2.说话自然，声音大小适中 3.能在成人的提醒下使用恰当的礼貌用语	1.别人对自己讲话时能回应 2.能根据场合调节自己说话声音的大小 3.能主动使用礼貌用语，不说脏话、粗话	1.别人讲话时能积极主动地回应 2.能根据谈话对象和需要，调整说话的语气 3.懂得按次序轮流讲述，不随意打断别人 4.能依据所处情境使用恰当的语言。如在别人难过时会用恰当的语言表示安慰

教育建议：

1. 成人注意语言文明，为幼儿做出表率。如：

· 与他人交谈时，认真倾听，使用礼貌用语。

· 在公共场合不大声说话，不说脏话、粗话。

· 幼儿表达意见时，成人可蹲下来，眼睛平视幼儿，耐心听他把话说完。

2. 帮助幼儿养成良好的语言行为习惯。如：

· 结合情境提醒幼儿一些必要的交流礼节。如对长辈说话要有礼貌，客人来访时要打招呼，得到帮助时要说谢谢等。

· 提醒幼儿遵守集体生活的语言规则，如轮流发言，不随意打断别人讲话等。

· 提醒幼儿注意公共场所的语言文明，如不大声喧哗。

（二）阅读与书写准备

目标1　喜欢听故事，看图书

3~4岁	4~5岁	5~6岁
1. 主动要求成人讲故事、读图书 2. 喜欢跟读韵律感强的儿歌、童谣 3. 爱护图书，不乱撕、乱扔	1. 反复看自己喜欢的图书 2. 喜欢把听过的故事或看过的图书讲给别人听 3. 对生活中常见的标识、符号感兴趣，知道它们表示的意义	1. 专注地阅读图书 2. 喜欢与他人一起谈论图书和故事的有关内容 3. 对图书和生活情境中的文字符号感兴趣，知道文字表示一定的意义

教育建议：

1. 为幼儿提供良好的阅读环境和条件。如：

· 提供一定数量、符合幼儿年龄特点、富有童趣的图画书。

· 提供相对安静的地方，尽量减少干扰，保证幼儿自主阅读。

2. 激发幼儿的阅读兴趣，培养阅读习惯。如：

· 经常抽时间与幼儿一起看图书、讲故事。

· 提供童谣、故事和诗歌等不同体裁的儿童文学作品，让幼儿自主选择和阅读。

· 当幼儿遇到感兴趣的事物或问题时，和他一起查阅图书资料，让他感受图书的作用，体会通过阅读获取信息的乐趣。

3. 引导幼儿体会标识、文字符号的用途。如：

· 向幼儿介绍医院、公用电话等生活中的常见标识，让他知道标识可以代表具体事物。

· 结合生活实际，帮助幼儿体会文字的用途。如买来新玩具时，把说明书上的文字念给幼儿听，了解玩具的玩法。

目标2　具有初步的阅读理解能力

3~4岁	4~5岁	5~6岁
1.能听懂短小的儿歌或故事 2.会看画面，能根据画面说出图中有什么，发生了什么事等 3.能理解图书上的文字是和画面对应的，是用来表达画面意义的	1.能大体讲出所听故事的主要内容 2.能根据连续画面提供的信息，大致说出故事的情节 3.能随着作品的展开产生喜悦、担忧等相应的情绪反应，体会作品所表达的情绪情感	1.能说出所阅读的幼儿文学作品的主要内容 2.能根据故事的部分情节或图书画面的线索猜想故事情节的发展，或续编、创编故事 3.对看过的图书、听过的故事能说出自己的看法 4.能初步感受文学语言的美

教育建议：

1.经常和幼儿一起阅读，引导他以自己的经验为基础理解图书的内容。如：

· 引导幼儿仔细观察画面，结合画面讨论故事内容，学习建立画面与故事内容的联系。

· 和幼儿一起讨论或回忆书中的故事情节，引导他有条理地说出故事的大致内容。

· 在给幼儿读书或讲故事时，可先不告诉名字，让幼儿听完后自己命名，并说出这样命名的理由。

· 鼓励幼儿自主阅读，并与他人讨论自己在阅读中的发现、体会和想法。

2.在阅读中发展幼儿的想象和创造能力。如：

· 鼓励幼儿依据画面线索讲述故事，大胆推测、想象故事情节的发展，改编故事部分情节或续编故事结尾。

· 鼓励幼儿用故事表演、绘画等不同的方式表达自己对图书和故事的理解。

· 鼓励和支持幼儿自编故事，并为自编的故事配上图画，制成图画书。

3.引导幼儿感受文学作品的美。如：

· 有意识地引导幼儿欣赏或模仿文学作品的语言节奏和韵律。

· 给幼儿读书时，通过表情、动作和抑扬顿挫的声音传达书中的情绪情感，让幼儿体会作品的感染力和表现力。

目标3　具有书面表达的愿望和初步技能

3~4岁	4~5岁	5~6岁
喜欢用涂涂画画表达一定的意思	1.愿意用图画和符号表达自己的愿望和想法 2.在成人提醒下，写写画画时姿势正确	1.愿意用图画和符号表现事物或故事 2.会正确书写自己的名字 3.写画时姿势正确

教育建议：

1.让幼儿在写写画画的过程中体验文字符号的功能，培养书写兴趣。如：

· 准备供幼儿随时取放的纸、笔等材料，也可利用沙地、树枝等自然材料，满足幼儿自由涂画的需要。

· 鼓励幼儿将自己感兴趣的事情或故事画下来并讲给别人听，让幼儿体会写写画画的方式可以表达自己的想法和情感。

· 把幼儿讲过的事情用文字记录下来，并念给他听，使幼儿知道说的话可以用文字记录下来，从中体会文字的用途。

2.在绘画和游戏中做必要的书写准备,如:

·通过把虚线画出的图形轮廓连成实线等游戏,促进手眼协调,同时帮助幼儿学习由上至下、由左至右的运笔技能。

·鼓励幼儿学习书写自己的名字。

·提醒幼儿写画时保持正确姿势。

三、社会

幼儿社会领域的学习与发展过程是其社会性不断完善并奠定健全人格基础的过程。人际交往和社会适应是幼儿社会学习的主要内容,也是其社会性发展的基本途径。幼儿在与成人和同伴交往的过程中,不仅学习如何与人友好相处,也在学习如何看待自己、对待他人,不断发展适应社会生活的能力。良好的社会性发展对幼儿身心健康和其他各方面的发展都具有重要影响。

家庭、幼儿园和社会应共同努力,为幼儿创设温暖、关爱、平等的家庭和集体生活氛围,建立良好的亲子关系、师生关系和同伴关系,让幼儿在积极健康的人际关系中获得安全感和信任感,发展自信和自尊,在良好的社会环境及文化的熏陶中学会遵守规则,形成基本的认同感和归属感。

幼儿的社会性主要是在日常生活和游戏中通过观察和模仿潜移默化地发展起来的。成人应注重自己言行的榜样作用,避免简单生硬的说教。

(一)人际交往

目标1　愿意与人交往

3~4岁	4~5岁	5~6岁
1.愿意和小朋友一起游戏 2.愿意与熟悉的长辈一起活动	1.喜欢和小朋友一起游戏,有经常一起玩的小伙伴 2.喜欢和长辈交谈,有事愿意告诉长辈	1.有自己的好朋友,也喜欢结交新朋友 2.有问题愿意向别人请教 3.有高兴的或有趣的事愿意与大家分享

教育建议:

1.主动亲近和关心幼儿,经常和他一起游戏或活动,让幼儿感受到与成人交往的快乐,建立亲密的亲子关系和师生关系。

2.创造交往的机会,让幼儿体会交往的乐趣。如:

·利用走亲戚、到朋友家做客或有客人来访的时机,鼓励幼儿与他人接触和交谈。

·鼓励幼儿参加小朋友的游戏,邀请小朋友到家里玩,感受有朋友一起玩的快乐。

·幼儿园应多为幼儿提供自由交往和游戏的机会,鼓励他们自主选择、自由结伴开展活动。

目标 2　能与同伴友好相处

3~4岁	4~5岁	5~6岁
1.想加入同伴的游戏时，能友好地提出请求 2.在成人指导下，不争抢、不独霸玩具 3.与同伴发生冲突时，能听从成人的劝解	1.会运用介绍自己、交换玩具等简单技巧加入同伴游戏 2.对大家都喜欢的东西能轮流、分享 3.与同伴发生冲突时，能在他人帮助下和平解决 4.活动时愿意接受同伴的意见和建议 5.不欺负弱小	1.能想办法吸引同伴和自己一起游戏 2.活动时能与同伴分工合作，遇到困难能一起克服 3.与同伴发生冲突时能自己协商解决 4.知道别人的想法有时和自己不一样，能倾听和接受别人的意见，不能接受时会说明理由 5.不欺负别人，也不允许别人欺负自己

教育建议：

1.结合具体情境，指导幼儿学习交往的基本规则和技能。如：

·当幼儿不知怎样加入同伴游戏，或提出请求不被接受时，建议他拿出玩具邀请大家一起玩；或者扮成某个角色加入同伴的游戏。

·对幼儿与别人分享玩具、图书等行为给予肯定，让他对自己的表现感到高兴和满足。

·当幼儿与同伴发生矛盾或冲突时，指导他尝试用协商、交换、轮流玩、合作等方式解决冲突。

·利用相关的图书、故事，结合幼儿的交往经验，和他讨论什么样的行为受大家欢迎，想要得到别人的接纳应该怎样做。

·幼儿园应多为幼儿提供需要大家齐心协力才能完成的活动，让幼儿在具体活动中体会合作的重要性，学习分工合作。

2.结合具体情境，引导幼儿换位思考，学习理解别人。如：

·幼儿有争抢玩具等不友好行为时，引导他们想想"假如你是那个小朋友，你有什么感受？"让幼儿学习理解别人的想法和感受。

3.和幼儿一起谈谈他的好朋友，说说喜欢这个朋友的原因，引导他多发现同伴的优点、长处。

目标 3　具有自尊、自信、自主的表现

3~4岁	4~5岁	5~6岁
1.能根据自己的兴趣选择游戏或其他活动 2.为自己的好行为或活动成果感到高兴 3.自己能做的事情愿意自己做 4.喜欢承担一些小任务	1.能按自己的想法进行游戏或其他活动 2.知道自己的一些优点和长处，并对此感到满意 3.自己的事情尽量自己做，不愿意依赖别人 4.敢于尝试有一定难度的活动和任务	1.能主动发起活动或在活动中出主意、想办法 2.做了好事或取得了成功后还想做得更好 3.自己的事情自己做，不会的愿意学 4.主动承担任务，遇到困难能够坚持而不轻易求助 5.与别人的看法不同时，敢于坚持自己的意见并说出理由

教育建议：

1.关注幼儿的感受，保护其自尊心和自信心。如：

·能以平等的态度对待幼儿，使幼儿切实感受到自己被尊重。

- 对幼儿好的行为表现多给予具体、有针对性的肯定和表扬，让他对自己优点和长处有所认识并感到满足和自豪。
- 不要拿幼儿的不足与其他幼儿的优点做比较。

2. 鼓励幼儿自主决定，独立做事，增强其自尊心和自信心。如：
- 与幼儿有关的事情要征求他的意见，即使他的意见与成人不同，也要认真倾听，接受他的合理要求。
- 在保证安全的情况下，支持幼儿按自己的想法做事；或提供必要的条件，帮助他实现自己的想法。
- 幼儿自己的事情尽量放手让他自己做，即使做得不够好，也应鼓励并给予一定的指导，让他在做事中树立自尊和自信。
- 鼓励幼儿尝试有一定难度的任务，并注意调整难度，让他感受经过努力获得的成就感。

目标4 关心尊重他人

3~4岁	4~5岁	5~6岁
1. 长辈讲话时能认真听，并能听从长辈的要求 2. 身边的人生病或不开心时表示同情 3. 在提醒下能做到不打扰别人	1. 会用礼貌的方式向长辈表达自己的要求和想法 2. 能注意到别人的情绪，并有关心、体贴的表现 3. 知道父母的职业，能体会到父母为养育自己所付出的辛劳	1. 能有礼貌地与人交往 2. 能关注别人的情绪和需要，并能给予力所能及的帮助 3. 尊重为大家提供服务的人，珍惜他们的劳动成果 4. 接纳、尊重与自己的生活方式或习惯不同的人

教育建议：

1. 成人以身作则，以尊重、关心的态度对待自己的父母、长辈和其他人。如：
- 经常问候父母，主动做家务。
- 礼貌地对待老年人，如坐车时主动为老人让座。
- 看到别人有困难能主动关心并给予一定的帮助。

2. 引导幼儿尊重、关心长辈和身边的人，尊重他人劳动及成果。如：
- 提醒幼儿关心身边的人，如妈妈累了，知道让她安静休息一会儿。
- 借助故事、图书等给幼儿讲讲父母抚育孩子成长的经历，让幼儿理解和体会父爱与母爱。
- 结合实际情境，提醒幼儿注意别人的情绪，了解他们的需要，给予适当的关心和帮助。
- 利用生活机会和角色游戏，帮助幼儿了解与自己关系密切的社会服务机构及其工作，如商场、邮局、医院等，体会这些机构给大家提供的便利和服务，懂得尊重工作人员的劳动，珍惜劳动成果。

3. 引导幼儿学习用平等、接纳和尊重的态度对待差异。如：
- 了解每个人都有自己的兴趣、爱好和特长，可以相互学习。
- 利用民间游戏、传统节日等，适当向幼儿介绍我国主要民族和世界其他国家和民族的文化，帮助幼儿感知文化的多样性和差异性，理解人们之间是平等的，应该互相尊重，友好相处。

（二）社会适应

目标1 喜欢并适应群体生活

3~4岁	4~5岁	5~6岁
1.对群体活动有兴趣 2.对幼儿园的生活好奇，喜欢上幼儿园	1.愿意并主动参加群体活动 2.愿意与家长一起参加社区的一些群体活动	1.在群体活动中积极、快乐 2.对小学生活有好奇和向往

教育建议：

1.经常和幼儿一起参加一些群体性的活动，让幼儿体会群体活动的乐趣。如：参加亲戚、朋友和同事间的聚会以及适合幼儿参加的社区活动等，支持幼儿和不同群体的同伴一起游戏，丰富其群体活动的经验。

2.幼儿园组织活动时，可以经常打破班级的界限，让幼儿有更多机会参加不同群体的活动。

3.带领大班幼儿参观小学，讲讲小学有趣的活动，唤起他们对小学生活的好奇和向往，为入学做好心理准备。

目标2 遵守基本的行为规范

3~4岁	4~5岁	5~6岁
1.在提醒下，能遵守游戏和公共场所的规则 2.知道不经允许不能拿别人的东西，借别人的东西要归还 3.在成人提醒下，爱护玩具和其他物品	1.感受规则的意义，并能基本遵守规则 2.不私自拿不属于自己的东西 3.知道说谎是不对的 4.知道接受了的任务要努力完成 5.在提醒下，能节约粮食、水电等	1.理解规则的意义，能与同伴协商制定游戏和活动规则 2.爱惜物品，用别人的东西时也知道爱护 3.做了错事敢于承认，不说谎 4.能认真负责地完成自己所接受的任务 5.爱护身边的环境，注意节约资源

教育建议：

1.成人要遵守社会行为规则，为幼儿树立良好的榜样。如：答应幼儿的事一定要做到、尊老爱幼、爱护公共环境，节约水电等。

2.结合社会生活实际，帮助幼儿了解基本行为规则或其他游戏规则，体会规则的重要性，学习自觉遵守规则。如：

·经常和幼儿玩带有规则的游戏，遵守共同约定的游戏规则。

·利用实际生活情境和图书故事，向幼儿介绍一些必要的社会行为规则，以及为什么要遵守这些规则。

·在幼儿园的区域活动中，创设情境，让幼儿体会没有规则的不方便，鼓励他们讨论制定规则并自觉遵守。

·对幼儿表现出的遵守规则的行为要及时肯定，对违规行为给予纠正。如：幼儿主动为老人让座时要表扬；幼儿损害别人的物品或公共物品时要及时制止并主动赔偿。

3.教育幼儿要诚实守信。如：

·对幼儿诚实守信的行为要及时肯定。

·允许幼儿犯错误，告诉他改了就好。不要打骂幼儿，以免他因害怕惩罚而说谎。

- 小年龄幼儿经常分不清想象和现实，成人不要误认为他是在说谎。
- 发现幼儿说谎时，要反思是否是因自己对幼儿的要求过高过严造成的。如果是，要及时调整自己的行为，同时要严肃地告诉幼儿说谎是不对的。
- 经常给幼儿分配一些力所能及的任务，要求他完成并及时给予表扬，培养他的责任感和认真负责的态度。

目标3　具有初步的归属感

3~4岁	4~5岁	5~6岁
1.知道和自己一起生活的家庭成员及与自己的关系，体会到自己是家庭的一员 2.能感受到家庭生活的温暖，爱父母，亲近与信赖长辈 3.能说出自己家所在街道、小区（乡镇、村）的名称 4.认识国旗，知道国歌	1.喜欢自己所在的幼儿园和班级，积极参加集体活动 2.能说出自己家所在地的省、市、县（区）名称，知道当地有代表性的物产或景观 3.知道自己是中国人 4.奏国歌、升国旗时能自动站好	1.愿意为集体做事，为集体的成绩感到高兴 2.能感受到家乡的发展变化并为此感到高兴 3.知道自己的民族，知道中国是一个多民族的大家庭，各民族之间要互相尊重，团结友爱 4.知道国家一些重大成就，爱祖国，为自己是中国人感到自豪

教育建议：

1.亲切地对待幼儿，关心幼儿，让他感到长辈是可亲、可近、可信赖的，家庭和幼儿园是温暖的。如：

- 多和孩子一起游戏、谈笑，尽量在家庭和班级中营造温馨的氛围。
- 通过和幼儿一起翻阅照片、讲幼儿成长的故事等，让幼儿感受到家庭和幼儿园的温暖，老师的和蔼可亲，对养育自己的人产生感激之情。

2.吸引和鼓励幼儿参加集体活动，萌发集体意识。如：

- 幼儿园和班级里的重大事情和计划，请幼儿集体讨论决定。
- 幼儿园应经常组织多种形式的集体活动，萌发幼儿的集体荣誉感。

3.运用幼儿喜闻乐见和能够理解的方式激发幼儿爱家乡、爱祖国的情感。如：

- 和幼儿说一说或在地图上找一找自己家所在的省、市、县（区）名称。
- 和幼儿一起外出游玩，一起看有关的电视节目或画报等；和他们一起收集有关家乡、祖国各地的风景名胜、著名的建筑、独特物产的图片等，在观看和欣赏的过程中激发幼儿的自豪感和热爱之情。
- 利用电视节目或参加升旗等活动，向幼儿介绍国旗、国歌以及观看升旗、奏国歌的礼仪。
- 向幼儿介绍反映中国人聪明才智的发明和创造，激发幼儿的民族自豪感。

四、科学

幼儿的科学学习是在探究具体事物和解决实际问题中，尝试发现事物间的异同和联系的过程。幼儿在对自然事物的探究和运用数学解决实际生活问题的过程中，不仅获得丰富的感性经验，充分发展形象思维，而且初步尝试归类、排序、判断、推理，逐步发展逻辑思维能力，为其他领域的深入学习奠定基础。

幼儿科学学习的核心是激发探究兴趣，体验探究过程，发展初步的探究能力。成人要善于发现和保护幼儿的好奇心，充分利用自然和实际生活机会，引导幼儿通过观察、比较、操作、实验等方法，学习发现问题、分析问题和解决问题；帮助幼儿不断积累经验，并运用于新的学习活动，形成受益终身的学习态度和能力。

幼儿的思维特点是以具体形象思维为主，应注重引导幼儿通过直接感知、亲身体验和实际操作进行科学学习，不应为追求知识和技能的掌握，对幼儿进行灌输和强化训练。

（一）科学探究

目标1　亲近自然，喜欢探究

3~4岁	4~5岁	5~6岁
1.喜欢接触大自然，对周围的很多事物和现象感兴趣 2.经常问各种问题，或好奇地摆弄物品	1.喜欢接触新事物，经常问一些与新事物有关的问题 2.常常动手动脑探索物体和材料，并乐在其中	1.对自己感兴趣的问题总是刨根问底 2.能经常动手动脑寻找问题的答案 3.探索中有所发现时感到兴奋和满足

教育建议：

1.经常带幼儿接触大自然，激发其好奇心与探究欲望。如：

· 为幼儿提供一些有趣的探究工具，用自己的好奇心和探究积极性感染和带动幼儿。

· 和幼儿一起发现并分享周围新奇、有趣的事物或现象，一起寻找问题的答案。

· 通过拍照和画图等方式保留和积累有趣的探索与发现。

2.真诚地接纳、多方面支持和鼓励幼儿的探索行为。如：

· 认真对待幼儿的问题，引导他们猜一猜、想一想，有条件时和幼儿一起做一些简易的调查或有趣的小实验。

· 容忍幼儿因探究而弄脏、弄乱、甚至破坏物品的行为，引导他们活动后做好收拾整理。

· 多为幼儿选择一些能操作、多变化、多功能的玩具材料或废旧材料，在保证安全的前提下，鼓励幼儿拆装或动手自制玩具。

目标2　具有初步的探究能力

3~4岁	4~5岁	5~6岁
1.对感兴趣的事物能仔细观察，发现其明显特征 2.能用多种感官或动作去探索物体，关注动作所产生的结果	1.能对事物或现象进行观察比较，发现其相同与不同 2.能根据观察结果提出问题，并大胆猜测答案 3.能通过简单的调查收集信息 4.能用图画或其他符号进行记录	1.能通过观察、比较与分析，发现并描述不同种类物体的特征或某个事物前后的变化 2.能用一定的方法验证自己的猜测 3.在成人的帮助下能制定简单的调查计划并执行 4.能用数字、图画、图表或其他符号记录 5.探究中能与他人合作与交流

教育建议：

1.有意识地引导幼儿观察周围事物，学习观察的基本方法，培养观察与分类能力。如：

· 支持幼儿自发的观察活动，对其发现表示赞赏。

· 通过提问等方式引导幼儿思考并对事物进行比较观察和连续观察。

· 引导幼儿在观察和探索的基础上，尝试进行简单的分类、概括。如：根据运动方式给动物分类，根据生长环境给植物分类，根据外部特征给物体分类，等等。

2. 支持和鼓励幼儿在探究的过程中积极动手动脑寻找答案或解决问题。如：

· 鼓励幼儿根据观察或发现提出值得继续探究的问题，或成人提出有探究意义且能激发幼儿兴趣的问题。如：皮球、轮胎、竹筒等物体滚动时都走直线吗？怎样让橡皮泥球浮在水面上？

· 支持和鼓励幼儿大胆联想、猜测问题的答案，并设法验证。如：玩风车时，鼓励幼儿猜测风车转动方向及速度快慢的原因和条件，并实际去验证。

· 支持、引导幼儿学习用适宜的方法探究和解决问题，或为自己的想法收集证据。如：想知道院子里有多少种植物，可以进行实地调查；想知道球在平地上还是在斜坡上滚得快，可以动手试一试；想证明影子的方向与太阳的位置有关，可以做个小实验进行验证等。

3. 鼓励和引导幼儿学习做简单的计划和记录，并与他人交流分享。如：

· 和幼儿共同制定调查计划，讨论调查对象、步骤和方法等，也可以和幼儿一起设法用图画、箭头等标识呈现计划。

· 鼓励幼儿用绘画、照相、做标本等办法记录观察和探究的过程与结果，注意要让记录有意义，通过记录帮助幼儿丰富观察经验、建立事物之间的联系和分享发现。

· 支持幼儿与同伴合作探究与分享交流，引导他们在交流中尝试整理、概括自己探究的成果，体验合作探究和发现的乐趣。如一起讨论和分享自己的问题与发现，一起想办法收集资料和验证猜想。

4. 帮助幼儿回顾自己探究过程，讨论自己做了什么，怎么做的，结果与计划目标是否一致，分析一下原因以及下一步要怎样做等。

目标3 在探究中认识周围事物和现象

3~4岁	4~5岁	5~6岁
1. 认识常见的动植物，能注意并发现周围的动植物是多种多样的 2. 能感知和发现物体和材料的软硬、光滑和粗糙等特性 3. 能感知和体验天气对自己生活和活动的影响 4. 初步了解和体会动植物和人们生活的关系	1. 能感知和发现动植物的生长变化及其基本条件 2. 能感知和发现常见材料的溶解、传热等性质或用途 3. 能感知和发现简单物理现象，如物体形态或位置变化等 4. 能感知和发现不同季节的特点，体验季节对动植物和人的影响 5. 初步感知常用科技产品与自己生活的关系，知道科技产品有利也有弊	1. 能察觉到动植物的外形特征、习性与生存环境的适应关系 2. 能发现常见物体的结构与功能之间的关系 3. 能探索并发现常见的物理现象产生的条件或影响因素，如影子、沉浮等 4. 感知并了解季节变化的周期性，知道变化的顺序 5. 初步了解人们的生活与自然环境的密切关系，知道尊重和珍惜生命，保护环境

教育建议：

1. 支持幼儿在接触自然、生活事物和现象中积累有益的直接经验和感性认识。如：

· 和幼儿一起通过户外活动、参观考察、种植和饲养活动，感知生物的多样性和独特性，以及生长发育、繁殖和死亡的过程。

· 给幼儿提供丰富的材料和适宜的工具，支持幼儿在游戏过程中探索并感知常见物质、材料的特性和物体的结构特点。

2.引导幼儿在探究中思考，尝试进行简单的推理和分析，发现事物之间明显的关联。如：

· 引导 5 岁以上幼儿关注和思考动植物的外部特征、习性与生活环境对动植物生存的意义。如兔子的长耳朵具有自我保护的作用；植物种子的形状有助于其传播等。

· 引导幼儿根据常见物质、材料的特性和物体的结构特点，推测和证实它们的用途。如：带轮子的物体方便移动，不同用途的车辆有不同的结构，等等。

3.引导幼儿关注和了解自然、科技产品与人们生活的密切关系，逐渐懂得热爱、尊重、保护自然。如：

· 结合幼儿的生活需要，引导他们体会人与自然、动植物的依赖关系。如：动植物、季节变化与人们生活的关系、常见灾害性天气给人们生产和生活带来的影响等。

· 和幼儿一起讨论常见科技产品的用途和弊端，如：汽车等交通工具给生活带来的方便和对环境的污染等。

（二）数学认知

目标 1　初步感知生活中数学的有用和有趣

3~4 岁	4~5 岁	5~6 岁
1.感知和发现周围物体的形状是多种多样的，对不同的形状感兴趣 2.体验和发现生活中很多地方都用到数	1.在指导下，感知和体会有些事物可以用形状来描述 2.在指导下，感知和体会有些事物可以用数来描述，对环境中各种数字的含义有进一步探究的兴趣	1.能发现事物简单的排列规律，并尝试创造新的排列规律 2.能发现生活中许多问题都可以用数学的方法来解决，体验解决问题的乐趣

教育建议：

1.引导幼儿注意事物的形状特征，尝试用表示形状的词来描述事物，体会描述的生动形象性和趣味性。如：

· 参观游览后，和幼儿一起谈论所看到的事物的形状，鼓励幼儿产生联想，并用自己的语言进行描述。如：熊猫的身体圆圆的，全身好像是一个个的圆形组成的。

· 和幼儿交谈或读书讲故事时，适当地运用一些有关形状的词汇来描述事物，如看图片时，和幼儿讨论奥运会场馆的形状，体会为什么有的场馆叫"水立方"，有的叫"鸟巢"。

2.引导幼儿感知和体会生活中很多地方都用到数，关注周围与自己生活密切相关的数的信息，体会数可以代表不同的意义。如：

· 和幼儿一起寻找发现生活中用数字作标识的事物，如电话号码、时钟、日历和商品的价签等。

· 引导幼儿了解和感受数用在不同的地方，表示的意义是不一样的。如天气预报中表示气温的数代表冷热状况；钟表上的数表明时间的早晚等。

· 鼓励幼儿尝试使用数的信息进行一些简单的推理。如知道今天是星期五，能推断明天是星期六，爸爸妈妈休息。

3.引导幼儿观察发现按照一定规律排列的事物，体会其中的排列特点与规律，并尝试自己创造出新的排列规律。如：

· 和幼儿一起发现和体会按一定顺序排列的队形整齐有序。

· 提供具有重复性旋律和词语的音乐、儿歌和故事，或利用环境中有序排列的图案（如按颜色间隔排列的瓷砖、按形状间隔排列的珠帘等），鼓励幼儿发现和感受其中的规律。

·鼓励幼儿尝试自己设计有规律的花边图案、创编有一定规律的动作，或者按某种规律进行搭建活动。

·引导幼儿体会生活中很多事情都是有一定顺序和规律的，如一周七天的顺序是从周一到周日，一年四季按照春夏秋冬轮回等。

4.鼓励和支持幼儿发现、尝试解决日常生活中需要用到数学的问题，体会数学的用处。如：

·拍球、跳绳、跳远或投沙包时，可通过数数、测量的方法确定名次。

·讨论春游去哪里玩时，让幼儿商量想去哪里玩？每个想去的地方有多少人？根据统计结果做出决定。

·滑滑梯时，按照"先来先玩"的规则有序地排队玩。

目标2　感知和理解数、量及数量关系

3~4岁	4~5岁	5~6岁
1.能感知和区分物体的大小、多少、高矮长短等量方面的特点，并能用相应的词表示 2.能通过一一对应的方法比较两组物体的多少 3.能手口一致地点数5个以内的物体，并能说出总数。能按数取物 4.能用数词描述事物或动作。如我有4本图书	1.能感知和区分物体的粗细、厚薄、轻重等量方面的特点，并能用相应的词语描述 2.能通过数数比较两组物体的多少 3.能通过实际操作理解数与数之间的关系，如5比4多1；2和3合在一起是5 4.会用数词描述事物的排列顺序和位置	1.初步理解量的相对性 2.借助实际情境和操作（如合并或拿取）理解"加"和"减"的实际意义 3.能通过实物操作或其他方法进行10以内的加减运算 4.能用简单的记录表、统计图等表示简单的数量关系

教育建议：

1.引导幼儿感知和理解事物"量"的特征。如：

·感知常见事物的大小、多少、高矮、粗细等量的特征，学习使用相应的词汇描述这些特征。

·结合具体事物让幼儿通过多次比较逐渐理解"量"是相对的。如小亮比小明高，但比小强矮。

·收拾物品时，根据情况，鼓励幼儿按照物体量的特征分类整理。如整理图书时按照大小摆放。

2.结合日常生活，指导幼儿学习通过对应或数数的方式比较物体的多少。如：

·鼓励幼儿在一对一配对的过程中发现两组物体的多少。如，在给桌子上的每个碗配上勺子时，发现碗和勺多少的不同。

·鼓励幼儿通过数数比较两样东西的多少。如数一数有多少个苹果，多少个梨，判断苹果和梨哪个多，哪个少。

3.利用生活和游戏中的实际情境，引导幼儿理解数概念。如：

·结合生活需要，和幼儿一起手口一致点数物体，得出物体的总数。

·通过点数的方式让幼儿体会物体的数量不会因排列形式、空间位置的不同而发生变化。如鼓励幼儿将一定数量的扣子以不同的形式摆放，体会扣子的数量是不变的。

·结合日常生活，为幼儿提供"按数取物"的机会，如游戏时，请幼儿按要求拿出几个球。

4.通过实物操作引导幼儿理解数与数之间的关系，并用"加"或"减"的办法来解决问题。如：

·游戏中遇到让4个小动物住进两间房子的问题，或生活中遇到将5块饼干分给两个小朋友问题时，让幼儿尝试不同的分法。

- 鼓励幼儿尝试自己解决生活中的数学问题。如家里来了5位客人，桌子上只有3个杯子，还需要几个杯子等。
- 购少量物品时，有意识地鼓励幼儿参与计算和付款的过程等。

目标3　感知形状与空间关系

3~4岁	4~5岁	5~6岁
1.能注意物体较明显的形状特征，并能用自己的语言描述 2.能感知物体基本的空间位置与方位，理解上下、前后、里外等方位词	1.能感知物体的形体结构特征，画出或拼搭出该物体的造型 2.能感知和发现常见几何图形的基本特征，并能进行分类 3.能使用上下、前后、里外、中间、旁边等方位词描述物体的位置和运动方向	1.能用常见的几何形体有创意地拼搭和画出物体的造型 2.能按语言指示或根据简单示意图正确取放物品 3.能辨别自己的左右

教育建议：

1.用多种方法帮助幼儿在物体与几何形体之间建立联系。如：

- 引导幼儿感受生活中各种物品的形状特征，并尝试识别和描述。如感受和识别盘子、桌子、车轮、地砖等物品的形状特征。
- 鼓励和支持幼儿用积木、纸盒、拼板等各种形状材料进行建构游戏或制作活动。如用长方形的纸盒加两个圆形瓶盖制作"汽车"。
- 收拾整理积木时，引导幼儿体验图形之间的转换。如两个三角形可组合成一个正方形，两个正方形可组合成一个长方形。
- 引导幼儿注意观察生活物品的图形特征，鼓励他们按形状分类整理物品。

2.丰富幼儿空间方位识别的经验，引导幼儿运用空间方位经验解决问题。如：

- 请幼儿取放物体时，使用他们能够理解的方位词，如把桌子下面的东西放到窗台上，把花盆放在大树旁边等。
- 和幼儿一起识别熟悉场所的位置。如超市在家的旁边，邮局在幼儿园的前面。
- 在体育、音乐和舞蹈活动中，引导幼儿感受空间方位和运动方向。
- 和幼儿玩按指令找宝的游戏。对年龄小的幼儿要求他们按语言指令寻找，对年龄大些的幼儿可要求按照简单的示意图寻找。

五、艺术

艺术是人类感受美、表现美和创造美的重要形式，也是表达自己对周围世界的认识和情绪态度的独特方式。

每个幼儿心里都有一颗美的种子。幼儿艺术领域学习的关键在于充分创造条件和机会，在大自然和社会文化生活中萌发幼儿对美的感受和体验，丰富其想象力和创造力，引导幼儿学会用心灵去感受和发现美，用自己的方式去表现和创造美。

幼儿对事物的感受和理解不同于成人，他们表达自己认识和情感的方式也有别于成人。幼儿独特的笔触、动作和语言往往蕴含着丰富的想象和情感，成人应对幼儿的艺术表现给予充分的理解和尊重，不能用自己的审美标准去评判幼儿，更不能为追求结果的"完美"而对幼儿进行千篇一律的训练，以免扼杀其想象与创造的萌芽。

（一）感受与欣赏

目标1　喜欢自然界与生活中美的事物

3~4岁	4~5岁	5~6岁
1. 喜欢观看花草树木、日月星空等大自然中美的事物 2. 容易被自然界中的鸟鸣、风声、雨声等好听的声音所吸引	1. 在欣赏自然界和生活环境中美的事物时，关注其色彩、形态等特征 2. 喜欢倾听各种好听的声音，感知声音的高低、长短、强弱等变化	1. 乐于收集美的物品或向别人介绍所发现的美的事物 2. 乐于模仿自然界和生活环境中有特点的声音，并产生相应的联想

教育建议：

1. 和幼儿一起感受、发现和欣赏自然环境和人文景观中美的事物。如：
· 让幼儿多接触大自然，感受和欣赏美丽的景色和好听的声音。
· 经常带幼儿参观园林、名胜古迹等人文景观，讲讲有关的历史故事、传说，与幼儿一起讨论和交流对美的感受。

2. 和幼儿一起发现美的事物的特征，感受和欣赏美。如：
· 让幼儿观察常见动植物以及其他物体，引导幼儿用自己的语言、动作等描述它们美的方面，如颜色、形状、形态等。
· 让幼儿倾听和分辨各种声响，引导幼儿用自己的方式来表达他对音色、强弱、快慢的感受。
· 支持幼儿收集喜欢的物品并和他一起欣赏。

目标2　喜欢欣赏多种多样的艺术形式和作品

3~4岁	4~5岁	5~6岁
1. 喜欢听音乐或观看舞蹈、戏剧等表演 2. 乐于观看绘画、泥塑或其他艺术形式的作品	1. 能够专心地观看自己喜欢的文艺演出或艺术品，有模仿和参与的愿望 2. 欣赏艺术作品时会产生相应的联想和情绪反应	1. 艺术欣赏时常常用表情、动作、语言等方式表达自己的理解 2. 愿意和别人分享、交流自己喜爱的艺术作品和美感体验

教育建议：

1. 创造条件让幼儿接触多种艺术形式和作品。如：
· 经常让幼儿接触适宜的、各种形式的音乐作品，丰富幼儿对音乐的感受和体验。
· 和幼儿一起用图画、手工制品等装饰和美化环境。
· 带幼儿观看或共同参与传统民间艺术和地方民俗文化活动，如皮影戏、剪纸和捏面人等。
· 有条件的情况下，带幼儿去剧院、美术馆、博物馆等欣赏文艺表演和艺术作品。

2. 尊重幼儿的兴趣和独特感受，理解他们欣赏时的行为。如：
· 理解和尊重幼儿在欣赏艺术作品时的手舞足蹈、即兴模仿等行为。
· 当幼儿主动介绍自己喜爱的舞蹈、戏曲、绘画或工艺品时，要耐心倾听并给予积极回应和鼓励。

（二）表现与创造

目标 1　喜欢进行艺术活动并大胆表现

3~4岁	4~5岁	5~6岁
1. 经常自哼自唱或模仿有趣的动作、表情和声调 2. 经常涂涂画画、粘粘贴贴并乐在其中	1. 经常唱唱跳跳，愿意参加歌唱、律动、舞蹈、表演等活动 2. 经常用绘画、捏泥、手工制作等多种方式表现自己的所见所想	1. 积极参与艺术活动，有自己比较喜欢的活动形式 2. 能用多种工具、材料或不同的表现手法表达自己的感受和想象 3. 艺术活动中能与他人相互配合，也能独立表现

教育建议：

1. 创造机会和条件，支持幼儿自发的艺术表现和创造。

· 提供丰富的便于幼儿取放的材料、工具或物品，支持幼儿进行自主绘画、手工、歌唱、表演等艺术活动。

· 经常和幼儿一起唱歌、表演、绘画、制作，共同分享艺术活动的乐趣。

2. 营造安全的心理氛围，让幼儿敢于并乐于表达表现。如：

· 欣赏和回应幼儿的哼哼唱唱、模仿表演等自发的艺术活动，赞赏他独特的表现方式。

· 在幼儿自主表达创作过程中，不做过多干预或把自己的意愿强加给幼儿，在幼儿需要时再给予具体的帮助。

· 了解并倾听幼儿艺术表现的想法或感受，领会并尊重幼儿的创作意图，不简单用"像不像""好不好"等成人标准来评价。

· 展示幼儿的作品，鼓励幼儿用自己的作品或艺术品布置环境。

目标 2　具有初步的艺术表现与创造能力

3~4岁	4~5岁	5~6岁
1. 能模仿学唱短小歌曲 2. 能跟随熟悉的音乐做身体动作 3. 能用声音、动作、姿态模拟自然界的事物和生活情景 4. 能用简单的线条和色彩大体画出自己想画的人或事物	1. 能用自然的、音量适中的声音基本准确地唱歌 2. 能通过即兴哼唱、即兴表演或给熟悉的歌曲编词来表达自己的心情 3. 能用拍手、踏脚等身体动作或可敲击的物品敲打节拍和基本节奏 4. 能运用绘画、手工制作等表现自己观察到或想象的事物	1. 能用基本准确的节奏和音调唱歌 2. 能用律动或简单的舞蹈动作表现自己的情绪或自然界的情景 3. 能自编自演故事，并为表演选择和搭配简单的服饰、道具或布景 4. 能用自己制作的美术作品布置环境、美化生活

教育建议：

尊重幼儿自发的表现和创造，并给予适当的指导。如：

· 鼓励幼儿在生活中细心观察、体验，为艺术活动积累经验与素材。如，观察不同树种的形态、色彩等。

· 提供丰富的材料，如图书、照片、绘画或音乐作品等，让幼儿自主选择，用自己喜欢的方式去模仿或创作，成人不做过多要求。

·根据幼儿的生活经验，与幼儿共同确定艺术表达表现的主题，引导幼儿围绕主题展开想象，进行艺术表现。

·幼儿绘画时，不宜提供范画，特别不应要求幼儿完全按照范画来画。

·肯定幼儿作品的优点，用表达自己感受的方式引导其提高。如，"你的画用了这么多红颜色，感觉就像过年一样喜庆""你扮演的大灰狼声音真像，要是表情再凶一点就更好了"等。

参考文献

[1] 李季湄，冯晓霞.《3~6岁儿童学习与发展指南》解读[M].北京：人民教育出版社，2013.

[2] 桑凤英.走进童心世界：幼儿教师观察笔记[M].北京：北京师范大学出版社，1999.

[3] 许卓娅.学前儿童音乐教育[M].北京：人民教育出版社，1996.

[4] 许卓娅.学前儿童体育[M].南京：南京师范大学出版社，2003.

[5] 人民教育出版社中学语文室.幼儿文学[M].北京：人民教育出版社，2000.

[6] 林嘉绥，李丹玲.学前儿童数学教育[M].北京：北京师范大学出版社，2014.

[7] 贾洪亮.学前儿童科学教育[M].2版.上海：复旦大学出版社，2016.

[8] 张明红.学前儿童语言教育与活动指导[M].3版.上海：华东师范大学出版社，2014.

[9] 夏婧.幼儿园教师成长与发展指南[M].合肥：安徽教育出版社，2015.

[10] 夏婧.学前儿童教育学[M].北京：清华大学出版社，2016.

[11] 埃文斯.你不能参加我的生日聚会：学前儿童的冲突解决[M].洪秀敏，等译.北京：教育科学出版社，2012.

[12] 陈帼眉.学前心理学[M].2版.北京：教育科学出版社，2015.

版权声明

根据《中华人民共和国著作权法》的有关规定，特发布如下声明：

1. 本出版物刊登的所有内容（包括但不限于文字、二维码、版式设计等），未经本出版物作者书面授权，任何单位和个人不得以任何形式或任何手段使用。

2. 本出版物在编写过程中引用了相关资料与网络资源，在此向原著作权人表示衷心的感谢！由于诸多因素没能一一联系到原作者，如涉及版权等问题，恳请相关权利人及时与我们联系，以便支付稿酬。（联系电话：010-60206144；邮箱：2033489814@qq.com）